U0650909

排污单位自行监测技术指南教程
——无机化学工业

生态环境部生态环境监测司
中国环境监测总站 编著
黑龙江省哈尔滨生态环境监测中心

中国环境出版集团·北京

图书在版编目（CIP）数据

排污单位自行监测技术指南教程. 无机化学工业 / 生态环境部生态环境监测司，中国环境监测总站，黑龙江省哈尔滨生态环境监测中心编著. -- 北京：中国环境出版集团，2024. 10. -- ISBN 978-7-5111-6040-9

Ⅰ. X506；F416.7

中国国家版本馆CIP数据核字第20245RT894号

责任编辑　王　焱
封面设计　宋　瑞

出版发行　中国环境出版集团
　　　　　（100062　北京市东城区广渠门内大街 16 号）
　　　　　网　　　址：http://www.cesp.com.cn
　　　　　电子邮箱：bjgl@cesp.com.cn
　　　　　联系电话：010-67112765（编辑管理部）
　　　　　发行热线：010-67125803，010-67113405（传真）
印　　刷　北京中科印刷有限公司
经　　销　各地新华书店
版　　次　2024 年 12 月第 1 版
印　　次　2024 年 12 月第 1 次印刷
开　　本　787×960　1/16
印　　张　20.25
字　　数　360 千字
定　　价　98.00 元

【版权所有。未经许可，请勿翻印、转载，违者必究。】
如有缺页、破损、倒装等印装质量问题，请寄回本集团更换。

中国环境出版集团郑重承诺：
中国环境出版集团合作的印刷单位、材料单位均具有中国环境标志产品认证。

《排污单位自行监测技术指南教程》
编审委员会

主　任　蒋火华　张大伟

副主任　邢　核　王锷一

委　员　董明丽　敬　红　王军霞　何　劲

《排污单位自行监测技术指南教程——无机化学工业》
编写委员会

主　编　秦承华　李　博　王雅辉　郝桂媛　石　野

　　　　王　娜　敬　红　王军霞

编写人员（以姓氏笔画排序）

王　成	王　勇	王　鑫	王伟华	王欣然
王伟民	孔　川	韦　超	叶鑫涛	吕　卓
吕立鑫	吕明益	任立博	齐　硕	刘　蕊
刘通浩	刘常永	刘茂辉	孙国翠	杜谨宏
李　曼	李昭晨	李莉娜	李宗超	杨伟伟
杨依然	吴云莹	邱立莉	张　震	陈　莹
陈姝蓉	陈敏敏	赵　硕	赵文江	赵银慧
岳　元	夏　青	高晨光	常俊骁	温东亮
董　鑫	董艳平	冯亚玲		

序

　　生态环境是关系党的使命宗旨的重大政治问题，也是关系民生的重大社会问题。党中央、国务院高度重视生态环境保护工作，党的十八大将生态文明建设作为中国特色社会主义事业"五位一体"总体布局的重要组成部分，党的十九大报告全面阐述了加快生态文明体制改革、推进绿色发展、建设美丽中国的战略部署，党的二十大报告明确指出全面实行排污许可制，健全现代环境治理体系。习近平生态文明思想开启了新时代生态环境保护工作的新阶段，习近平总书记在全国生态环境保护大会上指出生态文明建设是关乎中华民族永续发展的根本大计。党的十八大以来，党中央以前所未有的力度抓生态文明建设，全党全国推动绿色发展的自觉性和主动性显著增强，美丽中国建设迈出重大步伐，我国生态环境保护发生历史性、转折性、全局性变化。

　　生态环境部组建以来，统一行使生态和城乡各类污染排放监管与行政执法职责，提高污染排放标准，强化排污者责任，健全环保信用评价、信息强制性披露、严惩重罚等制度，形成了政府为主导、企业为主体、社会组织和公众共同参与的环境治理体系。生态环境监测是生态环境保护工作的重要基础，是环境管理的基本手段。我国相关法律法规中明确要求排污单位对自身排污状况开展监测，排污单位开展自行监测是法定的责任和义务。

　　为规范和指导排污单位开展自行监测工作，生态环境部发布了一系列排污单位自行监测技术指南。同时，为了各级生态环境主管部门和排污单位更好地应用技术指南，生态环境部生态环境监测司组织中国环境监测总站等单位编写了排污单位自行监测技术指南教程系列图书，将排污单位自行监测技术指南分类解析，既突出理论的解读，又兼顾实践的应用，具有很强的指导意义。本系列图书既可以作为各级生态环境主管部门、研究机构、企事业单位环境监测人员的工作用书和培训教材，还可以作为大众学习的科普图书。

　　自行监测数据承载了大量污染排放和治理信息，是生态环保大数据重要的信息源，是排污许可证申请与核发等新时期环境管理的有力支撑。随着生态环境质量的不断改善、环境管理的不断深化，排污单位自行监测制度也将不断完善和改进。希望本系列图书的出版能为提高排污单位自行监测管理水平、落实企业自行监测主体责任发挥重要作用，为深入打好污染防治攻坚战作出应有的贡献。

编　者

2024 年 2 月

前　言

　　1972 年以来，我国生态环境保护工作从最初的意识启蒙阶段，经历了环境污染蔓延和加剧期的规模化、综合化治理，主要污染物总量控制等阶段，逐渐发展到以环境质量改善为核心的环境保护思路上来。为顺应生态环境保护工作的发展趋势，进一步规范企事业单位和其他生产经营者的排污行为，控制污染物排放，自 2016 年以来，我国实施以排污许可制度为核心的固定污染源管理制度，在政府部门监督/执法监测的基础上，强化了排污单位自行监测要求，排污单位自行监测成为污染源监测的重要组成部分。

　　排污单位自行监测是排污单位依据相关法律、法规和技术规范对自身的排污状况开展监测的一系列活动。《中华人民共和国环境保护法》《中华人民共和国大气污染防治法》《中华人民共和国水污染防治法》《中华人民共和国土壤污染防治法》《中华人民共和国固体废物污染环境防治法》《中华人民共和国噪声污染防治法》《中华人民共和国环境保护税法》《排污许可管理条例》都对排污单位的自行监测提出了明确要求。排污单位开展自行监测是法律赋予的责任和义务，也是排污单位自证守法、自我保护的重要手段和途径。

　　为规范和指导无机化学工业排污单位开展自行监测，2020 年 11 月，生态环境部颁布了《排污单位自行监测技术指南　无机化学工业》（HJ 1138—2020）（以下简称《无机化学工业指南》）。为进一步规范排污单位自行监测行为，提高自行监测质量，在生态环境部生态环境监测司的指导下，中国环境监测总站和黑龙江省哈尔滨生态环境监测中心共同编写了《排污单位自行监测技术指南教程——无机化学工业》。本书共有 13 章。第 1 章从我国污染源监测的发展历程及管理框架出发，引出了排污单位自行监测在当前污染源监测管理中的定位及一些管理规定，并理顺了《排污单位自行监测技术指南　总则》（HJ 819—2017）与行业自行监测技术指南体系的关系。第 2 章主要介绍了排污单位开展自行监测的一般要求，从监测方案、监测设施、开展自行监测的要求、监测质量保证与质量控制及记录和保存监测数据五个方面进行了概述。第 3 章在分析目前无机化学行业概况和发展趋势的基础上，对生产工艺及产排污节点进行了分析，并简要介绍了无机化学工业常用的一些污染治理技术。第 4 章对《无机化学工业指南》自行监测方案中监测点位、监测指标、监测频次、监测要求等如何设定进行了解释说明，并选取了 3 个典型案例进行分析，为排污单位制定规范的自行监测方案提供了指导，并在附录中给出了参考模板。第 5 章简要介绍了开展监测时，排污口、监测平台、自动监测设施等监测设施的设置和维护要求。第 6 章和第 8 章分别对《无机化学工业指南》中废水、废气所涉及的监测指标如何采样、监测分析及注意事项逐一介绍。第 7 章和第 9 章分别对废水、废气自动监测系统设备安装、调试、验收、运行管理及质量保证五个方面进行了介绍。第 10 章简要介绍了根据《无机化学工业指南》开展厂界环境噪声、地表水、近岸海域海水、地下水和土壤等周边环境质量监测时的基本要求和注意事项。第 11 章从实验室体系管理角度出发，从"人-机-料-法-环"等环节对监测的质量保证和质量控制进行了简要概述，为提高自行监测数据质量奠定了基础。第 12 章介绍了自行监测信息记录、报告及信息公开方面的相关要求，并对无机化学工业生产、运行等过程中的记录信息进行了梳理。第 13 章简要介绍了全国污染源监测数据管理与共享系统的总体架构和主要功能，为排污单位自行监测数据报送提供了方便。

本书以二维码形式在附录中列出了与自行监测相关的标准规范，以方便排污单位查询使用。另外，本书还给出了一些记录样表和自行监测方案模板，为排污单位提供参考。

编 者

2024 年 2 月

目　录

第 1 章　排污单位自行监测定位与管理要求

污染源监测作为环境监测的重要组成部分，与我国环境保护工作同步发展，40 多年来不断发展壮大，现已基本形成了排污单位自行监测、管理部门监督性监测（依法监管）、社会公众监督的基本框架。排污单位自行监测是国家治理体系和治理能力现代化发展的需要，是排污单位应尽的社会责任，是法律明确要求的责任，也是排污许可制度的重要组成部分。我国关于排污单位自行监测的管理规定有很多，从不同层级和角度对排污单位进行了详细规定。为了保证排污单位自行监测制度的实施，指导和规范排污单位自行监测行为，我国制定了排污单位自行监测技术指南体系。《排污单位自行监测技术指南　无机化学工业》（HJ 1138—2020）（以下简称《无机化学工业指南》）是其中的一个行业技术指南，是按照《排污单位自行监测技术指南　总则》（HJ 819—2017）（以下简称《总则》）的要求和管理规定要求制定的，用于指导无机化学工业排污单位开展自行监测活动。

本章围绕排污单位自行监测定位和管理要求，对排污单位自行监测在我国污染源监测管理制度中的定位、管理要求、技术指南的定位和应用进行介绍。

1.1　我国污染源监测管理框架

自 1972 年以来，我国环境保护工作经历了环境保护意识启蒙阶段（1972—1978 年）、环境污染蔓延和环境保护制度建设阶段（1979—1992 年）、环境污染加剧和规模化治理阶段（1993—2001 年）和环保综合治理阶段（2002—2012 年）。集中的污染治理，尤其是严格的主要污染物总量控制，有效遏制了环境质量恶化的趋势，但仍未实现环境质量的全面改善，"十三五"时期以来，我国环境保护思路转向以环境质量改善为核心。

与环境保护工作相适应，我国环境监测大致经历了 3 个阶段：第一阶段是污染调查监测与研究性监测阶段；第二阶段是污染源监测与环境质量监测并重阶段；第三阶段是环境质量监测与污染源监督监测阶段。

根据污染源监测在环境管理中的地位和实施情况，将污染源监测划分为 3 个阶段：严格的总量控制制度之前（"十一五"时期之前），污染源监测主要服务于工业污染源调查和环境管理"八项制度"；严格的总量控制制度时期（"十一五"时期和"十二五"时期），污染源监测围绕着总量控制制度开展总量减排监测；以环境质量改善为核心阶段时期（"十三五"时期以来），污染源监测主要服务于环境保护执法和排污许可制实施。

目前，我国已基本形成了排污单位自行监测、生态环境主管部门依法监管、社会公众监督的污染源监测管理框架（图 1-1），2021 年 3 月 1 日正式实施的《排污许可管理条例》，从法律层面确立了以排污许可制为核心的固定污染源监管制度体系，进一步完善了以排污单位自行监测为主线、以政府监督监测为抓手、鼓励社会公众广泛参与的污染源监测管理模式。排污单位开展自行监测，按要求向生态环境主管部门报告，向社会公众进行公开，同时接受生态环境主管部门的监管和社会公众的监督。生态环境主管部门向社会公众公布相关信息的同时受理社会公众针对有关情况的举报。

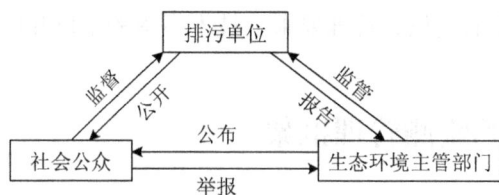

图 1-1　污染源监测管理框架

1.1.1　排污单位开展自行监测，并按照要求进行信息公开

近年来，我国大力推进排污单位自行监测和信息公开，《中华人民共和国环境保护法》《中华人民共和国大气污染防治法》《中华人民共和国水污染防治法》《中华人民共和国环境保护税法》《中华人民共和国土壤污染防治法》《中华人民共和国固体废物污染环境防治法》《中华人民共和国噪声污染防治法》等相关法律中均明确了排污单位自行监测和信息公开的责任。

在具体生态环境管理制度上，多项制度对排污单位自行监测和信息公开的责任进行落实和明确。2013 年，环境保护部发布了《国家重点监控企业自行监测及信息公开办法（试行）》，将国家重点监控企业自行监测和信息公开率先作为主要污染物总量减排考核的一项指标。2016 年 11 月，国务院办公厅印发了《控制污染物排放许可制实施方案》（国办发〔2016〕81 号），提出控制污染物排放许可制的一项基本原则为："权责清晰，强化监管。排污许可证是企事业单位在生产运营期接受环境监管和环境保护部门实施监管的主要法律文书。企事业单位依法申领排污许可证，按证排污，自证守法。环境保护部门基于企事业单位守法承诺，依法发放排污许可证，依证强化事中事后监管，对违法排污行为实施严厉打击。"

1.1.2　生态环境主管部门组织开展执法/监督监测，实现测管协同

随着各项法律明确了排污单位自行监测的主体地位，管理部门的监测活动更加聚集于执法和监督。《生态环境监测网络建设方案》（国办发〔2015〕56 号）要求："实现生态环境监测与执法同步。各级环境保护部门依法履行对排污单位的环境监管职责，依托污染源监测开展监管执法，建立监测与监管执法联动快速响应机制，根据污染物排放和自动报警信息，实施现场同步监测与执法。"

《生态环境监测规划纲要（2020—2035 年）》（环监测〔2019〕86 号）（以下简称《纲要》）提出：构建"国家监督、省级统筹、市县承担、分级管理"格局。落

实自行监测制度，强化自行监测数据质量监督检查，督促排污单位规范监测、依证排放，实现自行监测数据真实可靠。建立完善监督制约机制，各级生态环境部门依法开展监督监测和抽查抽测。为落实《纲要》要求，各级生态环境主管部门按照"双随机、一公开"的原则，组织开展执法监测。通过排污单位证后监测监管，加强对排污单位自行监测数据质量和排放状况的监督，指导排污单位自行监测工作的改进，从而更好地提升排污单位自行监测水平。

《关于进一步加强固定污染源监测监督管理的通知》（环办监测〔2023〕5 号）进一步提出，坚持精准治污、科学治污、依法治污，以固定污染源排污许可制为核心，构建排污单位依证监测、政府依法监管、社会共同监督的固定污染源监测监督管理的新格局，为深入打好污染防治攻坚战提供有力支撑。

1.1.3 社会公众参与监督，合力提升污染源监测质量

我国污染源量大面广，仅靠生态环境主管部门的监督远远不够，因此只有发动群众、实现全民监督，才能使得违法排污行为无处遁形。2014 年修订的《中华人民共和国环境保护法》更加明确地赋予了公众环保知情权和监督权，规定"公民、法人和其他组织依法享有获取环境信息、参与和监督环境保护的权利。各级人民政府环境保护主管部门和其他负有环境保护监督管理职责的部门，应当依法公开环境信息、完善公众参与程序，为公民、法人和其他组织参与和监督环境保护提供便利"。

重点排污单位通过各种方式公开自行监测结果，包括依托排污许可制度及平台、依托地方污染源监测信息公开渠道、通过本单位官方网站和现场环保信息公示牌等。生态环境主管部门执法/监督监测结果也依托排污许可制度及平台、依托地方污染源监测信息公开渠道等方式进行公开。社会公众可通过关注各类监测数据对排污单位及管理部门进行监督，督促排污单位和管理部门提高数据质量。

1.2　排污单位自行监测的定位

1.2.1　开展自行监测是构建政府、企业、社会共治的环境治理体系的需要

（1）构建现代环境治理体系的重大意义和总体要求

生态环境治理体系和治理能力是生态环境保护工作推进的基础支撑。2018 年 5 月，习近平总书记在全国生态环境保护大会上强调，要加快建立健全以治理体系和治理能力现代化为保障的生态文明制度体系，确保到 2035 年，生态环境质量实现根本好转，美丽中国目标基本实现；到本世纪中叶，生态环境领域国家治理体系和治理能力现代化全面实现，建成美丽中国。

党的十九大报告中提出构建政府为主导、企业为主体、社会组织和公众共同参与的环境治理体系。党的十九届四中全会将生态文明制度体系建设作为坚持和完善中国特色社会主义制度、推进国家治理体系和治理能力现代化的重要组成部分作出部署，强调实行最严格的生态环境保护制度，严明生态环境保护责任制度，要求健全源头预防、过程控制、损害赔偿、责任追究的生态环境保护体系，构建以排污许可制为核心的固定污染源监管制度体系，完善污染防治区域联动机制和陆海统筹的生态环境治理体系。2020 年 3 月，中共中央办公厅、国务院办公厅印发了《关于构建现代环境治理体系的指导意见》，提出了建立健全环境治理的领导责任体系、企业责任体系、全民行动体系、监管体系、市场体系、信用体系、法律法规政策体系。党的二十大报告提出深入推进环境污染防治，坚持精准治污、科学治污、依法治污，全面实行排污许可制，健全现代环境治理体系。2023 年全国生态环境保护工作会议提出加快健全现代环境治理体系，加强排污许可证管理和质量核查工作。

构建现代环境治理体系，是深入贯彻习近平生态文明思想和全国生态环境保护大会精神的重要举措，是持续加强生态环境保护、满足人民日益增长的优美生

态环境需要、建设美丽中国的内在要求，是完善生态文明制度体系、推动国家治理体系和治理能力现代化的重要内容，还将充分展现生态环境治理的中国智慧、中国方案和中国贡献，对全球生态环境治理进程产生重要影响。

坚决落实构建现代环境治理体系，要把握构建现代环境治理体系的总体要求。以习近平新时代中国特色社会主义思想为指导，深入贯彻习近平生态文明思想，坚定不移贯彻新发展理念，以坚持党的集中统一领导为统领，以强化政府主导作用为关键，以深化企业主体作用为根本，以更好动员社会组织和公众共同参与为支撑，实现政府治理和社会调节、企业自治良性互动，完善体制机制，强化源头治理，形成工作合力。

（2）对排污单位自行监测的要求

污染源监测是污染防治的重要支撑，需要各方共同参与。为适应环境治理体系变革的需要，自行监测应发挥相应的作用，补齐短板，提供便利，为社会共治提供条件。

应改变传统生态环境治理模式中污染治理主体监测缺位现象。长期以来，污染源监测以政府部门监督性监测为主，尤其在"十一五""十二五"时期总量减排过程中，监督性监测得到快速发展，每年对国家重点监控企业按季度开展主要污染物监测，但排污单位在污染源监测中严重缺位。2013 年，为解决单纯依靠环保部门有限的人力和资源难以全面掌握企业污染源状况的问题，环境保护部组织编制了《国家重点监控企业自行监测及信息公开办法（试行）》，大力推进企业开展自行监测。2014 年以来，多部生态环境保护相关法律均明确了排污单位自行监测的责任和要求。但是，自行监测数据的法定地位，以及如何在环境管理中应用并没有明确，自行监测数据在环境管理中的应用更是十分不足，并没有从根本上解决排污单位在环境治理体系中监测缺位的现象。在新的环境治理体系中，应改变这一现状，使自行监测数据得到充分应用，才能保持多方参与的生命力和活力。

为公众提供便于获取、易于理解的自行监测信息。公众是社会共治环境治理体系的重要主体，公众参与的基础是及时获取信息，自行监测数据是反映排放状况的重要信息。社会的变革为公众参与提供了外在便利条件，为提高自行监测在环境治理体系中的作用，就要充分利用当前发达的自媒体、社交媒体等各种先进、便利的条件，为公众提供便于获取、易于理解的自行监测数据和基于数据加工而成的相关信息，为公众高效参与提供重要依据。2022 年 3 月 5 日，生态环境部办公厅发布了《关于环保设施向公众开放小程序正式上线的通知》(环办便函〔2022〕82 号)，向公众公开了"环保设施向公众开放"小程序，提高设施开放单位和公众参与积极性，指导并督促设施开放单位及时更新信息，为公众了解企业环保设施情况提供了新途径。

1.2.2　开展自行监测是社会责任和法定义务

企业是最主要的生产者，是社会财富的创造者，企业在追求自身利润的同时，向社会提供了产品，满足了人民的日常所需，推动了社会的进步。当然，在当代社会，由于企业是社会中普遍存在的社会组织，其数量众多，类型各异，存在范围广，对社会影响较大。在这种情况下，社会的发展不仅要求企业承担生产经营和创造财富的义务，还要求其承担环境保护、社区建设和消费者权益维护等多方面的责任，这也是企业的社会责任。企业社会责任具有道义责任的属性和法律义务的属性。法律作为一种调整人们行为的规则，其调整作用是通过设置权利义务而实现的。因而，法律义务并非一种道义上的宣示，其有具体的、明确的规则指引人的行为。基于此，企业社会责任一旦进入环境法视域，即被分解为具体的法律义务。

企业开展排污状况自行监测是法定的责任和义务。《中华人民共和国环境保护法》第四十二条明确提出，"重点排污单位应当按照国家有关规定和监测规范安装使用监测设备，保证监测设备正常运行，保存原始监测记录"；第五十五条要求，"重点排污单位应当如实向社会公开其主要污染物的名称、排放方式、排放浓度和总量、超标排放情况，以及防治污染设施的建设和运行情况，接受社会监督"。《中华人民共和国大气污染防治法》《中华人民共和国水污染防治法》《中华人民共和国环境保护税法》《中华人民共和国土壤污染防治法》《中华人民共和国固体废物污染环境防治法》等相关法律中也均有关于排污单位自行监测的相关要求。

1.2.3 开展自行监测是自证守法和自我保护的重要手段和途径

作为固定污染源核心管理制度的排污许可制度明确了排污单位自证守法的权利和责任,排污单位可以通过以下途径进行"自证"。一是依法开展自行监测,保证数据合法有效,妥善保存原始记录;二是建立准确完整的环境管理台账,记录能够证明其排污状况的相关信息,形成一套完整的证据链;三是定期、如实向生态环境部门报告排污许可证执行情况。可以看出,自行监测贯穿自证守法的全过程,是自证守法的重要手段和途径。

首先,排污单位被允许在标准限值下排放污染物,排放状况应该透明公开且合规。随着管理模式的改变,管理部门不对企业全面开展监测,仅对企业进行抽查抽测。排污单位需要对自身排放进行说明,这就需要开展自行监测。

其次,一旦出现排污单位对管理部门出具的监测数据或其他证明材料存在质疑的情况,或者对公众举报等相关信息提出异议时,就需要出具自身排污状况的相关材料进行证明,而自行监测数据是非常重要的证明材料。

最后,自行监测可以对自身排污状况定期监控,也可对周边环境质量影响进行监测,及时掌握实际排污状况和对周边环境质量的影响,了解周边环境质量的变化趋势和承受能力,可以及时识别潜在的环境风险,以便提前应对,避免引起更大的、无法挽救的环境事故,对人民群众、生态环境和排污单位自身造成巨大的损害和损失。

1.2.4 开展自行监测是排污许可制度的重要组成部分

《控制污染物排放许可制实施方案》(国办发〔2016〕81 号)明确了排污单位

应实行自行监测和定期报告。《排污许可管理条例》第十九条规定："排污单位应当按照排污许可证规定和有关标准规范，依法开展自行监测，并保存原始监测记录。原始监测记录保存期限不得少于 5 年。排污单位应当对自行监测数据的真实性、准确性负责，不得篡改、伪造。"

因此，自行监测既是有明确法律法规要求的一项管理制度，也是固定污染源基础与核心管理制度——排污许可制度的重要组成部分。

1.2.5　开展自行监测是精细化管理与大数据时代信息输入及信息产品输出的需要

随着环境管理向精细化发展，强化数据应用，根据数据分析识别潜在的环境问题，作出更加科学精准的环境管理决策是环境管理面临的重大命题。大数据时代信息化水平的提升，为监测数据的加工分析提供了条件，也对数据输入提出了更高的需求。

自行监测数据承载了大量污染排放和治理信息，然而这些信息长期以来并没有得到充分的收集和利用，这是生态环境大数据中缺失的一项重要信息源。通过收集各类污染源长时间的监测数据，对同类污染源监测数据进行统计分析，可以更全面地判定污染源的实际排放水平，从而为制定排放标准、产排污系数提供科学依据。另外，通过监测数据与其他数据的关联分析，还能获得更多、更有价值的信息，为环境管理提供更有力的支撑。

1.3　排污单位自行监测的管理规定

我国现行法律法规、管理办法中有很多涉及排污单位自行监测的管理规定，具体见表 1-1。

表 1-1 我国现行与排污单位自行监测相关的法律法规和管理规定

名称	颁布机关	实施时间	主要相关内容
《中华人民共和国海洋环境保护法》	全国人民代表大会常务委员会	2000 年 4 月 1 日（2017 年 11 月 4 日修正）	规定了排污单位应当依法公开排污信息
《中华人民共和国水污染防治法》	全国人民代表大会常务委员会	2008 年 6 月 1 日（2017 年 6 月 27 日修正）	规定了实行排污许可管理的企业事业单位和其他生产经营者应当对所排放的水污染物自行监测，并保存原始监测记录，排放有毒有害水污染物的还应开展周边环境监测，上述条款均没有对应罚则
《中华人民共和国环境保护法》	全国人民代表大会常务委员会	2015 年 1 月 1 日	规定了重点排污单位应当安装使用监测设备，保证监测设备正常运行，保存原始监测记录，并进行信息公开
《中华人民共和国大气污染防治法》	全国人民代表大会常务委员会	2016 年 1 月 1 日（2018 年 10 月 26 日修正）	规定了企业事业单位和其他生产经营者应当对大气污染物进行监测，并保存原始监测记录
《中华人民共和国环境保护税法》	全国人民代表大会常务委员会	2018 年 1 月 1 日（2018 年 10 月 26 日修正）	规定了纳税人按季申报缴纳时，向税务机关报送所排放应税污染物浓度值
《中华人民共和国土壤污染防治法》	全国人民代表大会常务委员会	2019 年 1 月 1 日	规定了土壤污染重点监管单位应制定、实施自行监测方案，并将监测数据报生态环境主管部门
《中华人民共和国固体废物污染环境防治法》	全国人民代表大会常务委员会	2020 年 9 月 1 日	规定了产生、收集、贮存、运输、利用、处置固体废物的单位，应当依法及时公开固体废物污染环境防治信息，主动接受社会监督。生活垃圾处理单位应当按照国家有关规定，安装使用监测设备，实时监测污染物的排放情况，将污染排放数据实时公开。监测设备应当与所在地生态环境主管部门的监控设备联网
《中华人民共和国刑法修正案（十一）》	全国人民代表大会常务委员会	2021 年 3 月 1 日	规定了环境监测造假的法律责任
《中华人民共和国噪声污染防治法》	全国人民代表大会常务委员会	2022 年 6 月 5 日	规定实行排污许可管理的单位应当按照规定，对工业噪声开展自行监测，保存原始监测记录，向社会公开监测结果，对监测数据的真实性和准确性负责。噪声重点排污单位应当按照国家规定，安装、使用、维护噪声自动监测设备，与生态环境主管部门的监控设备联网

名称	颁布机关	实施时间	主要相关内容
《城镇排水与污水处理条例》	国务院	2014 年 1 月 1 日	规定了排水户应按照国家有关规定建设水质、水量检测设施
《畜禽规模养殖污染防治条例》	国务院	2014 年 1 月 1 日	规定了畜禽养殖场、养殖小区应当定期将畜禽养殖废弃物排放情况报县级人民政府环境保护主管部门备案
《中华人民共和国环境保护税法实施条例》	国务院	2018 年 1 月 1 日	规定了未安装自动监测设备的纳税人，自行对污染物进行监测且所获取的监测数据符合国家有关规定和监测规范的，视同监测机构出具的监测数据，可作为计税依据
《排污许可管理条例》	国务院	2021 年 3 月 1 日	规定了持证单位自行监测责任，管理部门依证监管责任
《最高人民法院最高人民检察院关于办理环境污染刑事案件适用法律若干问题的解释》	最高人民法院、最高人民检察院	2023 年 8 月 15 日	规定了重点排污单位、实行排污许可重点管理的单位篡改、伪造自动监测数据或者干扰自动监测设施，排放化学需氧量、氨氮、二氧化硫、氮氧化物等污染物的，应认定为"严重污染环境"，并依据《中华人民共和国刑法》有关规定予以处罚
《环境监测管理办法》	国家环境保护总局	2007 年 9 月 1 日	规定了排污者必须按照国家及技术规范的要求，开展排污状况自我监测；不具备环境监测能力的排污者，应当委托环境保护部门所属环境监测机构或者经省级环境保护部门认定的环境监测机构进行监测
《污染源自动监控设施现场监督检查办法》	环境保护部	2012 年 4 月 1 日	规定了①排污单位或运营单位应当保证自动监测设备正常运行；②污染源自动监控设施发生故障停运期间，排污单位或者运营单位应当采用手工监测等方式，对污染物排放状况进行监测，并报送监测数据
《环境保护部关于加强污染源环境监管信息公开工作的通知》	环境保护部	2013 年 7 月 12 日	规定了各级环境保护部门应积极鼓励引导企业进一步增强社会责任感，主动自愿公开环境信息。同时严格督促超标或者超总量的污染严重企业，以及排放有毒有害物质的企业主动公开相关信息，对不依法主动公布或不按规定公布的要依法严肃查处

名称	颁布机关	实施时间	主要相关内容
《环境保护部关于印发〈国家重点监控企业自行监测及信息公开办法（试行）〉和〈国家重点监控企业污染源监督性监测及信息公开办法（试行）〉的通知》	环境保护部	2014年1月1日	规定了企业开展自行监测及信息公开的各项要求，包括自行监测内容、自行监测方案，对手工监测和自动监测两种方式开展的自行监测分别提出了监测频次要求，自行监测记录内容，自行监测年度报告内容，自行监测信息公开的途径、内容及时间要求等
《环境保护主管部门实施限制生产、停产整治办法》	环境保护部	2015年1月1日	规定了被限制生产的排污者在整改期间按照环境监测技术规范进行监测或者委托有条件的环境监测机构开展监测，保存监测记录，并上报监测报告
《生态环境监测网络建设方案》	国务院办公厅	2015年7月26日	规定了重点排污单位必须落实污染物排放自行监测及信息公开的法定责任，严格执行排放标准和相关法律法规的监测要求
《财政部 环境保护部关于支持环境监测体制改革的实施意见》	财政部、环境保护部	2015年11月2日	规定了落实企业主体责任，企业应依法自行监测或委托社会化检测机构开展监测，及时向环境保护部门报告排污数据，重点企业还应定期向社会公开监测信息
《关于加强化工企业等重点排污单位特征污染物监测工作的通知》	环境保护部	2016年9月20日	规定了①化工企业等排污单位应制定自行监测方案，对污染物排放及周边环境开展自行监测，并公开监测信息；②监测内容应包含排放标准的规定项目和涉及的列入污染物名录库的全部项目；③监测频次，自动监测的应全天连续监测，手工监测的，废水特征污染物每月开展一次，废气特征污染物每季度开展一次，周边环境监测按照环评及其批复执行，可根据实际情况适当增加监测频次
《控制污染物排放许可制实施方案》	国务院办公厅	2016年11月10日	规定了企事业单位应依法开展自行监测，安装或使用的监测设备应符合国家有关环境监测、计量认证规定和技术规范，建立准确完整的环境管理台账，安装在线监测设备的应与环境保护部门联网

名称	颁布机关	实施时间	主要相关内容
《关于实施工业污染源全面达标排放计划的通知》	环境保护部	2016 年 11 月 29 日	规定了①各级环境保护部门应督促、指导企业开展自行监测，并向社会公开排放信息；②对超标排放的企业要督促其开展自行监测，加大对超标因子的监测频次，并及时向环保部门报告；③企业应安装和运行污染源在线监控设备，并与环境保护部门联网
《关于深化环境监测改革　提高环境监测数据质量的意见》	中共中央办公厅、国务院办公厅	2017 年 9 月 21 日	规定了环境保护部要加快完善排污单位自行监测标准规范；排污单位要开展自行监测，并按规定公开相关监测信息，对弄虚作假行为要依法处罚；重点排污单位应当建设污染源自动监测设备，并公开自动监测结果
《企业环境信息依法披露管理办法》	生态环境部	2022 年 2 月 8 日	规定了企业（包括重点排污单位）应当依法披露环境信息，包括企业自行监测信息等
《关于加强排污许可执法监管的指导意见》	生态环境部	2022 年 3 月 28 日	规定了排污单位应当提高自行监测质量。确保申报材料、环境管理台账记录、排污许可证执行报告、自行监测数据的真实、准确和完整，依法如实在全国排污许可证管理信息平台上公开信息，不得弄虚作假，自觉接受监督
《污染物排放自动监测设备标记规则》	生态环境部	2022 年 7 月 19 日	规定了排污单位应当按照相关自动监测数据标记规则对产生自动监测数据的相应时段进行标记。排污单位是审核确认自动监测数据有效性的责任主体，应当按照《污染物排放自动监测设备标记规则》确认自动监测数据的有效性。排污单位的自动监测数据向社会公开时，数据标记内容应当同时公开
《环境监管重点单位名录管理办法》	生态环境部	2023 年 1 月 1 日	规定了环境监管重点单位应当依法履行自行监测、信息公开等生态环境法律义务，采取措施防治环境污染，防范环境风险
《关于进一步加强固定污染源监测监督管理的通知》	生态环境部	2023 年 3 月 8 日	规定了生态环境部门要加强排污单位自行监测监管，督促持证排污单位按照排污许可证要求，规范开展自行监测，并公开监测结果；督促重点排污单位、实行排污许可重点管理的排污单位，依法依规安装运维自动监测设备，并与生态环境部门联网；强化排污许可管理、环境监测、环境执法联动，形成管理闭环

注：截至 2024 年 9 月 30 日。

1.4 排污单位自行监测技术指南定位

1.4.1 排污许可制度配套的技术支撑文件

排污许可制度是国外普遍采用的控制污染的法律制度。从美国等发达国家实施排污许可制度的经验来看，监督检查是排污许可制度实施效果的重要保障，污染源监测是监督检查的重要组成部分和基础；自行监测是污染源监测的主体形式，其管理备受重视，并作为重要的内容在排污许可证中载明。

我国当前推行的排污许可制度中，明确了排污单位应"自证守法"，其中自行监测是排污单位自证守法的重要手段和方法。只有在特定监测方案和要求下的监测数据才能够支撑排污许可"自证"的要求。因此，在排污许可制度中，自行监测要求是必不可少的一部分。

重点排污单位自行监测法律地位得到明确，自行监测制度初步建立，而自行监测的有效实施还需要配套的技术文件作为支撑，排污单位自行监测技术指南是基础而重要的技术指导性文件。因此，制定排污单位自行监测技术指南是落实相关法律法规的需要。

1.4.2 对现有标准和管理文件中关于排污单位自行监测规定的补充

对每个排污单位来说，生产工艺产生的污染物、不同监测点位执行排放标准和控制指标、环评报告要求的内容都有不同情况及独特内容。虽然各种监测技术标准与规范已从不同角度对排污单位的监测内容作出了规定，但不够全面。

为提高监测效率，应针对不同排放源污染物排放特性确定监测要求。监测是污染排放监管必不可少的技术支撑，具有重要的意义，但是监测是需要成本的，应在监测效果和成本间寻找合理的平衡点。"一刀切"的监测要求，必然会造成部分排放源监测要求过高，从而造成浪费；或者对部分排放源要求过低，达不到监管要求。因此，需要专门的技术文件，从排污单位监测要求出发进行系统分析和设计，使监测更精细化，从而提高监测效率。

1.4.3　对排污单位自行监测行为指导和规范的技术要求

我国自 2014 年以来开始推行《国家重点监控企业自行监测及信息公开办法（试行）》，从实施情况来看存在诸多问题，需要加强对排污单位自行监测行为的指导和规范。

与环境质量监测相比，污染源监测涉及的行业较多，监测内容更复杂。我国目前仅国家污染物排放标准就有近 200 项，且数量还在持续增加；省级人民政府依法制定并报生态环境部备案的地方污染物排放标准总数也有 100 多项，数量也在不断增加。排放标准中的控制项目种类繁杂，水、气污染物均在 100 项以上。

由于国家发布的有关规定必须有普适性和原则性的特点，因此排污单位在开展自行监测过程中如何结合企业具体情况，合理确定监测点位、监测项目和监测频次等实际问题上存在诸多疑问。

生态环境部在对全国各地区自行监测及信息公开平台的日常监督检查及现场检查等工作中发现，部分排污单位自行监测方案的内容、监测数据的质量稍差，存在监测点位未包括全部污染源排放口、监测点位设置不合理、监测项目仅涉及主要污染物、随意设置排放标准限值、自行监测数据弄虚作假等问题。为解决排污单位开展自行监测过程中遇到的问题，需要进一步加强对排污单位自行监测的工作指导和行为规范，建立和完善排污单位自行监测相关规范内容，因此有必要制定自行监测技术指南，将自行监测要求进一步明确和细化。

1.5 行业技术指南在自行监测技术指南体系中的定位和制定思路

1.5.1 自行监测技术指南体系

排污单位自行监测指南体系以《总则》为统领，包括一系列重点行业排污单位自行监测技术指南、若干通用工序自行监测技术指南以及 1 个环境要素自行监测技术指南，共同组成排污单位自行监测技术指南体系，见图 1-2。

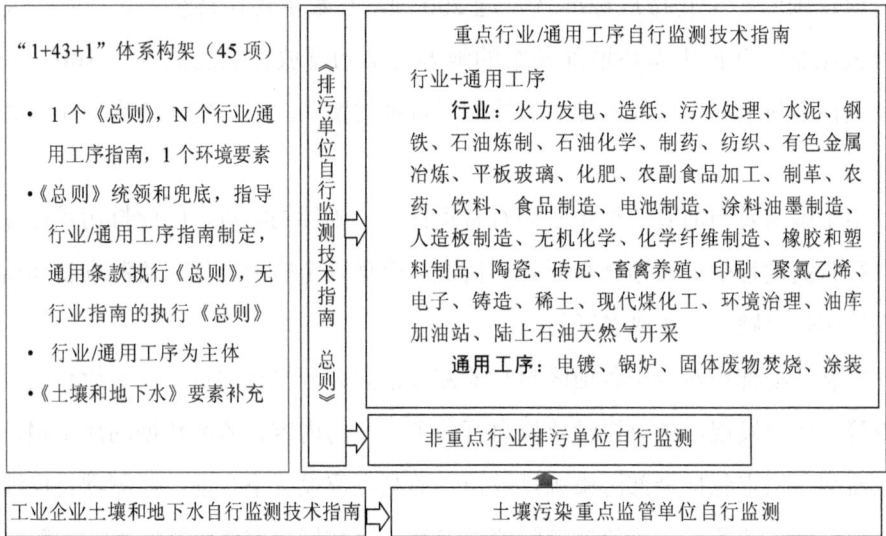

图 1-2 排污单位自行监测技术指南体系

"1+43+1" 体系构架（45项）	《排污单位自行监测技术指南总则》	重点行业/通用工序自行监测技术指南
• 1个《总则》，N个行业/通用工序指南，1个环境要素		行业+通用工序
•《总则》统领和兜底，指导行业/通用工序指南制定，通用条款执行《总则》，无行业指南的执行《总则》		**行业**：火力发电、造纸、污水处理、水泥、钢铁、石油炼制、石油化学、制药、纺织、有色金属冶炼、平板玻璃、化肥、农副食品加工、制革、农药、饮料、食品制造、电池制造、涂料油墨制造、人造板制造、无机化学、化学纤维制造、橡胶和塑料制品、陶瓷、砖瓦、畜禽养殖、印刷、聚氯乙烯、电子、铸造、稀土、现代煤化工、环境治理、油库加油站、陆上石油天然气开采
• 行业/通用工序为主体		**通用工序**：电镀、锅炉、固体废物焚烧、涂装
•《土壤和地下水》要素补充		非重点行业排污单位自行监测

工业企业土壤和地下水自行监测技术指南	土壤污染重点监管单位自行监测

图 1-2 排污单位自行监测技术指南体系

《总则》在排污单位自行监测技术指南体系中属于纲领性的文件，起到统一思路和要求的作用。第一，对行业技术指南总体性原则进行规定，是行业技术指南的参考性文件；第二，对于行业技术指南中必不可少，但要求比较一致的内容，可以在《总则》中体现，在行业技术指南中加以引用，既保证一致性，也减少重复；第三，对于部分污染差异大、企业数量少的行业，单独制定行业技术指南意义不大，这类行业排污单位可以参照《总则》开展自行监测。行业技术指南未发布的，也应参照《总则》开展自行监测。

1.5.2　行业排污单位自行监测技术指南是对《总则》的细化

行业技术指南是在《总则》的统一原则要求下，考虑该行业企业所有废水、废气、噪声污染源的监测活动，在指南中进行统一规定。行业排污单位自行监测技术指南的核心内容包括以下两个方面：

（1）明确行业的监测方案。首先明确行业的主要污染源、各污染源的主要污染因子。针对各污染源的各污染因子提出监测方案设置的基本要求，包括监测点位、监测指标、监测频次、监测技术等。

（2）明确数据记录、报告和公开要求。根据行业特点，参照各参数或指标与校核污染物排放的相关性，提出监测相关数据记录要求。

除了行业技术指南中规定的内容，还应执行《总则》的要求。

1.5.3　无机化学工业自行监测技术指南制定原则与思路

1.5.3.1　以《总则》为指导，根据行业特点进行细化

无机化学工业自行监测技术指南中的主体内容是以《总则》为指导，根据《总则》中确定的基本原则和方法，在对无机化学工业产排污环节进行分析的基础上，结合无机化学工业企业的排污特点，将无机化学工业监测方案、信息记录的内容具体化和明确化。

1.5.3.2　以污染物排放标准为基础，全指标覆盖

污染物排放标准规定的内容是行业自行监测技术指南制定的重要基础。在污染物指标确定时，行业技术指南主要是以当前实施的、适用于无机化学工业的污染物排放标准为依据。同时，根据实地调研以及相关数据分析结果，对实际排放

的或地方实际监管的污染物指标进行适当的考虑，在标准中列明，但标明为选测，或由排污单位根据实际监测结果判定是否排放，若实际生产中排放，则应进行监测。

1.5.3.3　以满足排污许可制度实施为主要目标

无机化学工业自行监测技术指南的制定以能够满足无机化学工业排污许可制度实施为主要目标。

无机化学工业排污许可证申请与核发技术规范中将常见的废水、废气排放源纳入管控。无机化学工业自行监测技术指南中对常见废水、废气排放源监测点位、监测指标、监测频次进行了规定。

排污许可制度对主要污染物提出排放量许可限值，其他污染物仅有浓度限值要求。为支撑排污许可制度实施对排放量核算的需求，有排放量许可限值的污染物，监测频次一般高于其他污染物。

第2章　自行监测的一般要求

按照开展自行监测活动的一般流程，排污单位应查清本单位的污染源、污染物指标及潜在的环境影响，制定监测方案，设置和维护监测设施，按照监测方案开展自行监测，做好质量保证和质量控制，记录和保存监测数据，依法向社会公开监测结果。

本章围绕排污单位自行监测流程中的关键节点，对其中的关键问题进行介绍。制定监测方案时，应重点保证监测内容、监测指标、监测频次的全面性、科学性，确保监测数据的代表性，这样才能全面反映排污单位的污染物实际排放状况；设置和维护监测设施时，应能够满足监测要求，同时为监测的开展提供便利条件；在自行监测开展过程中，应该根据本单位实际情况自行监测或者委托有资质的单位开展监测，所有监测活动要严格按照监测技术规范执行；在开展监测的过程中，还应该做好质量保证和质量控制，确保监测数据质量；监测信息记录与公开时，应保证监测过程可溯，同时按要求报送和公开监测结果，接受管理部门和公众的监督。

2.1　监测方案制定

2.1.1　自行监测内容

排污单位自行监测不仅限于污染物排放监测，还应该围绕能够说清本单位污染物排放状况、污染治理情况、对周边环境质量影响状况来确定监测内容。但考虑到排污单位自行监测的实际情况，排污单位可根据管理要求，逐步开展自行监测。

2.1.1.1　污染物排放监测

污染物排放监测是排污单位自行监测的基本要求，包括废气污染物、废水污染物和噪声污染监测。废气污染物监测，包括对有组织排放废气污染物和无组织排放废气污染物的监测。废水污染物监测可按废水对水环境的影响程度来确定，而废水对水环境的影响程度主要取决于排放去向，即直接排入环境（直接排放）和排入公共污水处理系统（间接排放）两种方式。噪声污染监测一般指厂界环境噪声监测。

2.1.1.2　周边环境质量影响监测

排污单位应根据自身排放状况对周边环境质量的影响，开展周边环境质量影响状况监测，从而掌握自身排放状况对周边环境质量影响的实际情况和变化趋势。

《中华人民共和国大气污染防治法》第七十八条规定，"排放前款规定名录中所列有毒有害大气污染物的企业事业单位，应当按照国家有关规定建设环境风险预警体系，对排放口和周边环境进行定期监测，评估环境风险，排查环境安全隐患，并采取有效措施防范环境风险。"《中华人民共和国水污染防治法》第三十二条规定，"排放前款规定名录中所列有毒有害水污染物的企业事业单位和其他生产经营者，应当对排污口和周边环境进行监测，评估环境风险，排查环境安全隐患，并公开有毒有害水污染物信息，采取有效措施防范环境风险。"《工矿用地土壤环境管理办法（试行）》（生态环境部令　第3号）第十二条规定，"重点单位应当按照相关技术规范要求，自行或者委托第三方定期开展土壤和地下水监测，重点监测存在污染隐患的区域和设施周边的土壤、地下水，并按照规定公开相关信息。"

目前，我国已发布第一批有毒有害大气污染物名录和有毒有害水污染物名录。

第一批有毒有害大气污染物包括二氯甲烷、甲醛、三氯甲烷、三氯乙烯、四氯乙烯、乙醛、镉及其化合物、铬及其化合物、汞及其化合物、铅及其化合物、砷及其化合物。第一批有毒有害水污染物包括二氯甲烷、三氯甲烷、三氯乙烯、四氯乙烯、甲醛、镉及镉化合物、汞及汞化合物、六价铬化合物、铅及铅化合物、砷及砷化合物。因此，排污单位可根据本单位实际情况，自行确定监测指标和内容。

对于污染物排放标准、环境影响评价文件及其批复或其他环境管理制度有明确要求的，排污单位应按照要求对其周边相应的空气、地表水、地下水、土壤等环境质量开展监测。对于相关管理制度没有明确要求的，排污单位应依据《中华人民共和国大气污染防治法》《中华人民共和国水污染防治法》的要求，根据实际情况确定是否开展周边环境质量影响监测。

2.1.1.3　关键工艺参数监测

污染物排放监测需要专门的仪器设备、人力、物力，经济成本较高。污染物排放状况与生产工艺、设备参数等相关指标具有一定的关联性，而对这些工艺或设备相关参数的监测，有些是生产过程中必须开展的，有些虽然不是生产过程中必须开展监测的指标，但开展监测相对容易，成本较低。因此，在部分排放源或污染物指标监测成本相对较高、难以实现高频次监测的情况下，可以通过对与污染物产生和排放密切相关的关键工艺参数进行测试以补充污染物排放监测。

2.1.1.4　污染治理设施处理效果监测

有些排放标准等文件对污染治理设施处理效果有限值要求，这就需要通过监测结果进行处理效果的评价。另外，有些情况下，排污单位需要掌握污染处理设施的处理效果，从而可以更好地调试生产和污染治理设施。因此，若污染物排放标准等环境管理文件对污染治理设施有特别要求的，或排污单位认为有必要的，应对污染治理设施处理效果进行监测。

2.1.2　自行监测方案内容

排污单位应当对本单位污染源排放状况进行全面梳理,分析潜在的环境风险,制定能够反映本单位实际排放状况的监测方案,以此作为开展自行监测的依据。

监测方案内容包括单位基本情况、监测点位及示意图、监测指标、执行标准及其限值、监测频次、采样和样品保存方法、监测分析方法和仪器、质量保证与质量控制等。

所有按照规定应开展自行监测的排污单位,在投入生产或使用并产生实际排污行为之前完成自行监测方案的编制及相关准备工作,一旦发生实际排污行为,就应当按照监测方案开展监测活动。

当有以下情况发生时,应变更监测方案:执行的排放标准发生变化;排放口位置、监测点位、监测指标、监测频次、监测技术中的任意一项内容发生变化;污染源、生产工艺或处理设施发生变化。

2.2　设置和维护监测设施

开展监测必须有相应的监测设施。为了保证监测活动的正常开展,排污单位应按照规定设置满足监测所需要的监测设施。

2.2.1　监测设施应符合监测规范要求

开展废水、废气污染物排放监测,应保证现场设施条件符合相关监测方法或技术规范的要求,确保监测数据的代表性。因此,废水排放口、废气监测断面及监测孔的设置都有相应的要求,要保证水流、气流不受干扰且混合均匀,采样点位的监测数据能够反映监测时污染物排放的实际情况。

我国废水、废气监测相关标准规范中规定了监测设施必须满足的条件,排污单位可根据具体的监测项目,对照监测方法标准和技术规范确定监测设施的具体设置要求。原国家环境保护局发布的《排污口规范化整治技术要求（试行）》（环监〔1996〕470 号）对排污口规范化整治技术提出了总体要求，部分省级行政区也对其辖区排污口的规范化管理发布了技术规定、标准，对排污单位监测设施设置要求予以明确。如北京市出台的《固定污染源监测点位设置技术规范》（DB 11/1195—2015），山东省出台的《固定污染源废气监测点位设置技术规范》（DB 37/T 3535—2019）。中国环境保护产业协会发布的《固定污染源废气排放口监测点位设置技术规范》（T/CAEPI 46—2022），对固定污染源监测点位监测设施设置规范进行了全面规定，这也可以作为排污单位设置监测设施的重要参考。但总体来说，相关标准规范对监测设施的规定比较零散、不够系统。

2.2.2　监测平台应便于开展监测活动

开展监测活动时需要一定的空间，有时还需要可供仪器设备使用的直流供电，因此排污单位应设置方便开展监测活动的平台。其包括以下要求：一是到达监测平台要方便，可以随时开展监测活动；二是监测平台空间要足够大，能够保证各类监测设备摆放和人员活动；三是监测平台要备有需要的电源等辅助设施，确保监测活动开展所必需的各类仪器设备和辅助设备能够正常工作。

2.2.3　监测平台应能保证监测人员的安全

开展监测活动的同时，必须保证监测人员的人身安全，因此监测平台要设有必要的防护设施。一是高空监测平台，周边要有足够保障人员安全的围栏，监测平台底部的空隙不应过大；二是监测平台附近有造成人体机械伤害、灼烫、腐蚀、触电等危险源的，应在平台相应位置设置防护装置；三是监测平台上方有坠落物体隐患时，应在监测平台上方设置防护装置；四是排放剧毒、致癌物及对人体有严重危害物质的监测点位，应储备相应的安全防护装备。所有围栏、底板、防护装置使用的材料要符合相关质量要求，能够承受预估的最大冲击力，保障人员安全。

2.2.4 废水排放量大于 100 m³/d 的，应安装自动测流设施并开展流量自动监测

废水流量监测是废水污染物监测的重要内容。从某种程度上说，流量监测比污染物浓度监测更重要。流量监测易受环境影响，监测结果存在一定不确定性是国际上普遍的技术问题，但总体来看，流量监测技术日趋成熟，能够满足各种流量监测需要，也能满足自动测流的需要。废水流量的监测方法有多种，根据废水排放形式，分为电磁流量计监测和明渠流量计监测两种。其中，电磁流量计监测适用于管道排放，对流量范围适用性较广。明渠流量计监测中，三角堰适用于流量较小的情况，监测范围低至 1.08 m³/h，即能够满足 30 m³/d 排放水平企业的需要。根据环境统计数据，全国废水排放量大于 30 m³/d 的企业数约为 7.5 万家，约占企业总数的 79%；废水排放量大于 50 m³/d 的企业约有 6.7 万家，约占企业总数的 71%；废水排放量大于 100 m³/d 的企业约有 5.7 万家，约占企业总数的 60%。从监测技术稳定性方面和当前的基础来看，建议废水排放量大于 100 m³/d 的企业采取自动测流的方式。

2.3 开展自行监测

2.3.1 自行监测开展方式

在监测组织方式上，开展监测活动时可以选择依托自有人员、设备、场地自行开展监测，也可以委托有资质的社会化检测机构开展监测。在监测技术手段上，无论是自行监测还是委托监测，都可以采用手工监测和自动监测的方式。排污单位自行监测活动开展方式选择流程如图 2-1 所示。

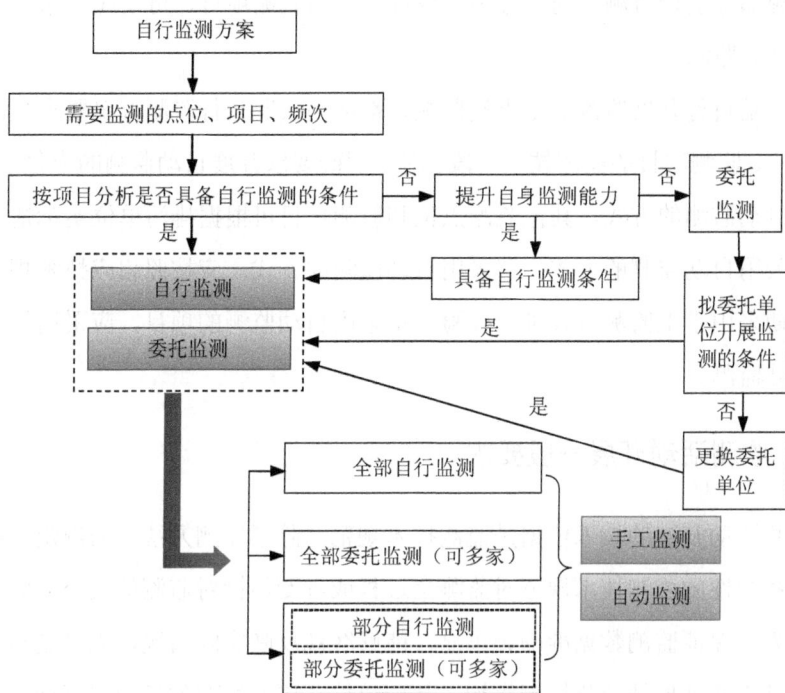

图 2-1　排污单位自行监测活动开展方式选择流程

　　排污单位首先根据自行监测方案明确需要开展监测的点位、监测项目、监测频次，在此基础上根据不同监测项目的监测要求分析本单位是否具备开展自行监测的条件。具备监测条件的项目，可选择自行监测或委托监测；不具备监测条件的项目，排污单位可根据自身实际情况，决定是否提升自身监测能力，以满足自行监测的条件。如果通过筹建实验室、购买仪器、聘用人员等方式满足自行开展监测条件的，可以选择自行监测。若排污单位委托社会化检测机构开展监测，需要按照不同监测项目检查拟委托的社会化检测机构是否具备承担委托监测任务的条件。若拟委托的社会化检测机构符合条件，则可委托社会化检测机构开展委托监测；若不符合条件，则应更换具备条件的社会化检测机构承担相应的监测任务。由此来说，排污单位自行监测有 3 种方式：全部自行监测、全部委托监测、部分自行监测部分委托监测。同一排污单位针对不同监测项目，可委托多家社会化检测机构开展监测。

无论是自行开展监测还是委托监测，都应当按照自行监测方案要求，确定各监测点位、监测项目的监测技术手段。对于明确要求开展自动监测的点位及项目，应采用自动监测的方式。其他监测点位和监测项目可根据排污单位实际情况，确定是否采用自动监测的方式。若采用自动监测的方式，应按照相应技术规范的要求，定期采用手工监测方式进行校验。不采用自动监测的项目，应采用手工监测方式开展监测。

2.3.2 监测活动开展一般要求

监测活动开展的技术依据是监测技术规范。除了监测方法中的规定，我国还有一些系统性的监测技术规范对监测全过程或者专门针对监测的某个方面进行了规定。为了保证监测数据准确、可靠，能够客观反映实际情况，无论是自行开展监测还是委托其他社会化检测机构，都应该按照国家发布的环境监测标准、技术规范来开展。

开展监测活动的机构和人员由排污单位根据实际情况决定。排污单位可根据自身条件和能力，利用自有人员、场所和设备自行监测。排污单位自行开展监测时不需要通过国家的实验室资质认定，目前国家层面不要求检测报告必须加盖中国计量认证（CMA）印章。个别或者全部项目不具备自行监测能力时，也可委托其他有资质的社会化检测机构代其开展。

无论是排污单位自行监测还是委托社会化检测机构开展监测，排污单位都应对自行监测数据的真实性负责。如果社会化检测机构未按照相应环境监测标准、技术规范开展监测，或者存在造假等行为，排污单位可以依据相关法律法规和委托合同条款追究所委托的社会化检测机构的责任。

2.3.3　监测活动开展应具备的条件

2.3.3.1　自行监测应具备的条件

自行开展监测活动的排污单位，应具备开展相应监测项目的能力，主要从以下几个方面考虑。

（1）人员

监测人员是指与生态环境监测工作相关的技术管理人员、质量管理人员、现场测试人员、采样人员、样品管理人员、实验室分析人员（包括样品前处理等辅助岗位人员）、数据处理人员、报告审核人员和授权签字人等各类专业技术人员的总称。

排污单位应设置承担环境监测职责的机构，落实环境监测经费，赋予相应的工作定位和职能，配备相应能力水平的生态环境监测技术人员。排污单位中开展自行监测工作人员的数量、专业技术背景、工作经历、监测能力应与所开展的监测活动相匹配。建议中级及以上专业技术职称或同等能力的人员数量不少于总数的 15%。

排污单位应与其监测人员建立固定的劳动关系，明确岗位职责、任职要求和工作关系，使其满足岗位要求并具有所需的权力和资源，履行建立、实施、保持和持续改进管理体系的职责。

排污单位监测机构最高管理者应组织和负责管理体系的建立和有效运行。排污单位应对操作设备、监测、签发监测报告等人员进行能力确认，由熟悉监测目的、程序、方法和结果评价的人员对监测人员进行质量监督。排污单位应制订人员培训计划，明确培训需求和实施人员培训，并评价培训活动的有效性。排污单位应保留技术人员的相关资质、能力确认、授权、教育、培训和监督的记录。

开展自行监测的相关人员应结合岗位设定，熟悉和掌握环境保护基础知识、法律法规、相关质量标准和排放标准、监测技术规范及有关化学安全和防护等知识。

（2）场所环境

排污单位应按照监测标准或技术规范，对现场监测或采样时的环境条件和安全保障条件予以关注，如监测或采样位置、电力供应、安全性等是否能保证监测人员安全和监测过程的规范性。

实验室宜集中布置，做到功能分区明确、布局合理、互不干扰，对于有温、湿度控制要求的实验室，建筑设计应采取相应技术措施；实验室应有相应的安全消防保障措施。

实验室设计必须执行国家现行有关安全、卫生及环境保护法规和规定，对限制人员进入的实验区域应在其显眼区域设置警告装置或标志。

凡是空间内含有对人体有害的气体、蒸汽、气味、烟雾、挥发物质的实验室，应设置通风柜，实验室需维持负压，向室外排风时必须经特殊过滤；凡是经常使用强酸、强碱，有化学品烧伤风险的实验室，应在出口就近设置应急喷淋器和应急洗眼器等装置。

实验室用房一般照明的照度均匀，其最低照度与平均照度之比不宜小于0.7。微生物实验室宜设置紫外灭菌灯，其控制开关应设在门外并与一般照明灯具的控制开关分开安装。

对影响监测结果的环境条件，应制定相应的标准文件。如果规范、方法和程序有要求，或对结果的质量有影响，实验室应监测、控制和记录环境条件。当环境条件影响监测结果时，应停止监测。应将不相容活动的相邻区域进行有效隔离。对进入和使用影响监测质量的区域，应加以控制。应采取措施确保实验室的良好内务，必要时应制定专门的程序。

（3）设备设施

排污单位配备的设备种类和数量应满足监测标准规范的要求，包括现场监测设备、采样设备、制样设备、保存设备、前处理设备、实验室分析设备和其他辅助设备。现场监测设备主要包括便携式现场监测分析仪、气象参数监测设备等，采样设备主要有水质采样器、大气采样器、固定污染源采样器等，样品保存设备主要指样品采集后和运输过程中满足低温、冷冻或避光所需的设备等，前处理设备主要指加热、烘干、研磨、消解、蒸馏、振荡、过滤、浸提等所需的设备等，实验室分析设备主要有气相色谱仪、液相色谱仪、离子色谱仪、原子吸收光谱仪、原子荧光光谱仪、红外测油仪、分光光度计、万分之一天平等。设备在投入工作前应进行校准或核查，以保证其满足使用要求。

大型仪器设备应配有仪器设备操作规程和仪器设备运行与保养记录；每台仪器设备及其软件应有唯一性标识；应保存对监测具有重要影响的每台仪器设备及软件的相关记录，并存档。

（4）管理体系

排污单位应根据自行监测活动的范围，建立与之相匹配的管理体系。管理体系应覆盖自行监测活动的全部场所。应将点位布设、样品采集、样品管理、现场监测、样品运输和保存、样品制备、实验分析、数据传输、记录、报告编制和档案管理等监测活动纳入管理体系。应编制并执行质量手册、程序文件、作业指导书、质量和技术记录表格等，采取质量保证和质量控制措施，确保自行监测数据可靠。

2.3.3.2　委托单位相关要求

排污单位委托社会化检测机构开展自行监测的，也应对自行监测数据的真实性负责，因此排污单位应重视对被委托单位的监督管理。其中，具备监测资质是被委托单位承接监测活动的前提和基本要求。

接受自行监测任务的单位应具备监测相应项目的资质，即所出具的监测报告必须能够加盖 CMA 印章。排污单位除应对资质进行检查外，还应该加强对被委托单位的事前、事中、事后监督管理。

选择拟委托的社会化检测机构前，应对其既往业绩、实验室条件、人员条件等进行检查，重点考虑社会化检测机构是否具备承担委托项目的能力及经验，是否存在弄虚作假的行为不良记录等。

被委托单位在开展监测活动过程中，排污单位应定期或不定期抽检被委托单位的监测记录监测报告和原始记录等。若有存疑的地方，可现场检查。

每年报送全年监测报告前，排污单位应对被委托单位的监测数据进行全面检查，包括监测的全面性、记录的规范性、监测数据的可靠性等，确保被委托单位能够按照要求开展监测。

2.4 监测质量保证与质量控制

无论是自行开展监测还是委托社会化检测机构开展监测，都应该根据相关监测技术规范、监测方法标准等要求做好质量保证与质量控制。

自行开展监测的排污单位应根据本单位自行监测的工作需求，设置监测机构，梳理制定监测方案、样品采集、样品分析、出具监测结果、样品留存、相关记录的保存等各个环节，制定工作流程、管理措施与监督措施，建立自行监测质量体系，确保监测工作质量。质量体系应包括对以下内容的具体描述：监测机构、人员、出具监测数据所需仪器设备、监测辅助设施和实验室环境、监测方法技术能力验证、监测活动质量保证与质量控制等。

委托其他有资质的社会化检测机构代其开展自行监测的，排污单位不用建立监测质量体系，但应对社会化检测机构的资质进行确认。

2.5 记录和保存监测数据

记录监测数据与监测期间的工况信息，整理成台账资料，以备管理部门检查。手工监测时应保留全部原始记录信息，全过程留痕。自动监测时除通过仪器全面记录监测数据外，还应有运行维护记录。另外，为更好地说清污染物排放状况、了解监测数据的代表性、对监测数据进行交叉印证、形成完整的证据链，还应详细记录监测期间的生产和污染治理状况。

　　排污单位应将自行监测数据接入全国污染源监测信息管理与共享平台，公开监测信息。此外，可以采取以下一种或几种方式让公众更便捷地获取监测信息：公告或者公开发行的信息专刊；广播、电视等新闻媒体；信息公开服务、监督热线电话；本单位的资料索取点、信息公开栏、信息亭、电子屏幕、电子触摸屏等场所或者设施；其他便于公众及时、准确获得信息的方式。

第 3 章　无机化学工业污染排放状况

　　无机化学工业是我国传统支柱产业之一，也是环境管理重点关注的行业之一。本章围绕无机化学工业对社会经济贡献情况、产品产量区域分布情况、污染物排放和环保现状、行业发展进展和趋势进行简要介绍。同时针对无机化学工业主要的环境污染关注点和废水排放总体特征进行概述。分类对典型工艺过程污染物产排污节点和污染治理技术进行简要说明。无机化学工业的行业发展状况和污染排放特征，是无机化学工业环境管理与自行监测要求的重要依据，更是无机化学工业企业自行监测技术指南的重要依据。

3.1　行业概况及发展趋势

3.1.1　行业发展总体概况

　　本教程中无机化学工业是指以天然资源、工业品及工业副产物为原料生产无机酸、无机碱、无机盐、其他基础化学原料等无机化工产品的工业。包括《国民经济行业分类》（GB/T 4754—2017）中无机酸制造 2611、无机碱制造 2612、无机盐制造 2613 及其他基础化学原料制造 2619 中无机化学工业产品制造。

　　无机化学工业产品是基础原料—材料工业产品，用途广、需求量大。它既涉及造纸、橡胶、塑料、农药、饲料添加剂、微量元素肥料、空间技术、采矿、采油、航海、高新技术等领域中的信息产业、电子工业，以及各种材料工业，又与日常生活中人们的衣、食、住、行及轻工、环保、交通等息息相关。无机化学工业产品分类见表 3-1。

表 3-1　无机化学工业产品分类

产品分类	产品小类
无机酸	硫酸类、硝酸类、盐酸、氯磺酸、磷酸、多磷酸、硼酸、氢氰酸、氟酸、氯化酸、碘酸、氢硫酸、氢溴酸、钨酸、硅酸、硒酸、砷酸、钼酸、偏钛酸、氯铀酸、偏锡酸、溴酸、其他无机酸
无机碱	烧碱、氢氧化钾、纯碱、碳酸氢钠、碳酸钾、碳酸氢钾、金属氢氧化物
无机盐	非金属卤化物及硫化物、金属硫化物及硫酸盐、金属硝酸盐、亚硝酸盐、金属氧化物酸盐、金属过氧化物酸盐、磷化物、金属磷酸盐、氟化物及其盐、氯化物及其盐、氯氧化物及氢氧基氯化物、溴化物及其盐、碘化物及其盐、氰化物、氧氰化物及氰络合物、硅化物、硅酸盐、硼化物、硼酸盐、过硼酸盐、碳化物及碳酸盐、贵金属化合物、氢化物、氮化物、叠氮化物、其他无机盐
其他基础化学原料	非金属无机氧化物、过氧化氢、金属氧化物、金属过氧化物、金属超氧化物、硫磺、磷、非金属基础化学品、其他基础化学原料

无机化学工业产品的生产大多是以天然矿物为原料，生产工艺流程较长，化学物料的吞吐量较大且多为固体粉状物料，生产过程造成环境污染。随着发达国家对环境保护的要求越来越严格，污染治理费用大幅提高了产品的生产成本，加之人工费用相对较高等原因，使得发达国家在生产大宗无机化学工业产品方面渐渐失去了优势，逐渐向第三世界国家转移。自 20 世纪 90 年代开始，西欧各国和日本由于受资源条件、能源条件和环境容量的限制，基本没有新建、扩建大宗基础无机化学工业产品项目，部分产品产能相继萎缩。无机化工生产技术比较先进、产品市场分布广泛的国家和地区主要在西欧、北美、东欧、俄罗斯、中国、日本等。

我国无机化工过去基础十分薄弱，自改革开放以来，无论从产量和技术方面都取得了很大的成就。近几年，我国无机盐产能产量年均增长率均在 10%，行业呈现稳步快速发展阶段。现今我国已成为氯碱、黄磷、电石、硫酸、硝酸、无机盐等产品世界第一的生产、消费和出口大国。

我国无机化学工业企业分布较为广泛，各省（自治区、直辖市）均有分布，其中河北、江苏、江西、山东、河南、湖南、四川的无机化学企业分布较多，根据全国排污许可证管理信息平台公开的最新许可证信息，全国无机化学企业具体分布见图3-1。

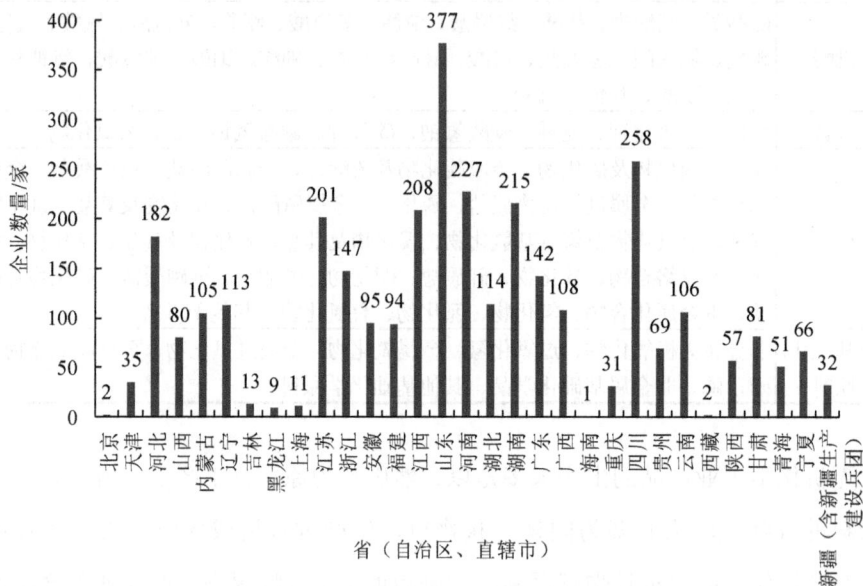

图 3-1　无机化学企业具体分布

随着产量的增加，无机化学工业行业排放的"三废"也越来越多，给环境带来了较大的危害，越来越引起国民的重视。

3.1.2　无机酸、无机碱工业发展现状和趋势

无机酸和无机碱工业是指生产无机酸和无机碱产品的工业企业，无机酸包括硫酸、硝酸、盐酸及其他无机酸，无机碱包括纯碱、烧碱等。我国现有无机酸工业企业和无机碱工业企业五百家。

3.1.2.1　硫酸工业

硫酸工业是指以硫磺、硫铁矿和石膏等为原料制取二氧化硫烟气及有色金属冶炼产生的二氧化硫烟气，经烟气净化、二氧化硫转化和三氧化硫吸收制得硫酸产品的工业生产。我国硫酸工业的硫酸产品包括93%浓硫酸、98%浓硫酸和发烟硫酸。

硫酸是十大重要工业化学品之一，广泛应用于纺织、化工、冶金、医药等各个工业部门。硫酸的产量常被用作衡量一个国家工业发展水平的标志，是我国十大重要工业化学品之一，素有"工业之母的美誉"。

我国硫酸生产主要集中在湖北、云南、山东、贵州、江苏、安徽和四川七省，产量之和占全国总量的60%左右。其中产磷四省（云、贵、鄂、川）的硫酸产量占全国总量的40%左右；工业发达的华东地区产量占30%左右；硫铁矿、硫精矿、有色金属冶炼业较集中的华南及重庆地区产量占20%左右；华北、东北、西北三大地区仅占10%左右。总体来看，大型企业的产量继续上升，但中小企业的产量降幅明显，产业集中度进一步提高。

3.1.2.2　硝酸工业

硝酸工业是指由氨和空气（或纯氧）在催化作用下制备成氧化氮气体，经水吸收制成硝酸或经碱液吸收生成硝酸盐产品的工业生产。我国硝酸工业硝酸产品主要包括浓硝酸、稀硝酸、硝酸盐。

硝酸是用途极广的重要化工原料之一，在酸类生产中产量仅次于硫酸，可广泛应用于国防、冶金、化工、制药等多个工业行业。随着我国经济的快速发展，对硝酸的需求也迅猛增加，同时发达国家硝酸工业产业政策也不断发生转移，促使我国近10年来硝酸工业得以快速发展。现今我国硝酸总产能稳居全球第一，占全球硝酸总产能的1/4左右，且在产能、技术上处于全球领先位置。

我国现有硝酸生产厂70余家，其中浓硝酸生产厂35家，硝酸盐生产厂23家。

在硝酸盐生产厂家中，7 家采用直接法生产，16 家采用尾气法生产。我国浓硝酸企业主要分布在华东、华北地区，在西南、华南地区则较少，而华南浓硝酸需求量较大。

3.1.2.3　盐酸工业

盐酸工业是指以氯气和氢气为原料直接合成盐酸的工业生产，主要来源于烧碱联产（原料为氯化钠）。

盐酸的主要原料为氯气，氯气主要来源于氯化钠电解（烧碱企业），部分来源于氯化铝等电解。据统计，氯化钠电解的氯气中 10%～20%用于生产盐酸，其余用于生产氯代有机物及精细化工。例如，聚氯乙烯行业在聚氯乙烯生产过程中会生成盐酸副产品，此工艺产生的盐酸副产品量少，且不纳入无机化学工业排污许可证技术规范的范围。

盐酸在化工、食品、机械、纺织、皮革、冶金、电镀、轧钢、焊接、搪瓷等工业中有广泛的应用。在化学工业中用于生产无机氯化物、有机氯化物等，例如作为生产氯化铵、氯化钙、氯化锌、氯化钡等氯化物的原料。在食品工业中常用盐酸来制造酱油、味精，也用于淀粉制造、水解酒精与葡萄糖等。在机械加工中盐酸常用于钢铁制品的酸洗，以除去铁锈、氧化膜、氧化铁皮。在印刷工业中还用于制造染料。在纺织工业纤维织物漂白时用作漂白粉液的分解促进剂，用于织物漂白后酸洗，丝光处理后中和等。在医药行业中用于制造药物，如盐酸麻黄碱、氯化锌等。在冶金工业中用于钻采和提取稀有金属，用于电镀、钢铁、蚀刻工业、金属表面清洗剂。

3.1.2.4　纯碱工业

纯碱工业是指以氯化钠和二氧化碳为原料制成纯碱的工业生产，方法包括氨碱法、联碱法及天然碱。

纯碱工业是重要的化学原料工业，纯碱产品是保障国民经济发展的基本工业原料，广泛应用于轻工日化、建材、化学工业、食品工业、冶金、纺织、石油、国防、医药等领域。我国纯碱产品在国际纯碱市场上有着较强的竞争力。目前世界纯碱生产能力为 4 200～4 300 万 t/a，其中合成法约占 2/3。我国现有纯碱生产企业 46 家，分布在 22 个省级行政区。氨碱法生产企业 12 家，主要分布在东部沿海和西北地区；联碱法生产企业 31 家，主要分布在中东部和西南部地区；氨碱法、联碱法生产并存的企业 2 家；天然碱企业 1 家。氨碱法和联碱法生产的产量占纯碱生产总量的 90%以上。这两种生产工艺对环境均会造成一定程度的污染，特别是工艺废水和蒸氨废渣液，氨氮污染问题比较突出。

3.1.2.5 烧碱工业

烧碱工业是指以氯化钠为原料采用离子交换膜等电解法生产液碱、固碱和氯氢处理的工业生产。烧碱的生产直接关系到食品加工、轻工、纺织、电力、冶金、国防军工等多个下游行业的生产，与国计民生息息相关。

烧碱工业布局与食盐生产密切相关，主要分布在华北和华东地区。山东、江苏、浙江、天津、陕西、河南、内蒙古、新疆、四川等省级行政区是我国烧碱的主要产区，它们的产能之和超过全国总产能的 60%。烧碱生产工艺有苛化法、水银法、隔膜法（包括金属阳极隔膜法和石墨阳极隔膜法）和离子膜法。苛化法是以石灰和纯碱为原料制取烧碱，目前仅在少数国家和地区使用，我国产量非常少，只有 10 万 t 左右。离子膜法制碱技术具有生产工艺简单、产品质量高、污染少、节约能源等优点，已被世界公认为技术最先进和经济最合理的生产方法。随着国家政策的引导以及行业的不断发展，离子膜法制碱技术在我国已广泛应用并逐渐占据主导地位，产能比例已经接近 95%。近年国内新增烧碱产能全部采用离子膜法生产装置，退出市场的烧碱产能中，九成以上为技改或退出市场的隔膜碱装置。世界现有 500 多家烧碱生产商、600 多家生产厂。其中陶氏化学、中国化工集团、西方化学、台塑化学、PPG、英力士、奥林、苏威、拜耳和东曹 10 家烧碱生产企业产能占世界烧碱总产能的 30%以上，每家公司产能平均约为 250 万 t。烧碱主要消费地区分布为：中国占 37%，美国占 16%，欧盟占 17%，日本占 5%。

3.1.3 无机盐及其他基础化学原料工业发展现状和趋势

无机盐工业是无机化学工业的重要分支，为农用化学品的钾肥、中微量肥、饲料添加剂、食品添加剂，钢铁、有色、石油化工、机械、轻工、纺织、建材等传统支柱产业提供通用无机原料，为高新产业如 IT、电子、医药、汽车、环保、军工等行业提供基础原材料，同时也提供品种规格繁多的如纳米、晶须、高纯等新兴精细无机材料产品。

我国无机盐工业的特点是：品种多、产量大、厂点多。目前，行业已具备相当规模和基础，形成了门类比较齐全、品种大体配套、基本可满足国民经济发展和提高人民生活水平的工业体系。我国现已成为世界最大的无机盐产品生产国、出口国和消费国。

根据全国排污许可证管理平台信息，我国现有无机盐工业企业 1 939 家，其他基础化学原料工业企业 743 家。根据中国无机盐工业协会统计，我国无机盐总生产能力超过 1.2 亿 t/a，产量超过 8 500 万 t/a，产值超过 2 100 亿元/a，多种无机盐产品如钡盐、无机氟化物、硫化碱、磷酸盐和过氧化氢等产量已跃居世界前列。国家统计局统计的规模以上无机盐企业数达 1 000 家以上，分布于全国各地。无机盐产品一直是传统的大宗出口商品，出口到世界 100 多个国家和地区，约有 200 多个品种，年创外汇 100 亿美元以上。

3.1.3.1 无机重金属化合物工业

无机重金属化合物工业是指以铬、钡、锶、锌、锰、镍、钼、铜、铅、镉、锡、汞、钴、锆、银和锑等重金属元素矿物、单质及含重金属物料为原料生产的各类无机重金属化合物的工业。其中包括：

（1）铬及其化合物工业

铬化合物主要包括重铬酸盐（重铬酸钠、重铬酸钾、重铬酸铵等）、铬酸盐

（铬酸钠、铬酸铅、铬酸锶、铬酸钡、铬酸钾、铬酸钙等）、氧化物（氧化铬、铬酸酐等）、复盐（硫酸铬钾等）、铬盐（硝酸铬、碱式硫酸铬及金属铬等）。铬化合物中，重铬酸钠、铬酸酐、氧化铬和碱式硫酸铬 4 种产品最多。铬酸钠、重铬酸钠是铬化合物中最基本的产品，众多铬化合物和金属铬大多直接或间接由铬酸钠和重铬酸钠制得。重铬酸钠生产是造成铬污染的源头，生产过程污染严重、对环境影响大。我国基础铬化合物生产企业主要分布于西北、西南、中南、华北、东北等地区。

（2）钡盐工业

钡盐系列主要产品有碳酸钡、硫酸钡、氢氧化钡（无机碱）、氯化钡、硝酸钡、钛酸钡等。碳酸钡是钡工业基础产品，其他是下游产品，碳酸钡占钡系列总产量的 65%左右。我国钡盐系列产品生产企业有 30 多家，主要分布于贵州、湖北、陕西、山东、湖南、山西、河北、广西等省（自治区）。

（3）锶盐工业

锶盐系列主要包括碳酸锶、硝酸锶、磷酸锶、钛酸锶、氢氧化锶（无机碱）、氯化锶、氟化锶、氧化锶及其精加工产品。其主要原料是天青石（占 90%以上），其余为菱锶矿、含锶盐卤、其他金属共生矿等。碳酸锶是锶盐系列产品中产能最大的品种，是其他锶盐产品的原料，其产能约占锶盐系列产品的 90%。生产企业有 10 多家。

（4）锌化合物工业

锌化合物主要包括碱式碳酸锌、氯化锌、氧化锌晶须、硝酸锌、七水硫酸锌、一水硫酸锌、饲料级硫酸锌、连二亚硫酸锌、氧化锌、活性氧化锌、磷化锌、磷酸锌、氟硅酸锌、硼酸锌等产品。其中产量最大的是氧化锌和氯化锌，占锌及其化合物总产量的 85%以上。生产企业约有 300 家，主要集中分布于华东、中南和东北地区，三地产能约占全国总产能的 80%。

（5）锰化合物工业

锰化合物主要包括四水氯化锰、无水氯化锰、二氧化锰、一氧化锰、四氧化三锰、碳酸锰、硝酸锰、硫酸锰、高锰酸钾、酸式磷酸锰、硼酸锰等。我国是世界最大的锰系产品的生产国、消费国和出口国。二氧化锰、四氧化三锰、高锰酸钾、硫酸锰等产品的产能和产量均居世界第一。生产企业有100多家，主要分布在广西、重庆、湖南和贵州等省（自治区），其中广西约占全国的30%。未来锰化合物产业将会呈现产品优化、产能集中，产量上升缓慢的趋势。

（6）镍化合物工业

镍化合物主要包括碳酸镍、碱式碳酸镍、氯化镍、硝酸镍、硫酸镍、硫酸镍铵、一氧化镍、三氧化二镍、氟化镍等产品，其中产能和产量最大的是硫酸镍和氯化镍。镍化合物主要生产企业有50多家，主要集中于吉林、甘肃等镍矿产地，两地硫酸镍产能约占全国总产能的70%。我国镍矿资源相对缺乏，资源远远不能满足国内消费日益增长的需求，每年需要从国外大量进口。随着国际镍矿价格提升，部分企业将面临原料短缺，无法正常生产甚至关停的情况。

（7）钼化合物工业

钼化合物主要包括六氟化钼、钼酸（无机酸）、磷酸钼、钼酸铵、钼酸钡、钼酸钠、二硫化钼、锂基酯二硫化钼、二硫化钼（蜡笔、油剂、粉剂）、工业三氧化钼等，其中产量最大的是钼酸铵和钼酸钠。生产企业有近100家，主要分布在陕西、河南、浙江、江苏等省，四省产能和产量约占全国总产能的85%。钼酸铵及其他钼酸盐进出口量很少。

（8）铜化合物工业

铜化合物主要包括碱式碳酸铜、氯化亚铜、氯氧化铜、硝酸铜、硫酸铜、氧化铜、焦磷酸铜、氟硼酸铜、氟化七铜等产品。硫酸铜产品占铜化合物总体产量的80%以上。生产企业有100多家，主要分布于山东、江苏、广东、甘肃、河北、天津等省（直辖市），但产量较为分散。国内硫酸铜产业结构不合理，低档产品多，高档产品少，行业产业结构调整和升级有待加强。

（9）铅化合物工业

铅化合物主要包括碱式碳酸铅、硝酸铅、硅酸铅、硫酸铅、三碱式硫酸铅、氧化铅、二氧化铅、四氧化三铅、二盐基亚磷酸铅、碱式硅铬酸铅、氟硼酸铅等产品。其中生产量最大的是氧化铅和四氧化三铅，约占铅化合物总产能和产量的 80%。生产企业有 100 多家，主要分布在河南、江苏等省。我国是铅化合物生产、出口和消费大国。

（10）镉化合物工业

镉化合物主要包括碳酸镉、氧化镉、硝酸镉、硫酸镉、氯化镉等产品，其中生产量较大的是碳酸镉、硝酸镉和氧化镉。生产企业有 30 多家，主要集中在辽宁葫芦岛、湖南株洲、河南新乡等地区。由于镉化合物对环境造成严重污染，欧盟、美国等发达国家和地区严格控制镉化合物进出口。近年国内光伏产业快速发展，消费量增加，国内生产不能满足需要，进口量不断增加。

（11）锡化合物工业

锡化合物主要包括氯化亚锡、无水氯化锡、硫酸亚锡、二氧化锡、焦磷酸锡、氟硼酸亚锡、锡酸钾、锡酸钠、偏锡酸（无机酸）等产品，主要用于电镀、玻璃工业等方面，硫酸亚锡是最大的产品。生产企业有 100 多家，主要分布在云南、广西等省（自治区）。我国锡储量占全球的 28%，居第 1 位。锡与钨、锑、稀土被并称为我国的四大战略资源，属于为数不多的我国可以具有定价能力的战略资源。

（12）汞化合物工业

汞化合物主要包括氯化汞、氧化汞红、氧化汞黄和硫化汞，主要产品是氯化汞。生产企业有 40 家以上，主要分布在万山区，其产量占全国总量的 80% 以上。汞化合物毒性大，对环境影响严重，进出口都受到严格限制，进出口量都极少。由于汞污染，国内外用户都在寻求代材，改进工艺，减用或不用汞，因此未来汞化合物的产量也会随之下降。

（13）钴化合物工业

钴化合物主要包括碳酸钴、碱式碳酸钴、氯化钴、氟化钴、硝酸钴、硫酸钴、硫化钴、氢氧化钴（无机碱）、三氧化二钴、氧化钴。我国钴资源紧缺，90% 的原料都需从非洲进口，主要产品为碳酸钴、氯化钴、硝酸钴、硫酸钴等。生产企业有 30 多家，主要分布在甘肃、辽宁、天津、河北、浙江等省（直辖市）。

（14）锆化合物工业

锆化合物主要包括氧氯化锆、氢氧化锆（无机碱）、氧化锆、硫酸锆和碳酸锆。锆英砂是锆化合物的主要原料，氧氯化锆是锆化合物的主要产品，占总量 90% 以上。生产企业约有 50 家，主要分布在广东、浙江、山东等省。由于成本、环保、能源等因素，目前全球锆的初级制品（如氯氧化锆）已向我国转移，使得我国氯氧化锆在国际上具有较强的竞争力，产量也占国际总产量的 90%。

（15）银化合物工业

银化合物主要包括硫酸银、氯化银、碘化银、氧化银和硝酸银，其中硝酸银生产量最大，其他银盐的生产量很少。目前年产量超过 100 t 的企业约有 10 家，主要分布在安徽、天津、江苏等省（直辖市）。近年来，随着电子工业的迅猛发展及硝酸银应用领域的扩大，硝酸银需求量稳中有升。

（16）锑化合物工业

锑化合物主要包括氯化锑、硝酸锑、磷化锑、硫化锑等，其中主要是氯化锑。生产企业主要集中在湖南、广西、云南、贵州、广东等省（自治区）。湖南省产量占全国总产量最多。

3.1.3.2　硫化物及硫酸盐工业

硫化物和硫酸盐系列包括硫化碱、连二亚硫酸钠、硫酸钠、硫酸铝、硫酸铁等。其中硫酸钠、硫酸铁、硫酸铝、硫化碱、连二亚硫酸钠是主要产品，硫酸钠、硫酸铁、硫酸铝等产品产量大，但生产过程少，水、气污染物排放低，对环境影响小。硫化碱、连二亚硫酸钠等产品生产过程产生硫化氢及二氧化硫等气体污染物浓度高，气量大，对环境污染较高，成为污染治理的重点。生产企业有 1 000 家左右。分布于国内 20 多个省（自治区、直辖市）。硫化碱主要用于染料、造纸、纺织、制革、化工及医药，生产企业有 40 多家，主要分布于山西、陕西、四川、内蒙古、河北、新疆、青海、甘肃等省（自治区），连二亚硫酸钠是染料行业的重要助剂，用于生产还原染料和靛系染料，也用于医药合成。它还是肥皂、草、羊毛、陶土等的漂白剂，合成橡胶的除氧剂。生产企业有 15 家，主要分布于广东、山东、湖南、江苏等省。我国是硫化物出口大国，其中硫酸钠最大。

3.1.3.3　无机氰化物工业

无机氰化物工业是指生产氢氰酸（无机酸）、氰化钠，以及以其为原料的下游无机氰化物产品的工业。主要产品包括氢氰酸、氰化钠、氰化钾、氰化亚铜、亚铁氰化钾、亚铁氰化钠、铁氰化钾、铁氰化钠、氰酸钠、氰酸钾、硫氰酸钠、氰化（亚）金钾等 20 多个品种。生产企业有 40 多家，主要分布于四川、重庆、河北、安徽、辽宁、上海、山东、甘肃、山西、河南、湖北等省（直辖市）。氰化钠是最主要的无机氰化物产品，约占总产能的 65%。

3.1.3.4　卤系及其化合物工业

卤系及其化合物工业是指以氟、氯、溴、碘单质及含矿物质为原料生产的各类本族化合物的工业。

（1）氟化物工业

氟化物系列包括氟化物（如氟化氢、氟化铝、氟化钠、氟化铵等）、氟硅酸盐（如氟硅酸钠）、氟铝酸盐（如冰晶石）、六氟磷酸锂、六氟化硫等多种产品。生产企业有 30 多家，主要分布于河南、浙江、湖南、内蒙古、河北、甘肃、四川、云南、山东等省（自治区）。我国是世界氟化物生产、消费大国，也是世界氟化物主要出口国家。

（2）氯化物及氯酸盐工业

氯化物及氯酸盐工业主要产品有氯酸钾（钠）、高氯酸钾（钠）、亚氯酸钠、氯化铁、聚合氯化铝、聚合氯化铁、氯化铝、氯化钙、次氯酸钙等。其中一些氯化物是氯碱副产品，如次氯酸钙（漂粉精）和多种氯化物产品；一些是纯碱副产品，如氯化钙；一些是无机磷化物下游产品，如三氯化磷、五氯化磷、三氯氧磷等，这类产品均分别隶属于其主产品，并分别执行其主产品的污染物排放标准。

氯酸钠是主要产品。国内氯酸钠（钾）、高氯酸钾（钠）、次氯酸钠生产企业有 10 多家，主要分布于福建、四川、内蒙古、山东、江西、湖南等省（自治区）。

（3）溴、碘工业

溴化物系列主要包括溴素、溴化钠、溴化钙、溴酸钠、溴化锂、氢溴酸（无机酸）、溴酸钾等产品。溴素是基本产品，其他溴化物是以溴为原料加工生产的。我国溴素生产主要是以地下卤水和海盐苦卤为原料，占全国溴素产量的 95%。溴属盐化工产品。碘化物系列包括碘、碘化银、碘化钙、碘化钠、碘化钾、碘酸钾、高碘酸钠等产品。碘是基础产品，其他碘化物是以碘为原料加工生产的。我国的碘主要来源于海带和井盐卤水提碘，近年国内由于技术的发展，从磷矿副产提碘取得突破。溴碘生产企业有 30 多家，主要集中于山东、四川、贵州等省。

3.1.3.5　硅化物工业

硅化物系列主要包括硅酸钠、硅酸钾、硅酸铝、碳化硅、白炭黑、4A 沸石、分子筛、硅胶等产品。其中硅酸钠是产量最大的基础产品，占硅化合物总量的 60% 左右。主要企业有 120 多家，主要集中于华东、中南、华北地区，三地区产能占国内总产能的 85% 以上。我国是硅化物出口大国。

3.1.3.6　硼化物工业

硼化物系列主要包括硼砂、硼酸（无机酸）、过硼酸钠、偏硼酸钠、氮化硼、碳化硼等 50 多种产品。其中生产量最大的是硼砂和硼酸，占硼化物总量的 80% 以上。生产企业有 70 多家，主要集中于辽宁、青海、新疆、甘肃、河南、内蒙古等省（自治区）。精细硼产品主要集中在辽宁、山东、河北、北京、天津、上海、江苏、浙江等省（直辖市）。我国是硼资源比较缺乏的国家，硼砂和硼酸主要靠进口，近年国民经济的发展对硼需求量大为增长，国内硼供应短缺情况日益加剧，硼砂和硼酸进口量增长很快。

3.1.3.7　碳酸盐工业

碳酸盐系列产品包括碳酸铵、碳酸钠（无机碱）、碳酸钾（无机碱）、碳酸钙、碳酸镁及各种重金属碳酸盐。碳酸氢钠、碳酸钠属纯碱工业，工业级碳酸铵、碳酸氢铵多在纯碱或合成氨企业加工生产，重金属碳酸盐产品通常是以碳酸钠、碳酸氢钠为原料生产，已包括在重金属产品中。碳酸钙是钙化合物中大宗通用产品，有多种不同规格产品，依其加工工艺不同可分为重质碳酸钙（石头粉）和轻质碳酸钙，按其规格可分为普通沉淀产品、表面活化产品、超细产品、纳米产品等。生产企业有 1 000 多家，分布于全国各地，主要在华北、华东、中南地区，约占全国总产能的 70%。氧化钙（石灰）是生产碳酸钙的中间品，也广泛作为商品使用，多用于冶金、建材行业。

3.1.3.8　镁化合物工业

镁化合物工业主要包括氧化镁、碳酸镁、氢氧化镁（无机碱）、硫酸镁、氯化镁五大系列产品及其他含镁化合物产品、精细镁化合物等具有实用价值的不同规格、不同品质的化工产品 200 余种，其中氯化镁和硫酸镁占总产量的 97% 左右。生产镁化合物的原料主要有菱镁矿、白云石矿、水镁石、蛇纹石及海水、地下卤水、盐湖卤水等。镁化合物生产方法很多，根据原料来源和生产方式的不同，大致可分为卤水-纯碱法、海水-石灰法、白云石、菱镁矿-碳化法、卤水-氨水-碳铵法、菱镁矿煅烧法等不同生产工艺。我国镁化合物生产企业多分布于资源地区，如山东、辽宁、河北、山西、湖南、四川、青海等省，生产企业有 200 家左右。

3.1.3.9　无机过氧化物工业

无机过氧化物主要包括无机元素的过氧化物、超氧化物、臭氧化物、过氧酸和过氧络合物。主要产品有过氧化氢、过氧化钠、过氧化钙、超氧化钠、超氧化钾、过碳酸盐（钠、钾等）、过硫酸盐（钠、钾、铵等）、过硼酸盐等。过氧化氢是基础大宗产品，其他多为过氧化氢的下游产品。近年来，我国过氧化氢消费增长十分迅速，特别是环保事业方面消费增长快。

3.1.3.10　氧化物

氧化物系列包括金属氧化物和非金属氧化物。氧化物系列包含在无机化学各类化合物中，如有色金属（轻金属、重金属、半金属等）、稀土元素化合物。

3.1.3.11　金属钠（钾）

金属钠是规模最大、最主要的产品，生产工艺采用氯化钠电解法，生产过程与氯碱相近，污染物治理与排放和氯碱生产类相同。

3.2　废水污染物排放状况

无机化学工业的废水主要来源于：①工艺洗涤水，部分洗涤水会排出生产系统，进行废水处理；②用于生产场地清洗（因"跑、冒、滴、漏"引起），设备、器具、操作岗位洗涤水；③由于生产排尘、物料外漏等原因，造成初期雨水污染；④厂区浴室、食堂、厕所等生活设施排放废水；⑤有渣场的渣场渗水；⑥蒸发冷凝水排放，企业基本不外排该部分水，循环用于生产中。据测算，近年无机化学工业排放废水量为 5.6 亿 t，化学需氧量、氨氮排放量占工业废水相应污染物排放总量的 2.92% 和 0.57%。

无机化学工业企业排放的废水大部分为无机废水，含盐量高，pH 变化大，部分指标具有一定毒性或难被生物降解，如重金属等。水污染物包括常规污染物和特征污染物，常规污染物包括 pH、悬浮物、化学需氧量（COD_{Cr}）、氨氮、总氮、总磷、石油类；特征污染物主要包括硫化物、氟化物、总氰化物、总铜、总锌、总锰、总钡、总锶、总钴、总钼、总锡、总锑、总砷、总汞、总镉、总铅、六价铬、总银、总铬、总镍、总铊、总 α 放射性、总 β 放射性等。《无机化学工业污染物排放标准》（GB 31573—2015）及修改单对以上 30 种污染物都规定了排放限值，其中的氰化物、各种重金属污染物属于水中优先控制污染物。主要控制污染物有悬浮物、化学需氧量、总磷、总氮、氨氮、六价铬、总铬及涉及产品的相应污染物等。调研发现，排放废水中，pH 为 4.5～13.0；氨氮为 1.9～40 mg/L；COD$_{Cr}$ 为 11～270 mg/L；悬浮物为 3～200 mg/L；总镉为 0.02～1.34 mg/L；总汞为 0.000 02～0.1 mg/L；总砷为 0.001～2.1 mg/L 等。

3.2.1 无机酸、无机碱工业

根据《排污许可证申请与核发技术规范　无机化学工业》（HJ 1035—2019），无机酸、无机碱工业废水排放口与污染因子见表 3-2。

表 3-2　无机酸、无机碱工业废水排放口与污染因子一览表

行业		废水类型	废水排放口	排放口类型	污染物因子
所有		生活污水	生活污水排放口	一般排放口	pH、化学需氧量、氨氮、总磷、悬浮物、动植物油、五日生化需氧量
		初期雨水	废水总排放口	一般排放口/主要排放口 [a]	pH、化学需氧量、悬浮物
无机酸	硫酸（硫铁矿制酸、石膏制酸）	生产废水	车间或车间处理设施废水排放口	一般排放口	总砷、总铅
	硫酸（硫磺制酸、硫铁矿制酸、石膏制酸）	生产废水	废水总排放口	主要排放口	pH、化学需氧量、氨氮、悬浮物、总磷、总氮、石油类
	硫酸（硫铁矿制酸、石膏制酸）				硫化物、氟化物
	硝酸	生产废水	废水总排放口	主要排放口	pH、化学需氧量、氨氮、悬浮物、总磷、总氮、石油类
	磷酸	生产废水	车间或车间处理设施废水排放口	一般排放口	总砷
			废水总排放口	主要排放口	pH、化学需氧量、氨氮、单质磷、悬浮物、总磷、总氮、硫化物、氟化物

行业		废水类型	废水排放口	排放口类型	污染物因子
无机碱	烧碱（盐酸）	生产废水	车间或车间处理设施废水排放口	一般排放口	总镍
					活性氯
		生产废水	废水总排放口	一般排放口	pH、化学需氧量、氨氮、悬浮物、总磷、总氮、石油类、总钡
	纯碱	生产废水	废水总排放口	一般排放口	pH、化学需氧量、氨氮、悬浮物、石油类、硫化物

注：a 初期雨水排入废水总排口，根据行业废水总排口的排放类型确定为一般排放口或主要排放口。

3.2.1.1　硫酸

硫酸工业废水主要包括生产工艺酸性废水、脱盐废水、设备冷却水、锅炉排污水、循环冷却排污水及生活污水等，其中气体净化工序中产生的酸性废水为主要污染源。硫酸工业主要水污染物是砷、氟和重金属离子等，废水水质与原料的成分有密切关系。硫铁矿制酸的废水含有酸、砷、氟和重金属离子，硫化氢制酸会排放硫化物。此外，机油的泄漏会使废水含有石油类，硫铁矿含磷及洗涤剂的使用会导致总磷排放，生活污水含有机物、悬浮物、氨氮、总氮等。因此，硫酸工业排放的水污染物有硫酸、亚硫酸、有机物、悬浮物、氨氮、总氮、总磷、砷、氟、铅、铜、锌等。硫磺、硫铁矿和石膏制酸的工艺流程见图 3-2、图 3-3、图 3-4。

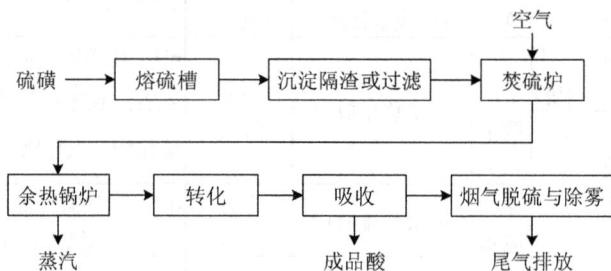

图 3-2　硫磺制酸工艺流程

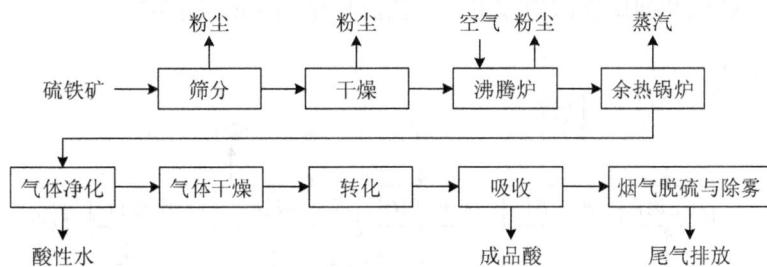

图 3-3 硫铁矿制酸工艺流程

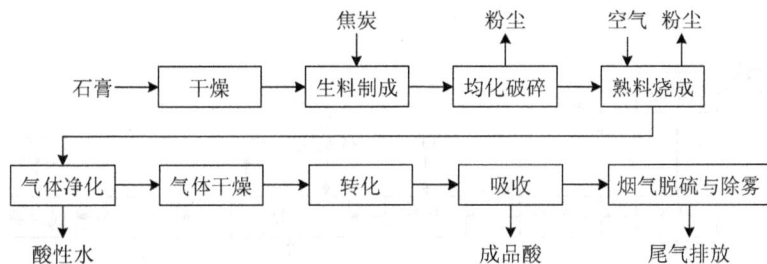

图 3-4 石膏制酸工艺流程

经测算，硫酸工业废水 COD_{Cr} 年排放量约 0.17 万 t，约占全国废水 COD_{Cr} 年排放量的 0.007 6%，占全国工业废水 COD_{Cr} 年排放量的 0.057 6%；废水中氨氮年排放量 0.002 6 万 t，占全国废水氨氮年排放量的 0.001 1%，占全国工业废水氨氮年排放量的 0.012 0%。

3.2.1.2 硝酸

硝酸工业生产过程中排放的废水包括氨蒸发器排放的少量废水、浓硝酸生产酸性废水、硝酸盐生产过程中产生含硝酸盐冷凝液、循环排污水、生活污水及地面冲洗水等。主要污染物为总氮、氨氮、石油类、悬浮物和总磷，其中氨氮和总氮较高并呈酸性。浓硝酸生产酸性废水为主要污染源。稀硝酸生产工艺流程见

图 3-5，直硝法和间硝法浓硝酸生产工艺流程见图 3-6、图 3-7。

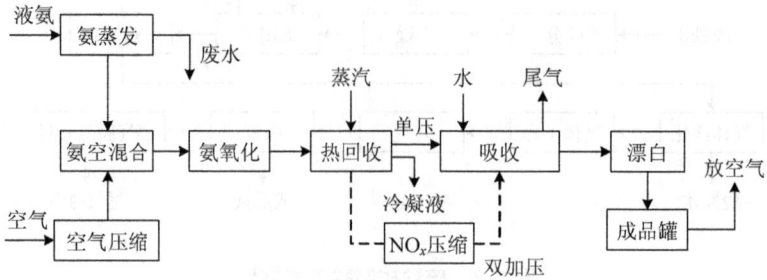

图 3-5　稀硝酸生产工艺流程

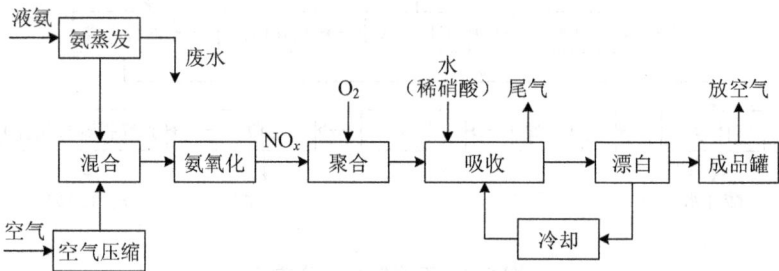

图 3-6　直硝法浓硝酸生产工艺流程

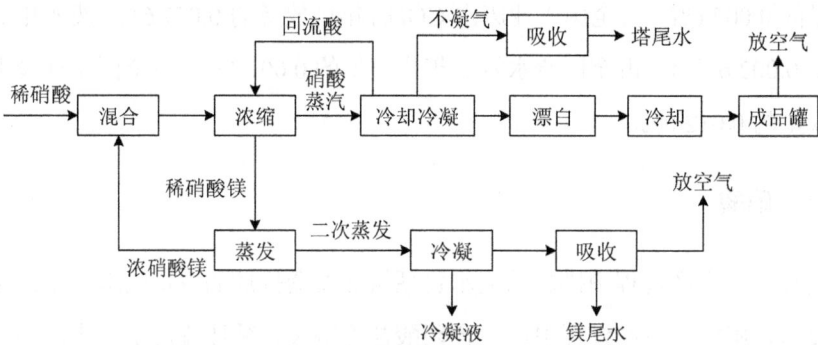

图 3-7　间硝法浓硝酸生产工艺流程

经测算，硝酸工业废水 COD_{Cr} 年排放量约 0.13 万 t，约占全国废水 COD_{Cr} 年排放量的 0.005 6%，占全国工业废水 COD_{Cr} 年排放量的 0.042 8%；废水中氨氮年排放量 0.020 9 万 t，占全国废水氨氮年排放量的 0.009 1%，占全国工业废水氨氮年排放量的 0.096 3%。

3.2.1.3　盐酸

盐酸主要为烧碱企业联产制得，其产污情况与烧碱工业基本一致。另外在氢气与氯气燃烧反应后，氯化氢气体进入吸收塔生成盐酸，排放尾气中含有氯化氢气体。

经测算，盐酸工业废水 COD_{Cr} 年排放量约 0.48 万 t，约占全国废水 COD_{Cr} 年排放量的 0.021 4%，占全国工业废水 COD_{Cr} 年排放量的 0.162 4%；废水中氨氮年排放量 0.119 2 万 t，占全国废水氨氮年排放量的 0.051 8%，占全国工业废水氨氮年排放量的 0.549 3%。

3.2.1.4　纯碱

纯碱工业生产工艺包括氨碱法、联碱法及天然碱法。

氨碱法是以盐和石灰石为主要原料，以氨为中间辅助材料生产纯碱的方法，其生产工艺流程见图 3-8。在盐水精制工序，粗盐水中 Mg^{2+}、Ca^{2+} 反应生成 $Mg(OH)_2$ 和 $CaCO_3$，形成盐泥，盐泥与蒸馏废液混合经澄清或压滤，废清液排放，固态渣堆存。窑气需经洗涤塔、电除尘器、冷却塔进行除尘、降温。产生的洗涤水中含有粉尘、煤焦油等物。化灰工序中，由于石灰石、焦炭或白煤质量等原因，不可避免产生一些沙石等杂物。母液蒸氨过程产生蒸馏废液，蒸馏废液经澄清或压滤，产生废清液和固态渣。废清液可用于生产氯化钙，剩余部分排放；固态渣可用于制造工程土、建筑胶泥等。蒸氨冷凝液、重碱煅烧炉气冷凝液及设备的清洗、检修、泄漏等产生的含氨母液进行淡液蒸馏，淡液蒸馏后的淡液含氨，返回系统。

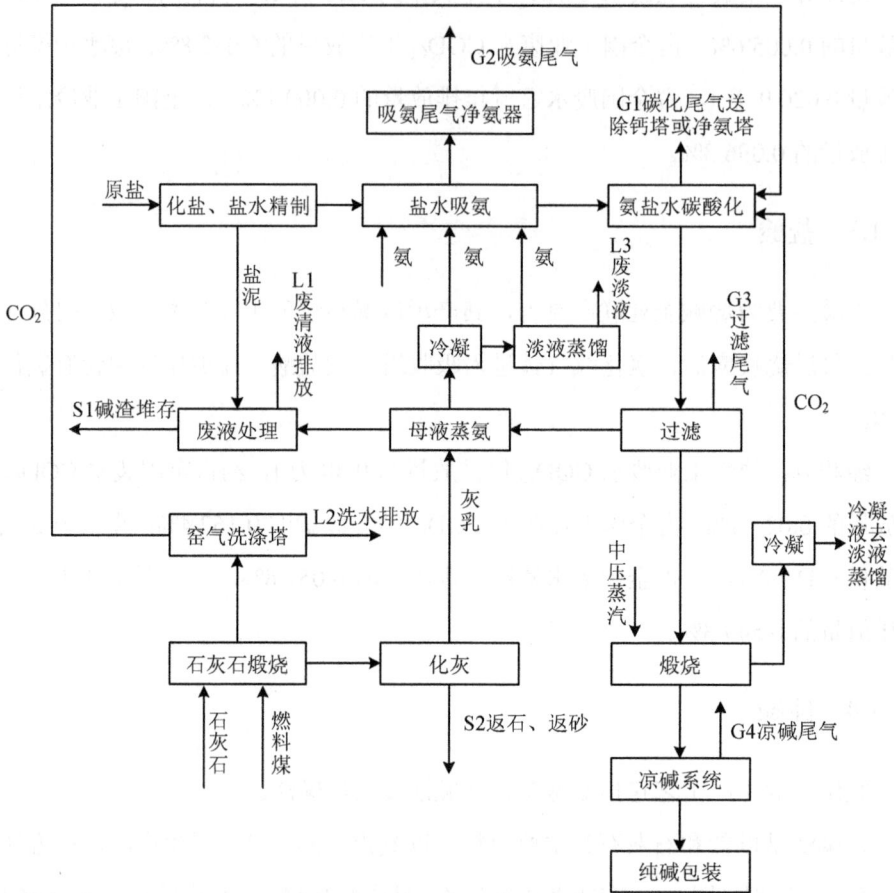

图 3-8　氨碱法纯碱生产工艺流程

　　联碱法生产纯碱工艺流程见图 3-9。联碱的废水主要来自设备清洗水及母液膨胀。在联碱法生产过程中，如母液换热器、盐析和冷析结晶器、滤碱机、离心机、除尘器等设备需要定期或不定期清洗，清洗水为含氨废水；设备故障、设备检修、母液贮桶、泵、管线泄漏等也产生含氨废水。

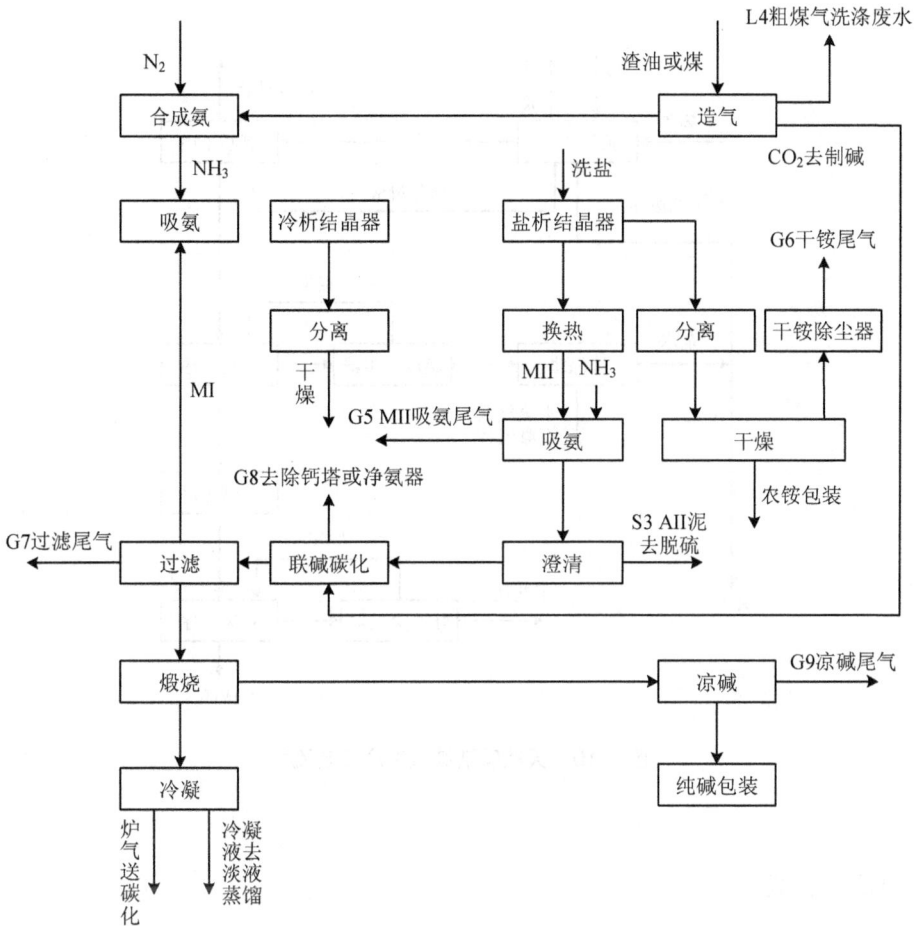

图 3-9　联碱法纯碱生产工艺流程

天然碱法生产纯碱工艺流程见图 3-10。天然碱法生产过程中的含碱废水基本收回利用，排放的废水主要为少量冷凝水、原水过滤反冲洗水和生活污水。

经测算，纯碱工业废水 COD_{Cr} 年排放量约 0.017 万 t，约占全国废水 COD_{Cr} 年排放量的 0.000 7%，占全国工业废水 COD_{Cr} 年排放量的 0.005 6%；废水中氨氮年排放量 0.009 4 万 t，占全国废水氨氮年排放量的 0.004 1%，占全国工业废水氨氮年排放量的 0.043 3%。

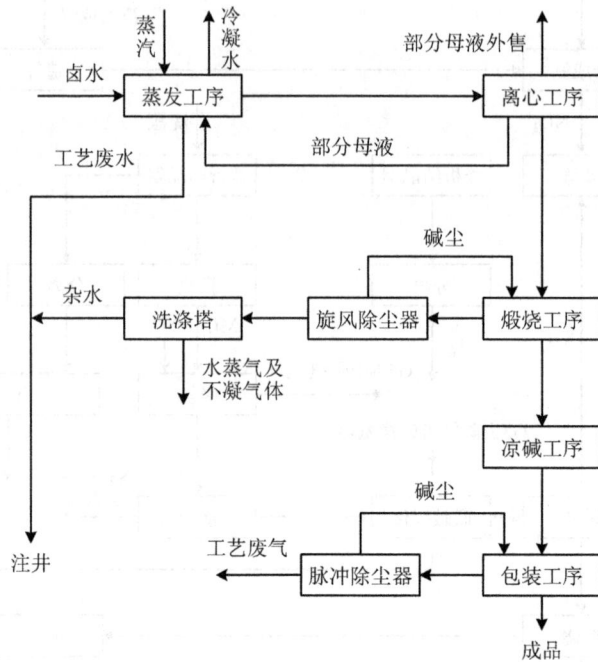

图 3-10 天然碱法纯碱生产工艺流程

3.2.1.5 烧碱

烧碱工业废水主要有二次盐水树脂再生废水、蒸汽冷凝水、烧碱工艺冷凝水、机封冷却水等。

经测算，烧碱工业废水 COD_{Cr} 年排放量约 0.24 万 t，约占全国废水 COD_{Cr} 年排放量的 0.010 5%，占全国工业废水 COD_{Cr} 年排放量的 0.079 7%；废水中氨氮年排放量 0.058 5 万 t，占全国废水氨氮年排放量的 0.025 4%，占全国工业废水氨氮年排放量的 0.3%。

3.2.2　无机盐工业及其他无机化学工业

无机盐生产工艺与常规的化工工艺一样，是将原料经过化学反应（或物理方法）转变为产品的方法和过程。无机盐产品众多，生产工艺千差万别是其一大特点，但共性特征亦非常突出，概况如下。

3.2.2.1　原料及预处理

无机盐生产的原料，一般分为四类。

1）固体矿。铝土矿、磷矿、萤石矿、菱镁矿、铬铁矿、硼矿、石灰石、锰矿、硫磺、硫铁矿、天然碱矿、白云石、硝石、蛇纹石等。

2）液体矿。盐湖卤水、海水及地下卤水等。

3）化工原料。酸、碱、盐及单质。

4）工业废物综合利用。在化工生产过程中，排出的废气、废水、废渣含有许多无机盐生产所需的原料。

为了使原料经济高效利用，在使用前要做预处理，这是无机盐生产工艺的重要组成部分。如固体化学矿的粉碎、筛分、精选，一些还需通过煅烧、焙烧等加工处理进行活化，液体矿要进行精制除杂与浓缩等。

3.2.2.2　反应过程

在无机盐生产过程中，少部分属于物理过程，大部分均要进行化学反应，通过高温焙烧、高温氧化或在一定温度、压力等条件下发生化学反应，得到反应产物。根据使用原料的不同，其基本反应原理主要是以下几种：气-气、气-液、气-固、液-液、液-固、固-固或通过几种反应的组合而得到产物。

3.2.2.3　反应产物的分离与产生

将反应产物从混合物或溶液中分离出来，以获得要求的产品。根据反应后混合体系的状态，大部分采取浸取、蒸馏、精制、过滤、干燥、包装等工序，即可完成制备过程。在进行每一步操作时，均在特定的设备中进行。

3.2.2.4 生产过程"三废"排放与控制

在无机盐生产过程中，大部分都要排放出废气、废水与废渣。尤其以固体为原料，废渣排放量是相当大的。处理"三废"的工艺，综合利用为首选，最低标准是满足国家相关排放标准。

3.2.2.5 生产过程控制

在无机盐生产过程的各个环节，均存在过程控制，其决定了产品质量及工艺的可行性。

无机盐生产工艺主要由原料及预处理、反应过程、反应产物的处理、"三废"及生产过程控制五部分构成。根据工艺分析，可以将无机化学工业产品生产概化为以下 5 个生产单元，即原料预处理及配料、反应单元（包括各种炉窑、电解槽、反应釜等）、粗品分离（包括浸取、冷凝收集等）、产品精制（包括洗涤、重结晶等）、产品干燥及包装。产排污节点见图 3-11。

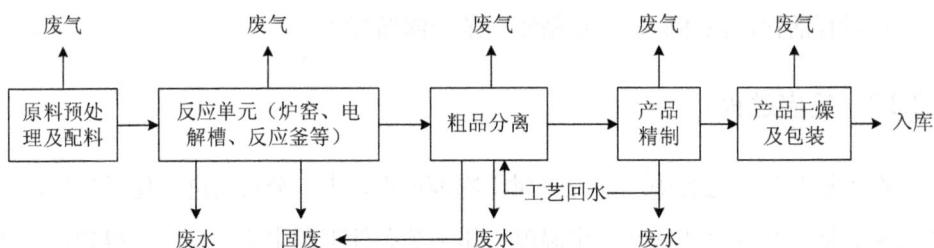

图 3-11 无机盐工艺过程的产排污节点

根据《排污许可证申请与核发技术规范 无机化学工业》（HJ 1035—2019），无机盐工业及其他无机化学工业废水排放口与污染物因子见表 3-3。

表 3-3　无机盐工业及其他无机化学工业废水排放口与污染因子一览表

行业		废水类型	废水排放口	排放口类型	污染物因子
所有		生活污水	生活污水排放口	一般排放口	pH、化学需氧量、氨氮、总磷、悬浮物、动植物油、五日生化需氧量
		初期雨水	废水总排口	一般排放口/主要排放口ᵃ	pH、化学需氧量、悬浮物
无机盐	电石	生产废水	废水总排放口	一般排放口	pH、化学需氧量、氨氮、悬浮物、总磷、总氮、石油类
	铬盐（重铬酸钠）	生产废水	车间或车间处理设施废水排放口	主要排放口	总砷、总汞、总镉、总铅、六价铬、总铬、总镍
			废水总排放口	主要排放口	pH、化学需氧量、氨氮、悬浮物、总磷、总氮、硫化物、石油类、氟化物
	二硫化碳	生产废水	废水总排放口	一般排放口	pH、化学需氧量、氨氮、悬浮物、总磷、总氮、硫化物
	氰化钠	生产废水	废水总排放口	一般排放口	pH、化学需氧量、氨氮、总磷、总氮、石油类、氰化物
	碳酸钡	生产废水	车间或车间处理设施废水排放口	一般排放口	总钡
			废水总排放口	一般排放口	pH、化学需氧量、氨氮、悬浮物、总磷、总氮、硫化物
	硅酸钠	生产废水	废水总排放口	一般排放口	pH、化学需氧量、氨氮、悬浮物、总氮
	白炭黑	生产废水	废水总排放口	一般排放口	pH、化学需氧量、氨氮、悬浮物、总氮
	碳酸锂	生产废水	废水总排放口	一般排放口	pH、化学需氧量、氨氮、悬浮物、总磷、总氮
	轻质碳酸钙	生产废水	废水总排放口	一般排放口	pH、化学需氧量、氨氮、悬浮物、总氮
	饲料级磷酸钙盐	生产废水	车间或车间处理设施废水排放口	一般排放口	总砷
		生产废水	废水总排放口	主要排放口	pH、化学需氧量、氨氮、单质磷、悬浮物、总磷、总氮、硫化物、氟化物
	连二亚硫酸钠	生产废水	废水总排放口	一般排放口	pH、化学需氧量、氨氮、悬浮物、总磷、总氮、硫化物

行业	废水类型	废水排放口	排放口类型	污染物因子
其他无机化学工业	黄磷 生产废水	车间或车间处理设施废水排放口	一般排放口	总砷
	黄磷 生产废水	废水总排放口	主要排放口	pH、化学需氧量、氨氮、单质磷、悬浮物、总磷、总氮、硫化物、氟化物
	无机氰化合物 生产废水	车间或车间处理设施废水排放口	一般排放口	总砷、总汞、总镉、总铅、六价铬
		废水总排放口	一般排放口	pH、化学需氧量、氨氮、悬浮物、总磷、总氮、总氰化物、石油类
	硫化合物及硫酸盐 生产废水	车间或车间处理设施废水排放口	一般排放口	总砷、总汞、总镉、总铅、六价铬
		废水总排放口	一般排放口	pH、化学需氧量、氨氮、悬浮物、总磷、总氮、硫化物、总氰化物、石油类
	氯酸盐 生产废水	车间或车间处理设施废水排放口	一般排放口	总砷、总汞、总镉、总铅、总铬、六价铬
		废水总排放口	一般排放口	pH、化学需氧量、氨氮、悬浮物、总磷、总氮、硫化物、总氰化物、石油类、氟化物
	涉重金属无机化合物（除含铬重金属外） 生产废水	车间或车间处理设施废水排放口	一般排放口	总砷、总汞、总镉、总铅、总铬、六价铬、总锰、总钡、总锶、总钴、总钼、总锡、总锑、总银、总镍、总铊
		废水总排放口	一般排放口	pH、化学需氧量、氨氮、悬浮物、总磷、总氮、硫化物、石油类、氟化物、总铜、总锌

注：a 初期雨水排入废水总排口，根据行业废水总排口的排放口类型确定为一般排放口或主要排放口。

据测算，近年无机盐工业年排放污水量约为 3.82 亿 t，COD_{Cr} 年排放量约 1.71 万 t，约占全国废水 COD_{Cr} 年排放量的 0.077%，占全国工业废水 COD_{Cr} 年排放量的 0.58%；废水中氨氮年排放量 1.1 万 t，占全国废水氨氮年排放量的 0.48%，占全国工业废水氨氮年排放量的 7.88%。

3.3 废气污染物排放状况

行业废气主要来源于：①在原料处理、混配、研磨、进出炉窑、焙烧和输送等过程中产生的含工业粉尘的废气；②在焙烧和干燥工段，窑炉产生的含二氧化硫、颗粒物等为主的废气；③产品生产过程的粉碎、包装工段会产生含颗粒物的废气；④在浸取、萃取、反应等过程产生的各种酸雾（如硫酸雾、盐酸雾等）、氨等。主要控制污染物有颗粒物、二氧化硫、氮氧化物、酸雾及涉及的相关污染物等。据测算，二氧化硫、氮氧化物、烟粉尘排放量分别占工业废气相应污染物排放总量的 2.29%、1.01%、1.65%。

调查、监测结果表明，排放废气中，硫化氢 0.5～173 mg/m^3，硫酸雾 9.0～20 mg/m^3，铬酸雾 0.11～0.70 mg/m^3，颗粒物 15～2 000 mg/m^3，二氧化硫 50～2 000 mg/m^3。

3.3.1 无机酸、无机碱工业

根据《排污许可证申请与核发技术规范 无机化学工业》（HJ 1035—2019），无机酸、无机碱工业废气产排污环节、排放形式、排放口类型与污染物因子见表 3-4。

表 3-4 无机酸、无机碱工业废气产排污环节、排放形式、排放口类型与污染物因子一览表

行业		产排污环节	排放形式	排放口类型	污染物因子
无机酸	硫酸	熔硫槽、过滤机	有组织	一般排放口	颗粒物
		破碎机	有组织	一般排放口	
		配料罐、烘干机	有组织/无组织	一般排放口	
		吸收塔	有组织	主要排放口	二氧化硫、硫酸雾
		厂界	无组织	—	颗粒物、二氧化硫、硫酸雾
	硝酸	氨氧化炉、吸收塔	有组织	主要排放口	氮氧化物
		冷凝器（塔）	有组织	主要排放口	氮氧化物
		厂界	无组织	—	氮氧化物
	磷酸	燃烧塔、水合塔	有组织	一般排放口	磷酸雾
		浓缩罐		一般排放口	
		厂界	无组织	—	颗粒物、二氧化硫、氟化物、五氧化二磷、砷及其化合物

行业		产排污环节	排放形式	排放口类型	污染物因子
无机碱	烧碱（盐酸）	电解槽	有组织	一般排放口	氯气
		固碱炉	有组织	一般排放口/主要排放口	颗粒物、二氧化硫、氮氧化物
		合成炉、氯化氢吸收塔（降膜吸收塔）	有组织	一般排放口	氯化氢
		片碱机	有组织/无组织	一般排放口	颗粒物
		厂界	无组织	—	氯气、氯化氢
	纯碱	石灰窑	有组织/无组织	一般排放口	颗粒物、二氧化硫、氮氧化物
		碳化塔	有组织	一般排放口	氨
		蒸氨塔	有组织	一般排放口	氨
		煅烧炉	有组织	一般排放口	颗粒物
		过滤机	有组织	一般排放口	氨
		凉碱炉、包装机	有组织	一般排放口	颗粒物
		厂界	无组织	—	氨、颗粒物

3.3.1.1 硫酸

硫酸工业的主要废气污染源是工艺尾气，即由吸收塔顶部或经进一步脱硫后排放的制酸尾气，其主要污染物为二氧化硫和颗粒物。此外，硫铁矿制酸过程中在原料筛分、干燥工序产生的含尘废气，需收集并经除尘设施处理后排放，主要污染物为颗粒物。无组织排放主要有工艺设备、储罐的"跑、冒、滴、漏"，取样和设备检修等过程产生的二氧化硫、硫酸雾及颗粒物等。

据测算，硫酸工业废气 SO_2 年排放量约为 6.19 万 t，占全国 SO_2 年排放量的 0.333 0%，占全国工业 SO_2 年排放量的 0.397 6%。硫酸工业的粉尘年排放量为 0.77 万 t，占全国粉尘年排放量的 0.050 1%，占全国工业粉尘年排放量的 0.062 5%。

3.3.1.2　硝酸

硝酸工业的大气污染物排放主要来自硝酸工业尾气,其主要污染物为氮氧化物。另外,硝酸储罐放空气、浓硝酸装置循环吸收槽放空气也排放氮氧化物。

据测算,硝酸工业废气氮氧化物年排放量约为 1.42 万 t,占全国氮氧化物年排放量的 0.768 8%,占全国工业氮氧化物年排放量的 0.120 5%。

3.3.1.3　盐酸

盐酸工业的大气污染物排放主要来自盐酸工业尾气,排放尾气中含有氯化氢气体。

据测算,盐酸工业废气年排放量为 21.19 亿 m^3(根据实际产量、产排污系数估算)。

3.3.1.4　纯碱

据测算,纯碱工业废气粉尘年排放量约为 3.28 万 t,占全国粉尘年排放量的 0.213 5%,占全国工业粉尘年排放量的 0.266 4%。

3.3.1.5　烧碱

烧碱工业废气主要为电解工段电解槽排放的含氢废气、盐酸工段氯化氢尾气以及部分辅助工段的尾气(锅炉废气)。

据测算,烧碱工业废气粉尘年排放量为 0.028 7 万 t,占全国粉尘年排放量的 0.001 9%,占全国工业粉尘年排放量的 0.023 3%。

3.3.2　无机盐工业及其他无机化学工业

根据《排污许可证申请与核发技术规范　无机化学工业》(HJ 1035—2019),无机盐工业及其他无机化学工业废气产排污环节、排放形式、排放口类型与污染物因子见表 3-5。

表 3-5　无机盐工业及其他无机化学工业废气产排污环节、排放形式、排放口类型与
污染物因子一览表

行业		产排污环节	排放形式	排放口类型	污染物因子
无机盐	电石	破碎机、筛分、输送、出炉及其他通风生产设备	有组织	一般排放口	颗粒物
		炭材干燥窑	有组织	主要排放口	颗粒物、二氧化硫、氮氧化物
		石灰窑	有组织	主要排放口	颗粒物、二氧化硫、氮氧化物
		内燃电石炉	有组织	主要排放口	颗粒物、二氧化硫、氮氧化物
		密闭电石炉	有组织	一般排放口	颗粒物
		破碎机、包装机	有组织	一般排放口	颗粒物
		厂界	无组织	—	颗粒物、二氧化硫、氮氧化物、一氧化碳
	铬盐（重铬酸钠）	磨机	有组织	一般排放口	颗粒物
		反应釜	有组织/无组织	一般排放口	铬及其化合物
		固液分离器	有组织/无组织	一般排放口	铬及其化合物
		焙烧窑	有组织	主要排放口	颗粒物、二氧化硫、氮氧化物、铬及其化合物
		浸取槽、中和罐、过滤机	有组织/无组织	一般排放口	铬及其化合物、硫酸雾
		预酸化罐、酸化罐	有组织/无组织	一般排放口	硫酸雾、氯化氢
		铬酸酐反应釜	有组织	一般排放口	铬及其化合物、氯化氢
		碱式硫酸铬喷雾干燥塔	有组织	一般排放口	颗粒物、铬及其化合物
		氧化铬氯焙烧窑	有组织	主要排放口	颗粒物、二氧化硫、氮氧化物、铬及其化合物
		铬渣干法解毒窑（炉）	有组织	主要排放口	颗粒物、二氧化硫、氮氧化物、铬及其化合物
		铬渣湿法解毒反应釜	有组织/无组织	主要排放口	铬及其化合物
		厂界	无组织	—	硫化氢、氯气、氯化氢、铬及其化合物
	二硫化碳	箱式炉	有组织	主要排放口	颗粒物、二氧化硫、氮氧化物
		精馏装置	有组织	主要排放口	硫化氢、二氧化碳、二氧化硫
		厂界	无组织	—	硫化氢、二氧化碳、氮氧化物、二硫化碳

行业		产排污环节	排放形式	排放口类型	污染物因子
无机盐	氰化钠	焚烧炉/余热利用锅炉	有组织	主要排放口	颗粒物、二氧化硫、氮氧化物
		成型机	有组织	一般排放口	颗粒物、氰化氢
		厂界	无组织	—	颗粒物、二氧化硫、氮氧化物、氨、氰化氢
	碳酸钡	磨机	有组织	一般排放口	颗粒物
		焙烧炉	有组织	主要排放口	颗粒物、二氧化硫、氮氧化物
		浸取槽	无组织	—	颗粒物
		碳化塔	有组织	主要排放口	二氧化硫、硫化氢
		烘干机	有组织	一般排放口	颗粒物
		厂界	无组织	—	颗粒物、氮氧化物、二氧化硫、硫化氢
	硅酸钠	焙烧窑	有组织	主要排放口	颗粒物、氮氧化物、二氧化硫
		包装机	有组织	一般排放口	颗粒物
		厂界	无组织	—	颗粒物、氮氧化物、二氧化硫
	白炭黑	聚集器-旋风分离器	有组织	一般排放口	氯化氢
		脱酸塔	有组织	一般排放口	氯化氢、氯气
		破碎机	有组织	一般排放口	颗粒物
		厂界	无组织	—	颗粒物、氯化氢
	碳酸锂	喷雾干燥器	有组织	一般排放口	颗粒物、氮氧化物
		焙烧窑	有组织	主要排放口	颗粒物、二氧化硫、氮氧化物、氟化物
		磨机	有组织	一般排放口	颗粒物
		煅烧窑	有组织	主要排放口	颗粒物、二氧化硫、氮氧化物、氯化氢
		酸化焙烧窑	有组织	主要排放口	颗粒物、二氧化硫、氮氧化物、硫酸雾、氟化物
		烘干机	有组织	一般排放口	颗粒物
		厂界	无组织	—	颗粒物、氯化氢、硫酸雾、氟化物
	轻质碳酸钙	破碎机	有组织	一般排放口	颗粒物
		碳化塔	有组织	一般排放口	颗粒物、氮氧化物
		干燥供热炉	有组织	主要排放口	颗粒物、二氧化硫、氮氧化物
		包装机	有组织	一般排放口	颗粒物
		厂界	无组织	—	颗粒物、氮氧化物

行业		产排污环节	排放形式	排放口类型	污染物因子
无机盐	饲料级磷酸钙盐	磨机	无组织	—	颗粒物
		酸萃取槽、中和槽	有组织/无组织	一般排放口	氟化物
		过滤机	无组织	—	氟化物
		干燥机	有组织	一般排放口	颗粒物
		厂界	无组织	—	颗粒物、二氧化硫、氟化物、五氧化二磷、砷及其化合物
	连二亚硫酸钠	合成反应釜	有组织	主要排放口	硫化氢、二氧化硫、挥发性有机物
		干燥釜	有组织	一般排放口	挥发性有机物
		包装机	有组织	一般排放口	颗粒物
		厂界	无组织	—	颗粒物、硫化氢、二氧化硫、挥发性有机物
其他无机化学工业	黄磷	破碎机、筛分机	有组织	一般排放口	颗粒物
		烘干机	有组织	一般排放口	颗粒物、二氧化硫、氮氧化物、五氧化二磷、氟化物
		黄磷炉	有组织/无组织	一般排放口	氟化物、硫化物、五氧化二磷、砷及其化合物、磷化物
		水淬渣池	有组织	一般排放口	氟化物、硫化物、五氧化二磷、砷及其化合物、磷化物
		磷泥处理设施（制酸）	有组织	主要排放口	颗粒物、五氧化二磷、二氧化硫、氮氧化物、氟化物、砷及其化合物
		厂界	无组织	—	颗粒物、五氧化二磷、二氧化硫、氟化物、砷及其化合物
	涉重金属无机化物（除含铬重金属外）、无机氰化物工业、硫化物及硫酸盐、涉卤素及其化合物	烘干机、破碎机等	有组织/无组织	一般排放口	颗粒物
		焙烧（煅烧）、电解、中和、合成、氧化、还原、碳化等主要反应设施	有组织	一般排放口/主要排放口	颗粒物、氮氧化物、二氧化硫、氯化氢、硫化氢、氯气、氟化氢、硫酸雾、氟化物、镉及其化合物、汞及其化合物、砷及其化合物、铅及其化合物、相应重金属及其化合物、其他污染物
		过滤、结晶、蒸馏、萃取、重结晶、洗涤、精馏、干燥机、包装机等设施	有组织/无组织	一般排放口	颗粒物、其他污染物
		厂界	无组织	—	颗粒物、硫化氢、氯气、氯化氢、氰化氢、相应重金属及其化合物、硫酸雾、氟化物

据测算，无机盐工业废气 SO_2 年排放量约为 7.43 万 t，占全国 SO_2 年排放量的 0.40%，占全国工业 SO_2 年排放量的 0.48%；氮氧化物年排放量约为 2.56 万 t，占全国氮氧化物年排放量的 0.14%，占全国工业氮氧化物年排放量的 0.22%；粉尘年排放量约为 6.20 万 t，占全国粉尘年排放量的 0.40%，占全国工业粉尘年排放量的 0.50%。

3.4　噪声来源分析

无机化学工业企业噪声源主要包括：

1）各类生产机械：生产过程中使用的空压机、水泵、真空泵、离心机、冷却塔、烘干机、冷冻机、冻干机、压滤机等；

2）废水处理产生的噪声：曝气设备、污泥脱水设备等；

3）独立热源、自备电厂锅炉燃烧产生的噪声：燃料搅拌、鼓风设备等。

3.5　固体废物来源分析

无机化学工业企业生产过程中产生的固体废物（简称固废）分为一般工业固体废物和危险废物。2016 年 8 月 1 日起施行的《国家危险废物名录》附表中，对无机化学工业过程中产生的危险废物进行了明确界定，按照其规定，危险废物主要有含铍废物，铍及其化合物生产过程中产生的熔渣、集（除）尘装置收集的粉尘和废水处理污泥；含铬废物，铬铁矿生产铬盐过程中产生的芒硝，废水处理污泥及其他废物，以重铬酸钠和浓硫酸为原料生产铬酸酐过程中产生的含铬废液；含砷废物，硫铁矿制酸过程中烟气净化产生的酸泥；含硒废物，硒及其化合物生产过程中产生的熔渣、集（除）尘装置收集的粉尘和废水处理污泥；含锑废物，锑金属及粗氧化锑生产过程中产生的熔渣、集（除）尘装置收集的粉尘，氧化锑生产过程中产生的熔渣；含碲废物，碲及其化合物，生产过程中产生的熔渣、集

（除）尘装置收集的粉尘和废水处理污泥；含汞废物，水银电解槽法生产氯气过程中盐水精制产生的盐水提纯污泥和废水处理污泥，水银电解法生成氢气过程中产生的废活性炭，卤素和卤素化学品生产过程中生成的含硫酸钡污泥；含铊废物，铊及其化合物生产过程中产生的熔渣、集（除）尘装置收集的粉尘和废水处理污泥；废酸，硫酸和亚硫酸、盐酸、氢氟酸、磷酸和亚磷酸、硝酸和亚硝酸等的生产、配制过程中产生的废酸，使用酸进行清洗生产的废酸液；废碱，氢氧化钙、氨水、氢氧化钠、氢氧化钾等的生产、配制中产生的废碱液、固态碱及碱渣，使用碱进行清洗生产的废碱液；含镍废物，镍及其化合物生产过程中产生的反应残余物及不合格、淘汰、废弃的产品；含钡废物，钡化合物（不包括硫酸钡）生产过程中产生的熔渣、集（除）尘装置收集的粉尘、反应残余物、废水处理污泥等。除界定为危险废物以外的生产过程中产生的其他固体废物为一般工业固体废物。

3.5.1 无机酸、无机碱工业

无机酸、无机碱工业固废排放口与污染因子见表 3-6。

表 3-6　无机酸、无机碱工业固废排放口与污染因子一览表

项目	排放工艺	固废类型	成分
无机酸、无机碱	煅烧工艺	一般工业固废	炉渣
	净化	一般工业固废	滤渣
	尾气	危险废物	脱硫渣
	水处理设施	危险废物	中和渣、脱硫渣
	催化设备	危险废物	废催化剂
	压滤	一般工业固废	固体渣
	盐水精制	一般工业固废	盐泥

经测算，硫酸工业固体废物年产生量 1 667.37 万 t。硝酸工业生产过程中只产生少量废催化剂，全部回收利用，无其他固废产生。盐酸工业生产过程中无固废

产生。纯碱工业固体废物年产生量约为 467 万 t。烧碱工业一般工业固体废物年产生量约为 310.16 万 t，危险废物年产生量约为 0.52 万 t。

3.5.2　无机盐工业

"十二五"期间，无机盐一般工业固体废物和危险废物污染防治技术进一步加强，在减量化、资源化、规范化管理方面水平逐步提升。例如在铬盐工业中，一方面在生产环节进行无钙焙烧工艺改造，并配套铬渣无害化处置装置，含铬废水净化回用装置以及含铬粉尘防治设施，使其实现清洁生产。另一方面，对于毒性大、影响恶劣的危险废物——铬渣进行减量化处理，相继开发了铬渣替代消石灰作熔剂用于烧结炼铁、制低铬铸铁、高温熔融制水泥联产含铬铸铁、作水泥添加剂及矿化剂等十多种综合利用技术。

据测算，无机盐工业一般工业固体废物年产生量 4 000 万 t，综合年利用量 3 000 万 t，一般工业固体废物综合利用率为 75%；危险废物年产生量 200 万 t，综合年利用量 100 万 t，贮存量 80 万 t，处置量 120 万。无机盐工业固废排放口与污染因子见表 3-7。

表 3-7　无机盐工业固废排放口与污染因子一览表

项目	排放口		固废类型	成分
无机盐、无机磷化学品、电石	原料预处理		一般工业固废	矿粉、滤渣
	尾气	湿法	危险废物	磷泥、脱硫渣
		干法	一般工业固废	矿粉
	污水处理设施		危险废物	中和渣、磷泥、残渣
	催化设备		危险废物	废催化剂
			一般工业固废	
	过滤分离		一般工业固废	固体渣
			危险废物	铬渣、钡渣
	盐水精制		一般工业固废	盐泥

3.6　污染治理技术

3.6.1　废水处理技术

根据废水的来源，无机化学工业废水可分为工艺废水和生活污水等。

3.6.1.1　工艺废水的治理技术

目前，工艺废水的治理基本上都采用中和法。国内企业根据实际情况，废水的治理方法主要有自然净化法、混凝法、吸附法、离子交换法、中和法和重复利用法等。混凝法是指使用有机或无机絮凝剂使分散体系聚结脱稳过程的方法。它不仅适用于含悬浮物质、胶体物质及可溶性污染物废水的处理，也适用于含重金属离子废水的处理。混凝法具有适应性强、技术可行和经济合理等优点。用中和法处理废水存在两种情况，一是对废水中呈酸性的工艺水用中和法进行处理；二是与酸性的废水进行相互中和处理。重复利用法是将经自然净化、混凝和中和处理后的废水重新利用，这种方法可以减少废水的外排量和新水的用量。例如间接冷却用水，一般经冷却后循环使用；冲渣水和直接冷却水，由于含有炉渣微粒等固体颗粒物以及含有少量的重金属，多采用沉降池脱除固体颗粒后循环使用，并定期用中和法处理其中一部分。

3.6.1.2　去除废水中的氯化物

去除废水中的氯化物，目前常用 RO 法、电渗析法和离子交换法等。

3.6.2　废气污染治理技术

无机化学工业大气污染控制项目有颗粒物、二氧化硫、硫化氢、氯化氢、氯气、硫酸雾、氟化氢、氰化氢、氮氧化物、氨、铬酸雾、重金属及其化合物等。

3.6.2.1　颗粒物控制技术

颗粒物是无机化学工业生产中废气的主要控制污染物，且颗粒物通常是产品本身的细小微粒，因而通过除尘，在控制颗粒物排放的同时，控制了污染物的排放。行业较为先进的除尘技术主要是袋式除尘和静电除尘。

（1）袋式除尘

布袋除尘器是一种高效、稳定的干式除尘器。由于袋式除尘器不受烟尘比电阻的影响，去除细颗粒物的能力优于静电除尘器。袋式除尘器的总除尘效率在99.5%以上，最高达99.99%，颗粒物排放浓度甚至可低于 10 mg/m^3。袋式除尘器的运行费用主要是更换滤袋，电能消耗主要来自设备阻力、清灰系统及卸灰系统。

（2）静电除尘

目前，我国静电除尘技术已经接近国际先进水平。静电除尘器最大的优点是设备阻力低，处理烟气量大，除尘效率高，运行费用低，维护工作量少，使用温度范围广，除尘效率为 99.0%～99.8%，颗粒物排放水平可达 50 mg/m^3 以下，甚至达到 30 mg/m^3 以下。

3.6.2.2　二氧化硫控制技术

二氧化硫是行业废气排放中主要控制的污染物，多采用石灰/石灰石-石膏法、氢氧化钠湿法、氨法、喷雾干燥法、离子液循环吸收法和氧化锌法。

（1）石灰石-石膏法

石灰石-石膏法采用石灰石作为脱硫剂，石灰石经破碎磨成细粉与水混合制成吸收浆液，主要特点是工艺技术成熟，应用最多，脱硫率高，一般大于95%，吸收剂消耗少，Ca/S 比接近 1.0。但实际过程中，容易产生二次渣污染和水污染，脱硫产生大量的石膏，利用价值较低，设备及管道易堵塞，消耗大量石灰石资源。

（2）氢氧化钠湿法

氢氧化钠湿法脱硫是一种脱硫率最高、流程较短、占地面积较小的脱硫方法，但由于烟气量大且浓度较高，氢氧化钠的消耗量较大，造成运行成本较高。

（3）氨法

氨法脱硫工艺以氨水为脱硫剂，副产硫酸铵化肥。烟气经烟道自底部进入脱硫塔，氨水自塔顶喷淋洗涤烟气，烟气中二氧化硫被洗涤吸收后除去，净烟气再通过设在塔顶的除雾器除沫后，排入烟囱。洗涤液中产生的约30%的硫酸铵溶液，经蒸发结晶处理后可以得到固体硫酸铵。

（4）喷雾干燥法

喷雾干燥法脱硫工艺以石灰为脱硫剂，石灰经消化并加水制成消石灰乳后，用泵打入位于吸收塔内的雾化装置。在吸收塔内，被雾化成细小雾滴的吸收剂与烟气中二氧化硫混合接触，发生化学反应生成 $CaSO_3$ 和 $CaSO_4$，从而脱除烟气中二氧化硫。脱硫反应产物及未被利用的脱硫剂以干燥的颗粒物形式随烟气带出吸收塔，进入除尘器被收集下来。脱硫后的烟气经除尘后排放。

（5）离子液循环吸收法

离子液循环吸收法是利用以离子液为主要成分吸收剂，利用其良好的吸收能力和解吸能力，在低温下吸收二氧化硫，高温下将吸收剂中的二氧化硫再生出来，从而脱除和回收烟尘中的二氧化硫。离子液循环吸收法脱硫工艺主要由烟气预洗涤系统、二氧化硫吸收系统、离子液再生系统、离子液净化系统及二氧化硫制酸等部分组成。该方法适用范围宽，烟气含硫量在0.02%～5%，运行成本稳定，对各类烟气无限制，脱硫效率最高可达99.5%。

（6）氧化锌法

在工业中利用含氧化锌物料配制成氧化锌浆液，在吸收设备中与低浓度二氧化硫烟气充分接触，利用氧化锌与二氧化硫反应生成亚硫酸锌，通过鼓入空气将亚硫酸锌和亚硫酸氢锌氧化为硫酸锌，运行中脱硫效率可达98.6%。

3.6.2.3 氮氧化物控制技术

在氧化锌等重金属氧化物生产的时候经常用到氧化焙烧、煅烧炉等设备，此类设备在燃烧天然气时产生的大气污染物较少，但在燃煤或燃烧重油的情况下，会产生氮氧化物，大气氮氧化物处理较多采用选择性催化还原法（SCR）、选择性非催化还原法（SNCR）。SCR 法在工业应用时脱氮效率通常为 85%~90%，但设备投入资金较大。目前有相关的研究将脱硫脱氮脱重金属等设备进行整合，减少设备投资，如 SCR 法用以飞灰为载体的 CuO 吸收剂，二氧化硫、氮氧化物的脱除效率可达 90%以上。

3.6.2.4　含汞废气的处理

汞盐和锡盐等重金属盐的生产过程中会产生部分含汞废气。目前，国内净化汞蒸气常用吸收法、吸附法、气相反应法、冷却法及联合净化法等。吸收法多采用具有较高氧化还原电位的物质，如高锰酸钾、次氯酸钠溶液等，它们与汞蒸气作用时具有反应速度快、净化效率高、溶液浓度低、不易挥发、沉淀物少等特点。吸附法利用某种化学物质处理过的活性炭作为汞吸收剂，在汞冶炼或高含量汞废气治理中考虑到经济成本的因素，也采用多硫化钠处理的焦炭作吸附剂。冷却法是基于汞蒸发速度与温度成正比，通过降低空气中的汞蒸气饱和度来减少空气中含汞废气含量的方法，具体分为常压冷凝法和加压冷凝法。联合净化法的原理是高浓度含汞尾气，如汞冶炼、含汞废渣火法处理等过程的尾气，往往需要多种方法联合净化，使含汞尾气达标排放，如冷凝-吸收法等。

3.6.2.5　氯气和氯化氢

氯气一般采用两级碱吸收工艺，氯化氢一般采用降膜吸收和碱吸收工艺，技术均成熟可靠，效果稳定。

3.6.2.6　硫酸雾和碱雾

硫酸雾是在无机重金属化合物生产过程中烟气制酸或酸浸等工序产生的含酸蒸汽。为了对硫酸雾进行有效的控制，通常在产气点设置密封抽气装置，然后用碱液淋洗塔进行吸收净化。碱雾是在以重金属无机化合物生产过程中进行碱烧、浸取等工序中产生的碱性蒸汽。通常在产气点设置密封抽气装置，然后用弱酸液或水淋洗塔进行吸收净化，其中吸收液循环利用，最终排出的吸收液进入企业废水处理系统，其污染物控制转入水污染物控制。

3.6.2.7 氟化物

由于氟化氢具有很强的毒性，对环境（主要是车间环境）存在较大影响，通常在产气点加装集气罩强制抽风进行收集含氢氟酸的气体后，通过水喷淋吸收的方法吸收含酸气体，采用该方法可去除约70%的氟化氢。

3.6.2.8 铬酸雾

根据调研，铬酸雾主要是铬酸酐生产过程排放的，且量较大，企业一般用填料塔碱吸收处理铬酸雾尾气。

3.6.3 固体废物污染治理技术

无机化学工业固废处置技术情况见表3-8。

表3-8 无机化学工业固废处置技术情况一览表

行业分类	固废类型	主要污染物	可行性技术
硫酸工业	危险废物	酸泥、催化剂残渣、反应残液	按危废处理处置规定
	一般工业固废	原料筛分除尘灰及烧渣	原料除尘灰作为原材料回收；烧渣外售钢铁企业
硝酸工业	一般工业固废	原料物料和成品物料	作为原材料回收
电石工业	一般工业固废	捣炉排出的黏料和成品破碎时下脚料	作为原材料回收
无机磷工业	危险废物	泥磷	厂内处置
	一般工业固废	磷渣、磷铁和泥磷渣	水泥熟料、旋蒸、收集磷后，渣做复合肥使用

行业分类		固废类型	主要污染物	可行性技术
纯碱工业		一般工业固废	除尘器收集的粉尘	作为原料回收
烧碱工业		一般工业固废	盐泥	回填盐矿
无机盐工业	钡锶化合物	危险废物	水溶性钡渣	按危废处理处置规定
		一般工业固废	煤渣、石灰渣	制备工业废渣砖
	碳酸盐化合物	一般工业固废	粉尘、含钙废渣	作为原料回收
	镁化合物	一般工业固废	热风炉渣、过滤滤渣	制砖原料
	氟化合物	危险废物	三氟化铝、氟硅酸盐等	中和、过滤液体返回系统使用，固体掺入冰晶石
	铬化合物	危险废物	铬渣、含铬污泥	解毒后综合利用
	硅化合物	一般工业固废	含 SiO_2、硅酸钠等渣	返回反应体系
	过氧化合物	一般工业固废	废催化剂	厂家回收利用
	氯酸盐	危险废物	盐泥	按危废处理处置规定
		一般工业固废	洗涤过滤渣	洗涤、过滤液体返回系统使用，固体进行排放
	硫化物	一般工业固废	灰分、硫酸钠、亚硫酸钠、二氧化硅等	用作水泥建材等进行综合利用或者填埋
	硫酸盐	一般工业固废	除尘器收集的含硫酸钙、硫酸镁等粉尘	作为原材料回收
	无机氰化合物	危险废物	含 HCN、废焦粒、NaCN 等粉尘	按危废处理处置规定
	硝酸盐	一般工业固废	废催化剂	厂家回收利用

3.6.4　噪声污染治理技术

无机化学工业噪声主要分为机械噪声和空气动力性噪声，主要的降噪措施包括车间采用封闭结构，具有良好的隔声效果；对振动大的设备采取减振措施，并安置于独立的设备间内；工艺中高压排气噪声使用消声器来降低噪声；各类风机及泵类设备噪声，主要采取基础减振措施和消声措施。

第 4 章 排污单位自行监测方案的制定

立足排污单位自行监测在我国污染源监测管理制度中的定位，根据无机化学工业发展概况和污染排放特征，我国发布了《总则》（HJ 819—2017）、《排污单位自行监测技术指南 火力发电及锅炉》（HJ 820—2017）、《无机化学工业指南》（HJ 1138—2020），这是无机化学工业企业制定自行监测方案的依据。为了让标准规范的使用者更好地理解标准中规定的内容，本章重点围绕《无机化学工业指南》（HJ 1138—2020）中的具体要求，一方面对其中部分要求的来源和考虑进行说明，另一方面对使用过程中需要注意的重点事项进行说明，以期为指南使用者提供更加详细的信息。

4.1 监测方案制定的依据

2017 年 4 月，环境保护部发布《总则》（HJ 819—2017）和《排污单位自行监测技术指南 火力发电及锅炉》（HJ 820—2017），2020 年 11 月，生态环境部发布《无机化学工业指南》（HJ 1138—2020），这是无机化学工业排污单位确定监测方案的重要依据。

根据自行监测技术指南体系设计思路，无机化学工业排污单位主要是按照《无机化学工业指南》（HJ 1138—2020）确定监测方案，如《无机化学工业指南》（HJ 1138—2020）中未规定，但《总则》（HJ 819—2017）中进行了明确的规定，应按照其执行。

另外，由于锅炉广泛分布在各类工业企业中，无机化学工业排污单位中也会有锅炉，对于无机化学工业排污单位中的锅炉，应按照《排污单位自行监测技术指南　火力发电及锅炉》（HJ 820—2017）确定监测方案。

4.2　废水排放监测

4.2.1　监测点位及监测指标的确定

根据《国务院关于印发水污染防治行动计划的通知》（国发〔2015〕17 号）和《固定污染源排污许可分类管理名录（2019 年版）》的管理要求，无机酸制造、无机碱制造、无机盐制造及其他基础化学原料制造等不含单纯混合或者分装的企业按照重点排污单位类型进行重点管理，单纯混合或者分装的无机酸制造、无机碱制造、无机盐制造及其他基础化学原料制造企业按照非重点排污单位类型进行简化管理。排污单位在制定废水监测方案时，主要考虑排污单位废水排放方式、监测点位的设置、监测指标及监测频次等方面内容。

（1）无机化学工业企业废水来源

根据第 3 章的内容分析，概括起来，无机化学工业排污单位废水主要来源于：①工艺洗涤用水和蒸发冷凝水排放，该部分水企业基本不外排，循环用于生产中；②用于生产场地清洗（因"跑、冒、滴、漏"引起的）设备、器具、操作岗位的洗涤水；③由于生产排尘、物料外漏等原因，造成初期雨水污染；④厂区浴室、食堂、厕所等生活设施排放废水；⑤有渣场的渣场渗水。主要控制污染物有悬浮物、化学需氧量、总磷、总氮、氨氮、六价铬、总铬及涉及产品的相应污染物等。

（2）污染物指标确定

根据《无机化学工业污染物排放标准》（GB 31573—2015）及修改单、《硝酸工业污染物排放标准》（GB 26131—2010）、《硫酸工业污染物排放标准》（GB 26132—2010）及修改单、《烧碱、聚氯乙烯工业污染物排放标准》（GB 15581—2016）、《污水综合排放标准》（GB 8978—1996）、《大气污染物综合排放标准》（GB 16297—1996）来确定监测指标。

根据《无机化学工业污染物排放标准》（GB 31573—2015）及修改单，纳入国家排放标准管控的废水污染物指标包括 pH、悬浮物、化学需氧量、氨氮、总氮、总磷、总氰化物、硫化物、石油类、氟化物、总铜、总锌、总锰、总钡、总锶、总钴、总钼、总锡、总锑、总砷、总汞、总镉、总铅、六价铬、总银、总铬、总镍、总铊等 28 项。污染物排放监控位置在企业废水总排放口主要控制 pH、悬浮物、化学需氧量、氨氮、总氮、总磷、总氰化物、硫化物、石油类、氟化物、总铜、总锌等 12 项污染物指标，车间或生产设施废水排放口主要控制总锰、总钡、总锶、总钴、总钼、总锡、总锑、总砷、总汞、总镉、总铅、六价铬、总银、总铬、总镍、总铊等 16 项污染物指标。各排污口可能涉及的污染物指标见表 4-1。根据《硝酸工业污染物排放标准》（GB 26131—2010），各排污口可能涉及的污染物指标见表 4-2；根据《硫酸工业污染物排放标准》（GB 26132—2010）及修改单，各排污口可能涉及的污染物指标见表 4-3；根据《烧碱、聚氯乙烯工业污染物排放标准》（GB 15581—2016），各排污口可能涉及的污染物指标见表 4-4；其他无机化学工业可根据《污水综合排放标准》（GB 8978—1996）中的排污口污染物指标。

表 4-1　无机化学企业废水监测点位及监测指标

监测点位	监测指标	备注
废水总排放口	流量、pH、化学需氧量、氨氮、总氮、总磷、悬浮物、石油类	—
	总氰化物	除涉重金属无机化合物工业外
	硫化物	除无机氰化物工业外
	氟化物	除硫化物及硫酸盐工业、无机氰化物工业外

监测点位	监测指标	备注
废水总排放口	总铜	涉锌、锰、镍、钼、铜、铅、锡、汞重金属无机化合物工业
	总锌	涉锌、镍、钼、铜、铅、镉、锡、汞重金属无机化合物工业
	总钡	涉钡重金属无机化合物工业
车间或生产设施废水排放口	总锰	涉锌、锰重金属无机化合物工业
	总钡、锶	涉钡、锶重金属无机化合物工业
	总钴	涉锰、镍、铜、镉、钴重金属无机化合物工业
	总钼	涉钼重金属无机化合物工业
	总锡、总锑	涉锡、锑重金属无机化合物工业
	总砷	除电石工业
	总汞	除无机磷
	总镉	除无机磷
	总铅	除无机磷
	六价铬	除无机磷
	总银	涉银重金属无机化合物工业
	总铬	氯酸盐工业、涉铬、锰、镍、钼、铜重金属无机化合物工业
	总镍	涉铬、锌、锰、镍、铜、镉、钴重金属无机化合物工业
	总铊	涉铊、锌、铜、铅重金属无机化合物工业

表4-2　硝酸企业废水监测点位及监测指标

监测点位	监测指标	备注
废水总排放口	流量、pH、化学需氧量、氨氮、总氮、总磷、悬浮物、石油类	—

表4-3　硫酸企业废水监测点位及监测指标

监测点位	监测指标	备注
废水总排放口	流量、pH、化学需氧量、氨氮、总氮、总磷、悬浮物、石油类	硫磺制酸、硫铁矿制酸及石膏制酸
	硫化物、氟化物	硫铁矿制酸及石膏制酸
车间或生产装置排放口	总砷、总铅	硫铁矿制酸及石膏制酸

表 4-4　烧碱企业废水监测点位及监测指标

监测点位	监测指标	备注
废水总排放口	pH、化学需氧量、氨氮、总氮、总磷、悬浮物、石油类、硫化物、总钡	—
车间或生产装置排放口	活性氯、总镍	—

根据我国水污染物排放标准相关规定，污染物监控位置包括企业废水总排放口、车间或生产设施废水排放口及雨水排放口三类。对于毒性较大、环境风险较高、仅是特定工序产生的重金属等污染物，监控位置在车间或生产设施废水排放口。这样可以避免其他废水混合后造成稀释排放，在污染物未得到有效治理的情况下实现浓度达标。其他多数工序都会产生毒性相对较小、环境风险相对较低的污染物指标，监控位置多为企业废水总排放口。由于雨水冲刷会产生较多悬浮物，因此指南规定排污单位还须监测雨水排放口。

根据《国家危险废物名录（2021 年版）》，对无机化学工业过程中产生的危险废物进行了明确界定，按照其规定，危险废物主要有含铍废物，铍及其化合物生产过程中产生的熔渣、集（除）尘装置收集的粉尘和废水处理污泥；含铬废物，铬铁矿生产铬盐过程中产生的铬渣、芒硝，废水处理污泥及其他废物，以重铬酸钠和浓硫酸为原料生产铬酸酐过程中产生的含铬废液；含砷废物，硫铁矿制酸过程中烟气净化产生的酸泥；含硒废物，硒及其化合物生产过程中产生的熔渣、集（除）尘装置收集的粉尘和废水处理污泥；含锑废物，锑金属及粗氧化锑生产过程中产生的熔渣、集（除）尘装置收集的粉尘，氧化锑生产过程中产生的熔渣；含碲废物，碲及其化合物，生产过程中产生的熔渣、集（除）尘装置收集的粉尘和废水处理污泥；含汞废物，水银电解槽法生产氯气过程中盐水精制产生的盐水提纯污泥和废水处理污泥，水银电解法生成氢气过程中产生的废活性炭，卤素和卤素化学品生产过程中生成的含硫酸钡污泥；含铊废物，铊及其化合物生产过程中产生的熔渣、集（除）尘装置收集的粉尘和废水处理污泥；废酸，硫酸和亚硫酸、盐酸、氢氟酸、磷酸和亚磷酸、硝酸和亚硝酸等的生产、配制过程中产生的废酸，使用酸进行清洗生产的废酸液；废碱，氢氧化钙、氨水、氢氧化钠、氢氧化钾等的生产、配制中产生的废碱液、固态碱及碱渣，使用碱进行清洗产生的废碱液；含镍废物，镍及其化合物生产过程中产生的反应残余物及不合格、淘汰、废弃的产品；含钡废物，钡化合物（不包括硫酸钡）生产过程中产生的熔渣、集（除）尘装置收集的粉尘、反应残余物、废水处理污泥等。因此，将铍、铬、砷（类金属）、硒、锑、碲（类金属）、汞、铊、镍、钡金属污染指标纳入考虑范围。

综合考虑以上因素，将无机化学工业排污单位的废水排放口分为三类：废水总排放口、车间或生产设施废水排放口及雨水排放口。各排污口可能涉及的污染物指标见表 4-5。

表 4-5　废水排放监测点位、监测污染物指标

监测点位	监测指标
废水总排放口	流量、pH、化学需氧量、氨氮、总磷、总氮、悬浮物、石油类、总氰化物、单质磷、硫化物、氟化物、总铜、总锌、总钡
车间或车间处理设施废水排放口	总砷、总汞、总镉、总铅、六价铬、总铬、总镍、总铊、总锰、总钡、总锶、总钴、总钼、总锡、总锑、总银、氯化物、活性氯
生活污水排放口	pH、化学需氧量、氨氮、总氮、总磷、悬浮物、五日生化需氧量、动植物油
雨水排放口	pH、化学需氧量、氨氮

因此，无机化学工业排污单位在设置废水监测点位时，须在废水总排放口和雨水排放口设置监测点位，生活污水单独排入水体的须在生活污水排放口设置监测点位。排放总砷、总汞、总镉、总铅、六价铬、总铬、总镍、总铊、总锰、总钡、总锶、总钴、总钼、总锡、总锑、总银、活性氯的，还须在车间或车间处理废水排放口设置监测点位。

4.2.2　最低监测频次的确定

4.2.2.1　无机化学工业排污单位分类

《中华人民共和国环境保护法》《中华人民共和国大气污染防治法》《中华人民共和国水污染防治法》中对重点排污单位的监测责任提出了明确要求，并提出重点排污单位的条件由国务院环境保护主管部门规定。为了落实《中华人民共和国环境保护法》《中华人民共和国大气污染防治法》《中华人民共和国水污染防治法》，2017 年环境保护部印发了《重点排污单位名录管理规定（试行）》（环办监测〔2017〕86 号），明确了重点排污单位的筛选条件，规范了重点排污单位的名录管理。

根据《重点排污单位名录管理规定（试行）》，重点排污单位名录由管理部门确定并公开。设区的市级地方人民政府环境保护主管部门依据本行政区域的环境承载力、环境质量改善要求和本规定的筛选条件，每年会商有关部门筛选污染物排放量较大、排放有毒有害污染物等具有较大环境风险的企业事业单位，确定下一年度本行政区域重点排污单位名录。重点排污单位名录实行分类管理，按照受污染的环境要素分为水环境重点排污单位名录、大气环境重点排污单位名录、土壤环境污染重点监管单位名录、声环境重点排污单位名录，以及其他重点排污单位名录五类，同一家企业事业单位因排污种类不同可以同时属于不同类别重点排污单位。纳入重点排污单位名录的企业事业单位应明确所属类别和主要污染物指标。

根据《无机化学工业指南》（HJ 1138—2020），重点排污单位和非重点排污单位废水监测频次有所差异，这主要是针对水环境重点排污单位名录而言的。根据《重点排污单位名录管理规定（试行）》，重点排污单位筛选时，既要根据排污单位的生产活动类型进行确定，也要根据污染物排放量占比进行筛选。

专栏一

　　根据《关于印发〈重点排污单位名录管理规定（试行）〉的通知》（环办监测〔2017〕86 号），具备下列条件之一的企业事业单位，纳入水环境重点排污单位名录。

　　（1）一种或几种废水主要污染物年排放量大于设区的市级环境保护主管部门设定的筛选排放量限值。废水主要污染物指标是指化学需氧量、氨氮、总磷、总氮及汞、镉、砷、铬、铅等重金属。筛选排放量限值根据环境质量状况确定，排污总量占比不得低于行政区域工业排污总量的 65%。

　　（2）有事实排污且属于废水污染重点监管行业的所有大中型企业。

　　废水污染重点监管行业包括：制浆造纸，焦化，氮肥制造，磷肥制造，有色金属冶炼，石油化工，化学原料和化学制品制造，化学纤维制造，有漂白、染色、印花、洗水、后整理等工艺的纺织印染，农副食品加工，原料药制造，皮革鞣制加工，毛皮鞣制加工，羽毛（绒）加工，农药，电镀，磷矿采选，有色金属矿采选，乳制品制造，调味品和发酵制品制造，酒和饮料制造，有表面涂装工序的汽车制造，有表面涂装工序的半导体液晶面板制造等。

　　各地可根据本地实际情况增加相关废水污染重点监管行业。

　　（3）实行排污许可重点管理的已发放排污许可证的产生废水污染物的单位。

　　（4）设有污水排放口的规模化畜禽养殖场、养殖小区。

　　（5）所有规模的工业废水集中处理厂、日处理 10 万 t 及以上或接纳工业废水日处理 2 万 t 以上的城镇生活污水处理厂。各地可根据本地实际情况降低城镇污水集中处理设施的规模限值。

　　（6）产生含有汞、镉、砷、铬、铅、氰化物、黄磷等可溶性剧毒废渣的企业。

　　（7）设区的市级以上地方人民政府水污染防治目标责任书中承担污染治理任务的企业事业单位。

　　（8）3 年内发生较大及以上突发水环境污染事件或者因水环境污染问题造成重大社会影响的企业事业单位。

　　（9）3 年内超过水污染物排放标准和重点水污染物排放总量控制指标被环境保护主管部门予以"黄牌"警示的企业，以及整治后仍不能达到要求且情节严重被环境保护主管部门予以"红牌"处罚的企业。

根据《固定污染源排污许可分类管理名录（2019 年版）》的要求，无机酸制造、无机碱制造、无机盐制造及其他基础化学原料制造等不含单纯混合或者分装的企业按照重点排污单位类型进行重点管理。按照这些要求列入重点排污单位名录的无机化学工业排污单位，应按照《无机化学工业指南》（HJ 1138—2020）中重点排污单位监测要求执行。单纯混合或者分装的无机酸制造、无机碱制造、无机盐制造及其他基础化学原料制造企业按照非重点排污单位类型进行简化管理，视为非重点排污单位，按照《无机化学工业指南》（HJ 1138—2020）中非重点排污单位监测要求执行。

4.2.2.2　无机化学工业排污单位废水监测频次

（1）监测频次的一般要求

根据《无机化学工业指南》（HJ 1138—2020），无机化学工业排污单位废水排放口各监测指标最低监测频次按表 4-6 执行。排污单位可根据管理要求或实际情况在表 4-6 的基础上提高监测频次。

表 4-6　废水排放监测点位、监测指标及最低监测频次

排污单位级别	监测点位	监测指标	监测频次	
			直接排放	间接排放
重点排污单位	废水总排放口	流量、pH、化学需氧量、氨氮	自动监测	
		总磷、总氮	日（自动监测[a]）	季度（自动监测[a]）
		悬浮物、石油类	日	季度
		总氰化物、单质磷	日	季度
		硫化物、氟化物	月	季度
		总铜、总锌、总钡	季度	
	车间或车间处理设施废水排放口	总砷、总汞、总镉、总铅、六价铬、总铬、总镍、总铊、总锰、总钡、总锶、总钴、总钼、总锡、总锑、总银	季度	
		氯化物、活性氯	半年	

排污单位级别	监测点位	监测指标	监测频次	
			直接排放	间接排放
非重点排污单位	废水总排放口	流量、pH、化学需氧量、氨氮、总磷、总氮、悬浮物、石油类	半年	
		总氰化物、单质磷、硫化物、氟化物、总锌、总铜、总钡	半年	
	车间或车间处理设施废水排放口	总砷、总汞、总镉、总铅、六价铬、总铬、总镍、总铊、总锰、总钡、总锶、总钴、总钼、总锡、总锑、总银、氯化物、活性氯	半年	
生活污水排放口		pH、化学需氧量、氨氮、总磷、总氮、悬浮物、五日生化需氧量、动植物油	月	—
雨水排放口		pH、化学需氧量、氨氮	月 b	

注: 1. 设区的市级及以上生态环境主管部门明确要求安装自动监测设备的污染物指标,须采取自动监测。
　　2. 若排污单位没有车间或车间处理设施废水排放口,废水循环利用或直接供下游产品再利用可不进行车间或车间处理设施废水排放口监测。
　　a 水环境质量中总磷、总氮实施总量控制区域及管理规定中明确重点排放总磷、总氮的行业,总磷、总氮须采取自动监测。
　　b 雨水排放口有流动水排放时按月监测。若监测一年无异常情况,可放宽至每季度开展一次监测。

（2）标准中监测频次确定的主要考虑

对于直接排放或间接排放的重点排污单位,在标准规定的 33 项监测指标中:化学需氧量和氨氮为我国总量减排控制主要污染物;pH 为基础但对排水安全很重要的指标,反映废水酸碱度的综合性指标,无机化学工业生产过程中废水酸碱度变化大,且酸碱污染特征指标 pH 的监测易实现,因此规定对上述 3 项污染物指标监测频次提出较高要求,规定自动监测。废水流量监测是废水污染物监测的重要内容,更是核定污染物排放总量的依据,因此规定其自动监测。

a）重点排污单位间接排放废水监测频次。总氮、总磷为部分区域的总量控制指标,且水环境的氮污染问题日渐突出,故对总氮、总磷要求的监测频次有所不同。根据《关于加强固定污染源氮磷污染防治的通知》（环水体〔2018〕16 号）

中"氮磷排放重点行业的重点排污单位,应按照《关于加快重点行业重点地区的重点排污单位自动监控工作的通知》(环办环监〔2017〕61号)要求,于2018年6月底前安装含总氮和(或)总磷指标的自动在线监控设备并与环境保护主管部门联网。"水环境质量中总磷、总氮实施总量控制区域,总磷、总氮须采取自动监测。总磷、总氮是常规监测指标,多数无机化学工业企业总磷、总氮不是其主要污染物,因此这两项指标最低监测频次定为每季度监测。

悬浮物、石油类属于无机化学工业的其他监测指标,最低监测频次定为每季度监测。

总氰化物、总镉、六价铬、总铬、总铜、总砷、总铅、总镍、总汞、总铊因均属于有毒有害或优先控制污染物名录中的指标,监测频次应为每月监测,但考虑到企业自行监测重金属成本较高,最低监测频次定为每季度监测。

其他监测指标中硫化物、氟化物、单质磷、总钡、总锶、总锌、总锰、总钴、总钼、总锡、总锑最低监测频次定为每季度监测,氯化物、活性氯最低监测频次定为每半年监测。

b)重点排污单位直接排放废水监测频次。废水排放去向,包括直接排放和间接排放两种类型。原则上间接排放的排污单位参照直接排放的排污单位管理,但重点排污单位中的间接排放单位,部分监测指标(主要是除监控位置位于车间或车间处理设施废水排放口的污染物以外的指标)的监测频次要求低于直接排放单位。根据以上原则,确定废水排放口直接排放监测指标及最低监测频次。

c)非重点排污单位废水监测频次。非重点排污单位废水最低监测频次要求较重点排污单位有所降低。所有监测指标,最低监测频次定为每半年监测一次。

《固定污染源排污许可分类管理名录》(2019年版)中规定无机化学行业实施简化管理的行业有:单纯混合或者分装的无机碱制造、无机盐制造、无机酸制造。

d）雨水排放口监测频次。雨水排放口有流动水排放时按月监测。若监测一年无异常情况，可放宽至每季度开展一次监测。

e）生活污水排放口监测频次。生活污水若为直接排放监测频次为按月监测，间接排放的无须进行监测。

有的地方为了改善本地区的环境质量，根据当地经济基础和科技水平制定了地方标准，或对工业废水进行集中处理，没有执行特定的行业标准，在方案制定时对照企业执行的排放标准，结合企业实际的生产状况，由设区的市级及以上生态环境主管部门确定其应增加的监测指标。污染物指标中出现超标的排污单位，应提高相应指标的监测频次。

根据当前环境管理状况，对无机化学工业内部监测没有明确需求，本标准中暂未考虑，各地或排污单位有需要的，可根据《总则》确定监测点位、监测指标和频次。

4.3　废气排放监测

4.3.1　有组织废气

（1）无机化学工业企业废气来源

根据无机化学工业排污单位涉及的废气排放源，对废气排放监测进行了明确。根据现场调研及开展自行监测无机化学工业排污单位的自行监测信息公开数据显示，无机化学工业行业废气主要来源于：①在原料处理、混配、研磨、进出炉窑、焙烧和输送等过程中产生的含工业粉尘的废气；②在焙烧和干燥工段，窑炉产生的含二氧化硫、颗粒物等为主的废气；③产品生产过程的粉碎、包装工段会产生含颗粒物的废气；④在浸取、萃取、反应等过程产生的各种酸雾（如硫酸雾、盐酸雾等）、氨等。主要控制污染物有颗粒物、二氧化硫、氮氧化物、酸雾及涉及的相关污染物等。

（2）污染物指标确定

根据《无机化学工业污染物排放标准》（GB 31573—2015）及修改单、《硝酸工业污染物排放标准》（GB 26131—2010）、《硫酸工业污染物排放标准》（GB 26132—2010）及修改单、《烧碱、聚氯乙烯工业污染物排放标准》（GB 15581—2016）和无机化学工业环境影响评价文件及其批复、排污许可证等相关管理规定明确要求的污染物指标及排污单位生产过程中的原辅用料、生产工艺、中间及最终产品涉及有毒污染物排放的污染物指标为依据；其他无机化学工业参照《大气污染物综合排放标准》（GB 16297—1996）、环境影响评价文件及其批复、排污许可证等相关管理规定明确要求的污染物指标及排污单位生产过程中的原辅用料、生产工艺、中间及最终产品涉及有毒污染物排放的污染物指标设定（表4-7），按照生产工艺及污染物排放标准指标设定见表4-8。

表4-7 无机化学工业按行业分类有组织废气监测点位及监测指标

监测点位	监测指标	备注
车间或车间处理设施排气筒	颗粒物	所有
	氮氧化物	除硫酸工业
	单质磷	无机磷工业
	二氧化硫	除硝酸工业
	砷及其化合物	除硝酸、硫酸、盐酸、纯碱、烧碱工业
	铅及其化合物	除硝酸、硫酸、盐酸、纯碱、烧碱工业
	汞及其化合物	除硝酸、硫酸、盐酸、纯碱、烧碱工业
	镉及其化合物	除硝酸、硫酸、盐酸、纯碱、烧碱工业
	硫化氢	除无机氰化合物工业、卤素及其化合物工业外
	氯气、氯化氢	除硫化合物及硫酸盐工业、硫酸工业、硝酸工业、无机氰化物工业外
	氰化氢	除硫化合物及硫酸盐工业、卤素及其化合物工业外
	氨	除重金属无机化合物工业、卤素及其化合物工业外
	硫酸雾	硫化合物及硫酸盐工业、硫酸工业、涉钡、锶重金属无机化合物工业
	氟化物	涉钴、锆重金属无机化合物工业、无机氟化物工业

监测点位	监测指标	备注
车间或车间处理设施排气筒	铬酸雾	铬及其化合物工业
	锡及其化合物	涉锡重金属无机化合物工业
	镍及其化合物	涉镍重金属无机化合物工业
	锌及其化合物	涉锌重金属无机化合物工业
	锰及其化合物	涉锰重金属无机化合物工业
	锑及其化合物	涉锑重金属无机化合物工业
	铜及其化合物	涉铜重金属无机化合物工业
	钴及其化合物	涉钴重金属无机化合物工业
	钼及其化合物	涉钼重金属无机化合物工业
	锆及其化合物	涉锆重金属无机化合物工业
	铊及其化合物	涉铊、锌、铜、铅重金属无机化合物工业

表 4-8　无机化学工业按工序分类有组织废气监测点位及监测指标

生产工序	监测点位	监测指标	备注
破碎、粉碎	给料口、排料口、破（粉）碎、研磨、振动筛及过滤等车间、设备排气筒	颗粒物、特征污染物[a]	—
焙（煅）烧	工业窑炉等车间、设备排气筒	颗粒物、二氧化硫、氮氧化物	适用于添加燃料或使用含硫、含氮原料的工业窑炉
		特征污染物[a]	
		颗粒物、特征污染物[a]	—
浸取	浸取罐、浸出釜等车间、设备排气筒	特征污染物[a]	—
溶解、沉淀	溶解槽、溶解罐、溶解池、沉淀槽、沉降分离器等车间、设备排气筒	特征污染物[a]	—
酸溶、酸化、碱溶	酸溶罐、碱溶罐、酸碱调节等车间、设备排气筒	特征污染物[a]	—
反应	反应器、反应釜、电解槽、碳化塔、吸收塔、固碱炉等车间、设备排气筒	颗粒物、二氧化硫、氮氧化物	
		特征污染物[a]	
蒸发、结晶、洗涤、蒸馏	蒸发器、蒸氨釜、挥氨器、闪蒸罐、真空结晶器、转鼓结晶器、洗涤塔、蒸馏塔、精馏塔、浓缩器等车间、设备排气筒	特征污染物[a]	—
过滤、分离	过滤器、过滤机、分离器、压滤机、浮选机、离心机等车间、设备排气筒	特征污染物[a]	—

生产工序	监测点位	监测指标	备注
干燥	干燥器、干燥塔、干燥箱等车间、设备排气筒	颗粒物、二氧化硫、氮氧化物	适用于利用燃料燃烧后余热干燥
		特征污染物[a]	
		颗粒物、特征污染物[a]	—
熔化熔融	熔化炉等车间、设备排气筒	特征污染物[a]	
筛分、造粒、成品包装	造粒机、造粒塔、挤压造粒机、分装包装机械、粉体包装、固体包装等车间、设备排气筒	颗粒物、特征污染物[a]	
其他	污水处理厂废气处理设施排气筒	臭气浓度、特征污染物[a]	—

注：1. 废气监测须按照相关标准、废气分析方法、技术规范同步监测烟气参数。

　　a 特征污染物指排污单位所执行的污染物排放（控制）标准、环境影响评价文件及其批复、排污许可证等相关环境管理规定中列明的相关污染物指标。

　　无机化学工业废气排放监测，均须在车间或车间处理设施排气筒位置设置监测点位。自备电厂和锅炉的监测要求参照《排污单位自行监测技术指南　火力发电及锅炉》（HJ 820—2017）执行，焚烧炉废气污染物监测要求按照废弃物焚烧处理行业排污单位自行监测相关技术指南。

　　（3）监测频次的确定

　　监测频次的设定主要依据《总则》中 5.2.1.4 的相关规定及无机化学工业企业的特点按如下原则进行设置：

　　a）工业窑炉、反应生产工序的排气筒设置为主要排放口，其他工序工段排气筒为一般（次要）排放口，主要排放口最低监测频次一般为季度～年，一般（次要）排放口最低监测频次一般为半年～年。

　　b）颗粒物、二氧化硫、氮氧化物指标污染排放明确，具有普遍的代表性，监测较简单，在线设备较为成熟。对于企业主要污染物排气筒应开展自动监测，监测项目包括二氧化硫、颗粒物、氮氧化物；砷及其化合物、铅及其化合物、汞及其化合物、镉及其化合物、铬酸雾等为优先控制污染物，频次定为季度到半年。

　　c）在 a）、b）条款前提下，适当考虑监测成本与企业自身能力相适应，对频次进行微调。

d）考虑到每个有组织废气排放监测指标设定的代表性，监测方案实施的简便性，排污单位有组织废气监测不再按重点排污单位与非重点排污单位区分。

根据以上原则，确定有组织废气排放口监测指标及最低监测频次。无机化学工业企业各生产工序有组织废气排放监测点位、监测指标及监测频次见表4-9。

表 4-9　有组织废气排放监测点位、监测指标及最低监测频次

生产工序	监测点位	监测指标	监测频次	备注	排放口类型
破碎、粉碎	给料口、排料口、破（粉）碎、研磨、振动筛及过滤等车间、设备排气筒	颗粒物、特征污染物 a	半年	—	
焙（煅）烧	工业窑炉等车间、设备排气筒	颗粒物、二氧化硫、氮氧化物	自动监测	根据排污单位所执行的污染物排放（控制）标准、环境影响评价文件及其批复、排污许可证等相关环境管理规定以及生产工艺、原辅用料、中间及最终产品，确定具体的监测指标	主要排放口
		特征污染物 a	季度	—	
浸取	浸取罐、浸出釜等车间、设备排气筒	特征污染物 a	半年	—	一般排放口
溶解、沉淀	溶解槽、溶解罐、溶解池、沉淀槽、沉降分离器等车间、设备排气筒	特征污染物 a	半年	—	一般排放口
酸溶、酸化、碱溶	酸溶罐、碱溶罐、酸碱调节等车间、设备排气筒	特征污染物 a	半年	—	一般排放口
反应	反应器、反应釜、电解槽、碳化塔、吸收塔、固碱炉等车间、设备排气筒	颗粒物、二氧化硫、氮氧化物	自动监测	根据排污单位所执行的污染物排放（控制）标准、环境影响评价文件及其批复、排污许可证等相关环境管理规定以及生产工艺、原辅用料、中间及最终产品，确定具体的监测指标	主要排放口
		特征污染物 a	季度	—	

生产工序	监测点位	监测指标	监测频次	备注	排放口类型
蒸发、结晶、洗涤、蒸馏	蒸发器、蒸氨釜、挥氨器、闪蒸罐、真空结晶器、转鼓结晶器、洗涤塔、蒸馏塔、精馏塔、浓缩器等车间、设备排气筒	特征污染物[a]	半年	—	一般排放口
过滤、分离	过滤器、过滤机、分离器、压滤机、浮选机、离心机等车间、设备排气筒	特征污染物[a]	半年	—	一般排放口
干燥	干燥器、干燥塔、干燥箱等车间、设备排气筒	颗粒物、二氧化硫、氮氧化物、特征污染物[a]	半年	根据排污单位所执行的污染物排放（控制）标准、环境影响评价文件及其批复、排污许可证等相关环境管理规定以及生产工艺、原辅用料、中间及最终产品，确定具体的监测指标	一般排放口
熔化熔融	熔化炉等车间、设备排气筒	特征污染物[a]	半年	—	一般排放口
筛分、造粒、成品包装	造粒机、造粒塔、挤压造粒机、分装包装机械、粉体包装、固体包装等车间、设备排气筒	颗粒物、特征污染物[a]	半年	—	一般排放口
其他	污水处理厂废气处理设施排气筒	臭气浓度、特征污染物[a]	半年	—	—

注：1. 废气监测须按照相关标准、废气分析方法、技术规范同步监测烟气参数。

2. 设区的市级及以上生态环境主管部门明确要求安装自动监测设备的污染物指标，须采取自动监测。

a 特征污染物指排污单位所执行的污染物排放（控制）标准、环境影响评价文件及其批复、排污许可证等相关环境管理规定中列明的相关污染物指标。

4.3.2 无组织废气

对于无组织排放，主要根据《无机化学工业污染物排放标准》（GB 31573—2015）及修改单、《硝酸工业污染物排放标准》（GB 26131—2010）、《硫酸工业污染物排放标准》（GB 26132—2010）及修改单、《烧碱、聚氯乙烯工业污染物排放

标准》（GB 15581—2016）、《大气污染物综合排放标准》（GB 16297—1996）及
《总则》的 5.2.2.1 和 5.2.2.2 设定监测点位和监测指标。《总则》的 5.2.2.3 设定监
测频次为一年开展一次，结合无机化学工业自身特点，排放多为有毒有害物质，
因此设定频次为每半年一次。无组织废气排放监测点位、监测指标及最低监测频次
按表 4-10 执行。

表 4-10　无组织废气排放监测点位、监测指标及最低监测频次

监测点位	监测指标	监测频次	备注
排污单位厂界	硫化氢、硫酸雾、氯气、氯化氢、氟化物、铬酸雾、氰化氢、氨、砷及其化合物、铅及其化合物、汞及其化合物、锑及其化合物、镍及其化合物、镉及其化合物、锰及其化合物、钴及其化合物、钼及其化合物、铊及其化合物等	半年	根据排污单位所执行的污染物排放（控制）标准、环境影响评价文件及其批复、排污许可证等相关环境管理规定以及生产工艺、原辅用料、中间及最终产品，确定具体的监测指标

注：若周边有环境敏感点或监测结果超标的，应适当增加监测频次。

4.4　厂界环境噪声监测

　　厂界环境噪声监测点位设置应遵循《总则》中的规定：根据厂内主要噪声源
距厂界位置布点；根据厂界周围敏感目标布点；"厂中厂"是否需要监测由内部和
外围排污单位协商确定；面临海洋、大江、大河的厂界，原则上不布点；厂界紧
邻交通干线不布点；厂界紧邻另一排污单位的，在临近另一排污单位是否布点由
排污单位协商确定。
　　对于无机化学工业排污单位内的噪声源，主要考虑表 4-11 中噪声源在厂区内
的分布情况，若排污单位内还存在其他噪声源，应一并考虑，同时根据不同噪声
源的强度选择对周边居民影响最大的位置开展监测。厂界环境噪声每季度至少开
展一次昼夜监测。监测的目的主要是促进排污单位做好降噪措施，降低对周边居

民的影响，因此周边有敏感点的，应提高监测频次，具体的监测频次可由周边居民、排污单位、管理部门协商确定。

表4-11 厂界环境噪声布点应关注的主要噪声源

噪声源	主要设备
生产车间及配套设施	破（粉）碎设备、工业窑炉、反应设备、蒸发设备、蒸馏设备、分离设备、热交换设备、风机、各类压缩机、泵等
污水处理设施	曝气设备、污泥脱水设备、风机、泵等

4.5 周边环境质量影响监测

若环境影响评价文件及其批复、相关环境管理政策有明确要求的，排污单位应按要求开展相应的周边环境质量要素监测。

若管理上没有明确要求，对于废水直接排入地表水、海水的排污单位，若排污单位认为为了说清自身排放状况及对周边环境质量影响状况有必要开展相应要素监测的，可按照《环境影响评价技术导则 地表水环境》（HJ 2.3—2018）、《地表水环境质量监测技术规范》（HJ 91.2—2022）、《近岸海域环境监测技术规范 第三部分 近岸海域水质监测》（HJ 442.3—2020）、《近岸海域环境监测技术规范 第八部分 直排海污染源及对近岸海域水环境影响监测》（HJ 442.8—2020）及受纳水体环境管理要求确定设置监测断面和监测点位，开展地下水和土壤监测的排污单位，可按照《工业企业土壤和地下水自行监测技术指南（试行）》（HJ 1209—2021）、《地下水环境监测技术规范》（HJ 164—2020）、《土壤环境监测技术规范》（HJ/T 166—2004）、《环境影响评价技术导则 地下水环境》（HJ 610—2016）及环境管理要求设置监测点位。根据排污单位所执行的污染物排放（控制）标准、环境影响评价文件及其批复、排污许可证等相关环境管理规定以及生产工艺、原辅用料、中间及最终产品，确定具体的监测指标。其监测指标及最低监测频次可参照表4-12执行。

表 4-12　周边环境质量影响监测指标及最低监测频次

目标环境	监测指标	监测频次
地表水	pH、化学需氧量、氨氮、总氮、总磷、石油类、氰化物、硫化物、氟化物、铜、锌、硒、砷、汞、镉、铬（六价）、铅、钼、钴、铍、硼、锑、镍、钡、钒、钛、铊等	季度
海水	pH、悬浮物质、化学需氧量、非离子氨、无机氮、活性磷酸盐、石油类、铜、锌、汞、镉、六价铬、总铬、砷、铅、硒、镍、氰化物、硫化物等	半年
地下水	pH、溶解性总固体、耗氧量、氨氮、总硬度、硫酸盐、氯化物、氟化物、碘化物、氰化物、铁、锰、铜、锌、铝、钠、汞、砷、硒、镉、铬（六价）、铅、铍、硼、锑、钡、镍、钼、钴、银、铊等	年
土壤	pH、铜、锌、汞、镉、铬（六价）、铬、砷、铅、镍等	年

除此之外，排污单位认为有必要开展其他环境要素监测，以便更好地说清自身排放状况对周边环境质量影响状况的，也可参照《总则》、环境影响评价技术文件、环境质量监测技术规范开展监测。

4.6　其他要求

（1）《无机化学工业指南》（HJ 1138—2020）中未规定的污染物指标

无机化学工业排污单位所持的排污许可证中载明的其他污染物指标或其他环境管理明确要求管控的污染物指标，也应纳入自行监测范围内。另外，除《无机化学工业指南》（HJ 1138—2020）中所规定的典型工艺所涉及的污染物指标外，排污单位根据生产过程的原辅用料、生产工艺、中间及最终产品类型、监测结果确定实际排放的，在有毒有害或优先控制污染物相关名录中的污染物指标，或其他有毒污染物指标，也应纳入自行监测范围内。这些纳入自行监测范围的污染物指标，应参照《无机化学工业指南》（HJ 1138—2020）中表1～表5，以及《总则》确定监测点位和监测频次。

（2）监测频次的确定

《无机化学工业指南》（HJ 1138—2020）中的监测频次均为最低监测频次，排污单位在确保各指标的监测频次满足《无机化学工业指南》（HJ 1138—2020）的基础上，可根据《总则》中监测频次的确定原则提高监测频次。监测频次的确定原则为不应低于国家或地方发布的标准、规范性文件、规划、环境影响评价文件及其批复等明确规定的监测频次；主要排放口的监测频次高于非主要排放口；主要监测指标的监测频次高于其他监测指标；排向敏感地区的应适当增加监测频次；排放状况波动大的，应适当增加监测频次；历史稳定达标状况较差的需增加监测频次，达标状况良好的可以适当降低监测频次；监测成本应与排污企业自身能力相一致，尽量避免重复监测。

（3）其他要求

对于《无机化学工业指南》（HJ 1138—2020）中未规定的内容，如内部监测点位设置及监测要求，采样方法、监测分析方法、监测质量保证与质量控制，监测方案的描述、变更等按照《总则》执行。

4.7 自行监测方案案例示例

为了便于对本章中监测方案示例的正确掌握和应用，特别强调以下三点：

第一，本书附录 5 中列出了可供参考的完整的自行监测方案模板示例，排污单位可根据示例和本单位实际情况，进行相应的调整完善，作为本单位的监测方案使用。本章中重点针对附录 5 中的监测点位、监测指标、监测频次、监测方法等内容给出示例，对于共性较大的描述性内容和质量控制等相关内容，在本章中不再进行列举，但并不意味着不重要或者不需要。

第二，本书给出的排放限值仅用于示例，可能会存在与实际要求略有差异的情况，这与各地实际管理要求有关，也与案例企业的特殊情况有关，本书对此不做深入解释和说明。

第三，企业自备火力发电机组（厂）、锅炉等动力设备，按照《排污单位自行监测技术指南　火力发电及锅炉》（HJ 820—2017）执行，在本节涉及的案例中不作规定。

4.7.1　示例 1：某无机化学工业企业（直接排放）

1. 企业基本情况

某无机化学工业企业是 2022 年水环境和大气环境重点排污单位。厂区内部设有综合污水处理站，生产废水和生活污水进入综合污水处理站经处理后直接排入江河、湖、库等水环境，不设单独的生活污水排放口，厂区均已安装自动监测设施。

2. 自行监测方案

（1）废水。该企业废水监测按照重点排污单位执行，废水监测指标及监测频次见表 4-13；废水污染物监测方法依据及监测仪器见表 4-14；若监测项目采用的监测方法未明确采样及样品保存方法，则按《污水监测技术规范》（HJ 91.1—2019）附录 A 执行，废水污染物监测结果评价标准见表 4-15。

表 4-13　废水污染源监测内容一览表

监测点位	监测指标	监测频次	监测方式	自主/委托
废水总排放口	流量、pH、化学需氧量、氨氮	连续监测	自动监测	—
	总磷、总氮、悬浮物、石油类、总氰化物	1 次/日	手工监测	自主
	硫化物、氟化物	1 次/月	手工监测	自主
	总铜、总锌	1 次/季	手工监测	自主
车间废水排放口	总汞、总砷、总铅	1 次/季	手工监测	自主
雨水排放口	pH、化学需氧量、氨氮	1 次/月	手工监测	自主

表 4-14　废水监测方法依据及仪器一览表

序号	监测项目	监测方法依据	监测仪器
1	流量、pH、化学需氧量、氨氮	《水污染源在线监测系统（COD_{Cr}、NH_3-N 等）安装技术规范》（HJ 353—2019） 《水污染源在线监测系统（COD_{Cr}、NH_3-N 等）验收技术规范》（HJ 354—2019） 《水污染源在线监测系统（COD_{Cr}、NH_3-N 等）运行技术规范》（HJ 355—2019） 《水污染源在线监测系统（COD_{Cr}、NH_3-N 等）数据有效性判别技术规范》（HJ 356—2019）	在线监测系统
2	pH	《水质　pH 值的测定　电极法》（HJ 1147—2020）	pH 计 PHS-3C
3	化学需氧量	《水质　化学需氧量的测定　重铬酸盐法》（HJ 828—2017）	滴定管 50 mL
4	氨氮	《水质　氨氮的测定　纳氏试剂分光光度法》（HJ 535—2009）	分光光度计 T6
5	总磷	《水质　总磷的测定　钼酸铵分光光度法》（GB 11893—89）	分光光度计 7200
6	总氮	《水质　总氮的测定　碱性过硫酸钾消解紫外分光光度法》（HJ 636—2012）	紫外可见分光光度计 UV-1900
7	悬浮物	《水质　悬浮物的测定　重量法》（GB 11901—89）	万分位天平 AL204-1C
8	石油类	《水质　石油类和动植物油类的测定　红外分光光度法》（HJ 637—2018）	红外测油仪 F2000
9	总氰化物	《水质　氰化物的测定　容量法和分光光度法》（HJ 484—2009）	分光光度计 7200
10	硫化物	《水质　硫化物的测定　亚甲基蓝分光光度法》（HJ 1226—2021）	分光光度计 7200
11	氟化物	《水质　氟化物的测定　离子选择电极法》（GB 7484—87）	氟离子浓度计 MP519
12	总铜	《水质　铜、锌、铅、镉的测定　原子吸收分光光度法》（GB 7475—87）	PINAACLE 型原子吸收分光光度计
13	总锌		
14	总铅		
15	总汞	《水质　总汞的测定　冷原子吸收分光光度法》（HJ 597—2011）	F732—VJ 冷原子测汞仪
16	总砷	《水质　汞、砷、硒、铋和锑的测定　原子荧光法》（HJ 694—2014）	AFS200N 型原子荧光分光光度计

表 4-15　废水污染物排放执行标准　　　　　　　　单位：mg/L

序号	监测点位	监测指标	执行标准	执行标准限值
1	废水总排放口	pH	《无机化学工业污染物排放标准》（GB 31573—2015）及修改单	6～9ᵃ
2		化学需氧量		50
3		氨氮		10
4		总磷		0.5
5		总氮		20
6		悬浮物		50
7		石油类		3
8		总氰化物		0.3
9		硫化物		0.5
10		氟化物		6
11		总铜		0.5
12		总锌		1
13	车间废水排放口	总汞		0.005
14		总砷		0.3
15		总铅		0.5
16	雨水排放口	pH	参照《污水综合排放标准》（GB 8978—1996）表 4 一级	6～9ᵃ
17		化学需氧量		100
18		氨氮		15

注：a 表示 pH 量纲为一。

（2）废气

1）废气有组织监测。有组织废气监测点位、监测指标及监测频次见表 4-16。有组织废气污染物监测方法依据及监测仪器见表 4-17。废气有组织排放监测结果执行标准见表 4-18。

表 4-16　有组织废气监测内容一览表

生产工序	监测点位	监测指标	监测频次	监测方式	自主/委托
真空闪蒸	尾气排气筒	氨	1 次/半年	手工监测	自主
造粒	尾气除尘出口排气筒	颗粒物	1 次/半年	手工监测	自主
其他	污水处理站尾气排气筒	硫化氢、氨	1 次/半年	手工监测	自主
		臭气浓度	1 次/半年	手工监测	委托

表4-17 有组织废气排放监测方法依据及仪器一览表

序号	监测项目	监测方法依据	监测仪器
1	硫化氢	《空气质量 硫化氢、甲硫醇、甲硫醚和二甲二硫的测定 气相色谱法》（GB/T 14678—93）	气相色谱仪7890
2	颗粒物	《固定污染源废气 低浓度颗粒物的测定 重量法》（HJ 836—2017）	全自动恒温恒湿精密称量系统 低浓度自动烟尘烟气综合测试仪
3	氨	《环境空气和废气 氨的测定 纳氏试剂分光光度法》（HJ 533—2009）	分光光度计7200
4	臭气浓度	《空气质量 恶臭的测定 三点比较式臭袋法》（GB/T 14675—93）	真空采样瓶

表4-18 有组织废气排放监测结果执行标准

单位：mg/m³

生产工序	监测点位	监测指标	执行标准	执行标准限值	
				浓度标准	排放量
真空闪蒸	尾气排气筒	氨	《无机化学工业污染物排放标准》（GB 31573—2015）及修改单	20	—
造粒	尾气除尘出口排气筒	颗粒物		30	—
其他	污水处理站尾气排气筒	氨	《恶臭污染物排放标准》（GB 14554—93）	—	4.9 kg/h
		硫化氢		—	0.33 kg/h
		臭气浓度		—	2 000ᵃ

注：a 表示臭气浓度，单位量纲为一。

2）废气无组织监测。无组织废气监测指标及监测频次见表 4-19，监测指标是在梳理有组织废气排放污染物的基础上确定的。无组织废气排放监测方法依据及仪器见表 4-20。无组织废气排放监测结果执行标准见表 4-21。

表4-19 无组织废气排放监测内容一览表

监测点位	监测指标	监测频次	监测方式	自主/委托
厂界	氨	1 次/半年	手工监测	委托
	硫化氢			

表 4-20　无组织废气排放监测方法依据及仪器一览表

序号	监测项目	监测方法依据	监测仪器
1	氨	《环境空气和废气　氨的测定　纳氏试剂分光光度法》（HJ 533—2009）	分光光度计 T6
2	硫化氢	《空气质量　硫化氢、甲硫醇、甲硫醚和二甲二硫的测定　气相色谱法》（GB/T 14678—93）	气相色谱仪 7890

表 4-21　无组织废气排放监测结果执行标准　　　　　　单位：mg/m³

序号	监测指标	执行标准	执行标准限值
1	氨	《无机化学工业污染物排放标准》	0.3
2	硫化氢	（GB 31573—2015）及修改单	0.03

（3）厂界环境噪声。

根据《无机化学工业指南》（HJ 1138—2020）等要求，对工厂四周环境噪声开展监测，监测内容见表 4-22。监测方法依据及仪器具体见表 4-23，厂界噪声评价标准根据环评及批复，企业厂界噪声执行《工业企业厂界环境噪声排放标准》（GB 12348—2008）表 1 中 3 类，见表 4-24。

表 4-22　厂界环境噪声监测内容一览表

监测点位	主要噪声源	监测指标	监测频次	监测方式	自主/委托
东侧厂界（Z1）	锅炉	等效连续A 声级	1 次/季度	手工监测	自主
南侧厂界（Z2）	空压机				
西侧厂界（Z3）	—				
北侧厂界（Z4）	污水处理站				

表 4-23　噪声监测方法依据及仪器一览表

监测指标	监测方法依据	监测仪器	备注
厂界噪声	《工业企业厂界环境噪声排放标准》（GB 12348—2008）	AWA6270+噪声统计分析仪	昼间：06:00—22:00；夜间：22:00—06:00，昼夜各测 1 次

表 4-24　噪声排放执行标准　　　　　　单位：dB（A）

监测点位	监测指标	监测频次	监测及评价方法	执行标准限值
厂界	等效 A 声级	1 次/季度	《工业企业厂界环境噪声排放标准》（GB 12348—2008）	夜间：55；昼间：65

（4）周边环境质量影响。

在排入的地表水上游、下游、海水断面设置监测点位，对周边环境质量影响状况开展监测，见表 4-25。

表 4-25　周边环境监测内容一览表

监测点位	监测指标	监测方式及频次	监测方法依据
污水入××河至下游100 m	pH	手工1 次/季度	《水质　pH 值的测定　电极法》（HJ 1147—2020）
	化学需氧量		《水质　化学需氧量的测定　重铬酸盐法》（HJ 828—2017）
	氨氮		《水质　氨氮的测定　纳氏试剂分光光度法》（HJ 535—2009）
	总磷		《水质　总磷的测定　钼酸铵分光光度法》（GB 11893—89）
	总氮		《水质　总氮的测定　碱性过硫酸钾消解紫外分光光度法》（HJ 636—2012）
	石油类		《水质　石油类和动植物油类的测定　红外分光光度法》（HJ 637—2018）
	氰化物		《水质　氰化物的测定　容量法和分光光度法》（HJ 484—2009）
	硫化物		《水质　硫化物的测定　亚甲基蓝分光光度法》（HJ 1226—2021）
	氟化物		《水质　氟化物的测定　离子选择电极法》（GB 7484—87）
	铜		《水质　铜、锌、铅、镉的测定　原子吸收分光光度法》（GB 7475—87）
	锌		
	铅		
	汞		《水质　总汞的测定　冷原子吸收分光光度法》（HJ 597—2011）
	砷		《水质　汞、砷、硒、铋和锑的测定　原子荧光法》（HJ 694—2014）

监测点位	监测指标	监测方式及频次	监测方法依据
污水入××河至上游50 m	pH	手工1次/季度	《水质　pH 值的测定　电极法》（HJ 1147—2020）
	化学需氧量		《水质　化学需氧量的测定　重铬酸盐法》（HJ 828—2017）
	氨氮		《水质　氨氮的测定　纳氏试剂分光光度法》（HJ 535—2009）
	总磷		《水质　总磷的测定　钼酸铵分光光度法》（GB 11893—89）
	总氮		《水质　总氮的测定　碱性过硫酸钾消解紫外分光光度法》（HJ 636—2012）
	石油类		《水质　石油类和动植物油类的测定　红外分光光度法》（HJ 637—2018）
	氰化物		《水质　氰化物的测定　容量法和分光光度法》（HJ 484—2009）
	硫化物		《水质　硫化物的测定　亚甲基蓝分光光度法》（HJ 1226—2021）
	氟化物		《水质　氟化物的测定　离子选择电极法》（GB 7484—87）
	铜		《水质　铜、锌、铅、镉的测定　原子吸收分光光度法》（GB 7475—87）
	锌		
	铅		
	汞		《水质　总汞的测定　冷原子吸收分光光度法》（HJ 597—2011）
	砷		《水质　汞、砷、硒、铋和锑的测定　原子荧光法》（HJ 694—2014）
污水入××海河流监测断面下游50 m	pH	手工1次/半年	《海洋监测规范　第 4 部分：海水分析》（GB 17378.4—2007）26
	化学需氧量		《海洋监测规范　第 4 部分：海水分析》（GB 17378.4—2007）32
	悬浮物质		《海洋监测规范　第 4 部分：海水分析》（GB 17378.4—2007）27
	石油类		《海洋监测规范　第 4 部分：海水分析》（GB 17378.4—2007）13.2
	氰化物		《海洋监测规范　第 4 部分：海水分析》（GB 17378.4—2007）20.1
	硫化物		《海洋监测规范　第 4 部分：海水分析》（GB 17378.4—2007）18.1
	铜		《海洋监测规范　第 4 部分：海水分析》（GB 17378.4—2007）6.1
	锌		《海洋监测规范　第 4 部分：海水分析》（GB 17378.4—2007）9.1
	铅		《海洋监测规范　第 4 部分：海水分析》（GB 17378.4—2007）7.1
	汞		《海洋监测规范　第 4 部分：海水分析》（GB 17378.4—2007）5.2
	砷		《海洋监测规范　第 4 部分：海水分析》（GB 17378.4—2007）11.1

4.7.2　示例 2：铬盐生产企业（间接排放）

（1）企业基本情况

中大型铬盐生产企业，采用无钙焙烧清洁生产技术，生产废水经过简单预处理后，和生活污水直接流入市政管网，排入下游污水处理厂处理，属于间接排放。

（2）自行监测方案

①废水。废水排放监测方案见表 4-26，废水污染物排放执行标准见表 4-27。

表 4-26　废水排放监测方案

监测点位	监测指标	监测频次	监测方式	自主/委托	监测方法
废水总排放口	流量	连续采样	自动监测	自主	《水污染源在线监测系统（COD_{Cr}、NH_3-N 等）安装技术规范》（HJ 353—2019）《水污染源在线监测系统（COD_{Cr}、NH_3-N 等）验收技术规范》（HJ 354—2019）《水污染源在线监测系统（COD_{Cr}、NH_3-N 等）运行技术规范》（HJ 355—2019）《水污染源在线监测系统（COD_{Cr}、NH_3-N 等）数据有效性判别技术规范》（HJ 356—2019）
	pH	连续采样	自动监测	自主	
	化学需氧量	连续采样	自动监测	自主	
	氨氮	连续采样	自动监测	自主	
	总磷	连续采样	自动监测	自主	
	总氮	连续采样	自动监测	自主	
	悬浮物	1 次/季度	手工监测	委托	《水质　悬浮物的测定　重量法》（GB 11901—89）
	石油类	1 次/季度	手工监测	委托	《水质　石油类和动植物油类的测定　红外分光光度法》（HJ 637—2018）
车间废水排放口	总铅	1 次/季度	手工监测	委托	《水质　铜、锌、铅、镉的测定　原子吸收分光光度法》（GB 7475—87）
	六价铬	1 次/季度	手工监测	委托	《水质　六价铬的测定　二苯碳酰二肼分光光度法》（GB 7467—87）
	总铬	1 次/季度	手工监测	委托	《水质　铬的测定　火焰原子吸收分光光度法》（HJ 757—2015）
雨水排放口	pH	1 次/月	手工监测	委托	《水质　pH 值的测定　电极法》（HJ 1147—2020）
	化学需氧量	1 次/月	手工监测	委托	《水质　化学需氧量的测定　重铬酸盐法》（HJ 828—2017）
	氨氮	1 次/月	手工监测	委托	《水质　氨氮的测定　纳氏试剂分光光度法》（HJ 535—2009）

注：在雨水排放期间按日监测。

表 4-27　废水污染物排放执行标准　　　　　　　　　　　单位：mg/L

监测点位	监测指标	执行标准	执行标准限值
废水总排放口	pH	《无机化学工业污染物排放标准》（GB 31573—2015）及修改单	$6\sim9^a$
	化学需氧量		200
	氨氮		40
	总磷		2
	总氮		60
	悬浮物		100
	石油类		6
车间废水排放口	总铅		0.5
	六价铬		0.1
	总铬		1
雨水排放口	pH	参照《污水综合排放标准》（GB 8978—1996）表 4 一级	$6\sim9^a$
	化学需氧量		100
	氨氮		15

注：a 表示 pH 量纲为一。

②废气。有组织废气排放源的监测方案见表 4-28，有组织废气污染物监测方法依据及分析仪器见表 4-29，无组织废气监测方案见表 4-30，废气污染物排放执行标准见表 4-31。

表 4-28　有组织废气排放源的监测方案

排放源	监测指标	监测点位	监测频次	监测方式	自主/委托
焙烧窑	颗粒物	排气筒	连续采样	自动监测	自主
	氮氧化物	排气筒	连续采样	自动监测	自主
	二氧化硫	排气筒	连续采样	自动监测	自主
	铬酸雾	排气筒	1 次/季度	手工监测	自主
	氨	排气筒	1 次/季度	手工监测	自主
矿磨渣磨煤磨	颗粒物	排气筒	1 次/半年	手工监测	自主
	氮氧化物	排气筒	1 次/半年	手工监测	自主
	二氧化硫	排气筒	1 次/半年	手工监测	自主
	铬酸雾	排气筒	1 次/半年	手工监测	自主
浸取罐	铬酸雾	排气筒	1 次/半年	手工监测	自主

排放源	监测指标	监测点位	监测频次	监测方式	自主/委托
解毒窑	颗粒物	排气筒	1次/季度	手工监测	自主
	氮氧化物	排气筒	1次/季度	手工监测	自主
	二氧化硫	排气筒	1次/季度	手工监测	自主
	铬酸雾	排气筒	1次/季度	手工监测	自主
铬酸酐车间	颗粒物	排气筒	1次/半年	手工监测	自主
	氮氧化物	排气筒	1次/半年	手工监测	自主
	二氧化硫	排气筒	1次/半年	手工监测	自主
	铬酸雾	排气筒	1次/半年	手工监测	自主
	氯气	排气筒	1次/半年	手工监测	自主
	氯化氢	排气筒	1次/半年	手工监测	自主
	硫酸雾	排气筒	1次/半年	手工监测	自主
产品生产	颗粒物	排气筒	1次/半年	手工监测	自主
	铬酸雾	排气筒	1次/半年	手工监测	自主
分装车间	颗粒物	排气筒	1次/半年	手工监测	自主

表 4-29　有组织废气污染物监测方法依据及分析仪器

序号	监测指标	监测方法依据	监测仪器
1	颗粒物、二氧化硫、氮氧化物	《固定污染源烟气（SO_2、NO_x、颗粒物）排放连续监测技术规范》（HJ 75—2017）	在线监测系统
2	颗粒物	《固定污染源废气　低浓度颗粒物的测定　重量法》（HJ 836—2017）	全自动恒温恒湿精密称量系统低浓度自动烟尘烟气综合测试仪
3	氮氧化物	《固定污染源废气　氮氧化物的测定　便携式紫外吸收法》（HJ 1132—2020）	便携式紫外烟气测试仪
4	二氧化硫	《固定污染源废气　二氧化硫的测定　便携式紫外吸收法》（HJ 1131—2020）	便携式紫外烟气测试仪
5	铬酸雾	《固定污染源排气中铬酸雾的测定　二苯基碳酰二肼分光光度法》（HJ/T 29—1999）	分光光度计
6	氯气	《固定污染源排气中氯气的测定　甲基橙分光光度法》（HJ/T 30—1999）	分光光度计
7	氯化氢	《固定污染源排气中氯化氢的测定　硫氰酸汞分光光度法》（HJ/T 27—1999）	分光光度计
8	硫酸雾	《固定污染源废气　硫酸雾的测定　离子色谱法》（HJ 544—2016）	离子色谱仪
9	氨	《环境空气和废气　氨的测定　纳氏试剂分光光度法》（HJ 533—2009）	分光光度计

表 4-30　无组织废气监测方案

监测点位	监测指标	监测频次	监测频次	监测方法依据
厂界	铬酸雾			《固定污染源排气中铬酸雾的测定　二苯碳酰二肼分光光度法》（HJ/T 29—1999）
	氯气			《固定污染源排气中氯气的测定　甲基橙分光光度法》（HJ/T 30—1999）
	氯化氢			《环境空气和废气　氯化氢的测定　离子色谱法》（HJ 549—2016）
	硫酸雾			《固定污染源废气　硫酸雾的测定　离子色谱法》（HJ 544—2016）
	硫化氢			《空气质量　硫化氢、甲硫醇、甲硫醚和二甲二硫的测定　气相色谱法》（GB/T 14678—93）

表 4-31　废气污染物排放执行标准　　　　　　　　　　单位：mg/m³

污染源类型	监测指标	执行标准	执行标准限值
有组织废气	颗粒物	《无机化学工业污染物排放标准》（GB 31573—2015）及修改单	30
	二氧化硫		100
	氮氧化物		200
	铬酸雾		0.07
	氯气		5
	氯化氢		10
	硫酸雾		20
	氨		20
无组织废气	硫化氢	《无机化学工业污染物排放标准》（GB 31573—2015）及修改单	0.03
	铬酸雾		0.006
	氯气		0.1
	氯化氢		0.05
	硫酸雾		0.3

③厂界环境噪声。厂界环境噪声监测方案见表 4-32。

表 4-32 厂界环境噪声监测方案   单位：dB（A）

监测点位	监测指标	监测频次	监测及评价方法	执行标准限值
厂界	等效 A 声级	1 次/季度	《工业企业厂界环境噪声排放标准》（GB 12348—2008）	夜间：55；昼间：65

④土壤和地下水监测。土壤和地下水监测按照《无机化学工业指南》（HJ 1138—2020）和《工业企业土壤和地下水自行监测技术指南（试行）》（HJ 1209—2021）的要求进行监测，每个重点设施周边布设 1～2 个土壤监测点，布点信息见表 4-33。公司地下水自行监测利用厂区内已有地下水井开展，地下水点位总计 4 个（含 1 个参照点），地下水监测井点位布设信息见表 4-34。

表 4-33 土壤监测内容一览表

序号	监测点位	经度（E）	纬度（N）	所属区域	采样深度	采样深度/m	监测频次
1	S001	×××.×××	×××.×××	无钙焙烧窑	表层土壤	0～0.5	1 次/年
2	S002	×××.×××	×××.×××	无钙焙烧窑	深层土壤	0～3	1 次/3 年
3	S003	×××.×××	×××.×××	解毒窑	表层土壤	0～0.5	1 次/年
4	S004	×××.×××	×××.×××	解毒窑	深层土壤	0～3	1 次/3 年
5	S005	×××.×××	×××.×××	渣磨、矿磨	表层土壤	0～0.5	1 次/年
6	S006	×××.×××	×××.×××	渣磨、矿磨	深层土壤	0～3	1 次/3 年
7	S007	×××.×××	×××.×××	分装车间	表层土壤	0～0.5	1 次/年
8	S008	×××.×××	×××.×××	浸取罐	深层土壤	0～3	1 次/3 年

表 4-34 地下水监测内容一览表

序号	点位名称	类型	经度（E）	纬度（N）	建井深度/m	采样深度（水面下）/m	监测频次
1	W001	对照点	×××.×××	×××.×××	9.6	0.5	1 次/年
2	W002	监测井	×××.×××	×××.×××	10.5	0.5	1 次/年
3	W003	监测井	×××.×××	×××.×××	8	0.5	1 次/年
4	W004	监测井	×××.×××	×××.×××	7.3	0.5	1 次/年

土壤监测结果执行《土壤环境质量　建设用地土壤污染风险管控标准（试行）》（GB 36600—2018）第二类用地筛选值，监测指标、监测方法及标准限值见表4-35；地下水监测结果执行《地下水质量标准》（GB/T 14848—2017）Ⅲ类限值，监测指标、监测方法及标准限值见表4-36。

表4-35　土壤监测情况一览表　　　　　　　　　　　　　单位：mg/kg

序号	监测指标	监测方法依据	标准限值
1	pH	《土壤　pH值的测定　电位法》（HJ 962—2018）	—
2	砷	《土壤质量　总汞、总砷、总铅的测定　原子荧光法　第2部分：土壤中总砷的测定》（GB/T 22105.2—2008）	60
3	镉	《土壤质量　铅、镉的测定　石墨炉原子吸收分光光度法》（GB/T 17141—1997）	65
4	铬（六价）	《土壤和沉积物　六价铬的测定　碱溶液提取-火焰原子吸收分光光度法》（HJ 1082—2019）	5.7
5	铜	《土壤和沉积物　铜、锌、铅、镍、铬的测定　火焰原子吸收分光光度法》（HJ 491—2019）	18 000
6	铅	《土壤质量　铅、镉的测定　石墨炉原子吸收分光光度法》（GB/T 17141—1997）	800
7	汞	《土壤质量　总汞、总砷、总铅的测定　原子荧光法　第1部分：土壤中总汞的测定》（GB/T 22105.1—2008）	38
8	镍	《土壤和沉积物　铜、锌、铅、镍、铬的测定　火焰原子吸收分光光度法》（HJ 491—2019）	900

表4-36　地下水监测情况一览表　　　　　　　　　　　　　单位：mg/L

序号	监测指标	监测方法依据	标准限值
1	pH	《水质　pH值的测定　电极法》（HJ 1147—2020）	6.5（含）～8.5（含）[a]
2	总硬度	《水质　钙和镁总量的测定　EDTA滴定法》（GB 7477—87）	≤450
3	溶解性总固体	《生活饮用水标准检验方法　第4部分：感官性状和物理指标》（GB/T 5750.4—2023）	≤1 000
4	硫酸盐	《水质　无机阴离子（F⁻、Cl⁻、NO₂⁻、Br⁻、NO₃⁻、PO₄³⁻、SO₃²⁻、SO₄²⁻）的测定　离子色谱法》（HJ 84—2016）	≤250
5	氯化物		≤250
6	氟化物		≤1.0

序号	监测指标	监测方法依据	标准限值
7	铅	《水质 65种元素的测定 电感耦合等离子体质谱法》（HJ 700—2014）	≤0.01
8	耗氧量	《生活饮用水标准检验方法 第7部分：有机物综合指标》（GB/T 5750.7—2023）	≤3.0
9	氨氮	《水质 氨氮的测定 纳氏试剂分光光度法》（HJ 535—2009）	≤0.50
10	铬（六价）	《水质 六价铬的测定 二苯碳酰二肼分光光度法》（GB/T 7467—87）	≤0.05

注：a 表示 pH 量纲为一。

4.7.3 示例3：硫酸生产企业（间接排放）

（1）企业基本情况。本公司是以硫酸为核心的基础化工产业链，拥有30万 t 硫磺制酸的综合生产能力，生产废水和生活污水流入下游污水处理厂处理，属于间接排放。

（2）自行监测方案。

①废水。废水排放监测方案见表4-37，废水污染物执行标准见表4-38。

表 4-37 废水排放监测方案

监测点位	监测指标	监测频次	监测方式	自主/委托	监测方法
废水总排放口	流量	连续采样	自动监测	自主	《水污染源在线监测系统（COD_Cr、NH_3-N 等）安装技术规范》（HJ 353—2019）
	pH	连续采样	自动监测	自主	
	化学需氧量	连续采样	自动监测	自主	《水污染源在线监测系统（COD_Cr、NH_3-N 等）验收技术规范》（HJ 354—2019）
	氨氮	连续采样	自动监测	自主	《水污染源在线监测系统（COD_Cr、NH_3-N 等）运行技术规范》（HJ 355—2019）《水污染源在线监测系统（COD_Cr、NH_3-N 等）数据有效性判别技术规范》（HJ 356—2019）
	总磷	1次/季度	手工监测	委托	《水质 总磷的测定 钼酸铵分光光度法》（GB 11893—89）
	总氮	1次/季度	手工监测	委托	《水质 总氮的测定 碱性过硫酸钾消解紫外分光光度法》（HJ 636—2012）

监测点位	监测指标	监测频次	监测方式	自主/委托	监测方法
废水总排放口	悬浮物	1 次/季度	手工监测	委托	《水质　悬浮物的测定　重量法》（GB 11901—89）
	石油类	1 次/季度	手工监测	委托	《水质　石油类和动植物油类的测定　红外分光光度法》（HJ 637—2018）
雨水排放口	pH	1 次/月	手工监测	委托	《水质　pH 值的测定　电极法》（HJ 1147—2020）
	化学需氧量	1 次/月	手工监测	委托	《水质　化学需氧量的测定　重铬酸盐法》（HJ 828—2017）
	氨氮	1 次/月	手工监测	委托	《水质　氨氮的测定　纳氏试剂分光光度法》（HJ 535—2009）

注：在雨水排放期间按日监测。

表 4-38　废水污染物排放执行标准　　　　　　单位：mg/L

监测点位	监测指标	执行标准	标准限值
废水总排放口	pH	《硫酸工业污染物排放标准》（GB 26132—2010）中表 2	6～9[a]
	化学需氧量		100
	氨氮		20
	总磷		2
	总氮		40
	悬浮物		100
	石油类		8
雨水排放口	pH	参照《污水综合排放标准》（GB 8978—1996）表 4 一级	6～9[a]
	化学需氧量		100
	氨氮		15

注：a 表示 pH 量纲为一。

②废气。有组织废气排放源的监测方案见表 4-39，有组织废气污染物监测方法依据及分析仪器见表 4-40，无组织废气监测方案见表 4-41，有组织废气污染物排放执行标准见表 4-42。

表 4-39   有组织废气排放源的监测方案

排放源	监测指标	监测点位	监测频次	监测方式	自主/委托
反应塔	颗粒物	排气筒	连续采样	自动监测	委托
	二氧化硫	排气筒	连续采样	自动监测	委托
	硫酸雾	排气筒	1 次/季度	手工监测	委托
干燥塔	颗粒物	排气筒	1 次/半年	手工监测	委托
	二氧化硫	排气筒	1 次/半年	手工监测	委托
	硫酸雾	排气筒	1 次/半年	手工监测	委托
尾气吸收	颗粒物	排气筒	连续采样	自动监测	委托
	二氧化硫	排气筒	连续采样	自动监测	委托
	硫酸雾	排气筒	1 次/季度	手工监测	委托
分装车间	颗粒物	排气筒	1 次/半年	手工监测	委托
	二氧化硫	排气筒	1 次/半年	手工监测	委托

表 4-40   有组织废气污染物监测方法依据及分析仪器

序号	监测指标	监测方法依据	监测仪器
1	颗粒物、二氧化硫	《固定污染源烟气（SO_2、NO_x、颗粒物）排放连续监测技术规范》（HJ 75—2017）	在线监测系统
2	颗粒物	《固定污染源废气 低浓度颗粒物的测定 重量法》（HJ 836—2017）	全自动恒温恒湿精密称量系统 低浓度自动烟尘烟气综合测试仪
3	二氧化硫	《固定污染源废气 二氧化硫的测定 定电位电解法》（HJ 57—2017）	低浓度自动烟尘烟气综合测试仪
4	硫酸雾	《固定污染源废气 硫酸雾的测定 离子色谱法》（HJ 544—2016）	离子色谱仪
		《硫酸工业尾气硫酸雾的测定方法》（GB/T 38685—2020）	微量滴定管

表 4-41　无组织废气监测方案

监测点位	监测指标	监测频次	监测方式	监测方法依据
厂界	颗粒物	1 次/半年	手工监测	《环境空气　总悬浮颗粒物的测定　重量法》（GB/T 15432—1995）及修改单
	二氧化硫			《环境空气　二氧化硫的测定　甲醛吸收-副玫瑰苯胺分光光度法》（HJ 482—2009）及修改单
	硫酸雾			《固定污染源废气　硫酸雾的测定　离子色谱法》（HJ 544—2016）

表 4-42　有组织废气污染物排放执行标准　　　　单位：mg/m³

污染源类型	监测指标	执行标准	执行标准限值
有组织废气	二氧化硫	《硫酸工业污染物排放标准》（GB 26132—2010）中表 5	400
	硫酸雾		30
	颗粒物		50
无组织废气	二氧化硫	《硫酸工业污染物排放标准》（GB 26132—2010）中表 8	0.5
	硫酸雾		0.3
	颗粒物		0.9

③厂界环境噪声。厂界环境噪声监测方案见表 4-43。

表 4-43　厂界环境噪声监测方案　　　　单位：dB（A）

监测点位	监测指标	监测频次	监测及评价方法	执行标准限值
厂界	等效 A 声级	1 次/季度	《工业企业厂界环境噪声排放标准》（GB 12348—2008）	夜间：55；昼间：65

4.7.4　示例 4：烧碱生产企业（间接排放）

（1）企业基本情况。本公司现有生产装置于 2021 年 12 月建成投产，规模为 60 万 t 离子膜烧碱，配套 30 万 MW 发电装机。生产废水和生活污水流入下游污水处理厂处理，属于间接排放。

（2）自行监测方案。

①废水。废水排放监测方案见表 4-44，废水污染物执行标准见表 4-45。

表 4-44　废水排放监测方案

监测点位	监测指标	监测频次	监测方式	自主/委托	监测方法
废水总排放口	流量	连续采样	自动监测	自主	《水污染源在线监测系统（COD$_{Cr}$、NH$_3$-N 等）安装技术规范》（HJ 353—2019）
	pH	连续采样	自动监测	自主	
	化学需氧量	连续采样	自动监测	自主	《水污染源在线监测系统（COD$_{Cr}$、NH$_3$-N 等）验收技术规范》（HJ 354—2019）
	氨氮	连续采样	自动监测	自主	《水污染源在线监测系统（COD$_{Cr}$、NH$_3$-N 等）运行技术规范》（HJ 355—2019）《水污染源在线监测系统（COD$_{Cr}$、NH$_3$-N 等）数据有效性判别技术规范》（HJ 356—2019）
	总磷	1 次/季度	手工监测	委托	《水质　总磷的测定　钼酸铵分光光度法》（GB 11893—89）
	总氮	1 次/季度	手工监测	委托	《水质　总氮的测定　碱性过硫酸钾消解紫外分光光度法》（HJ 636—2012）
	悬浮物	1 次/季度	手工监测	委托	《水质　悬浮物的测定　重量法》（GB 11901—89）
	石油类	1 次/季度	手工监测	委托	《水质　石油类和动植物油类的测定　红外分光光度法》（HJ 637—2018）
	硫化物	1 次/季度	手工监测	委托	《水质　硫化物的测定　亚甲基蓝分光光度法》（HJ 1226—2021）
车间废水排放口	总镍	1 次/季度	手工监测	委托	《水质　镍的测定　丁二酮肟分光光度法》（GB 11910—89）
	活性氯	1 次/半年	手工监测	委托	《水质　游离氯和总氯的测定　N,N-二乙基-1,4-苯二胺分光光度法》（HJ 586—2010）
雨水排放口	pH	1 次/月	手工监测	委托	《水质　pH 值的测定　电极法》（HJ 1147—2020）
	化学需氧量	1 次/月	手工监测	委托	《水质　化学需氧量的测定　重铬酸盐法》（HJ 828—2017）
	氨氮	1 次/月	手工监测	委托	《水质　氨氮的测定　纳氏试剂分光光度法》（HJ 535—2009）

注：在雨水排放期间按日监测。

表 4-45　废水污染物排放执行标准　　　　　　　单位：mg/L

监测点位	监测指标	执行标准	执行标准限值
废水总排放口	pH	《烧碱、聚氯乙烯工业污染物排放标准》（GB 15581—2016）表1	6～9[a]
	化学需氧量		250
	氨氮		40
	总磷		5.0
	总氮		50
	悬浮物		70
	石油类		10
	硫化物		0.5
	总钡		5
车间废水排放口	总镍		0.05
	活性氯		0.5
雨水排放口	pH	参照《污水综合排放标准》（GB 8978—1996）表4 一级	6～9[a]
	化学需氧量		100
	氨氮		15

注：a 表示 pH 量纲为一。

②废气。有组织废气排放源的监测方案见表 4-46，有组织废气污染物监测方法依据及分析仪器见表 4-47，无组织废气监测方案见表 4-48，废气污染物排放执行标准见表 4-49。

表 4-46　有组织废气排放源的监测方案

排放源	监测指标	监测点位	监测频次	监测方式	自主/委托
离子膜电解槽	颗粒物	排气筒	连续采样	自动监测	自主
	氯化氢	排气筒	1次/季度	手工监测	自主
脱氯塔	氯气	排气筒	1次/季度	手工监测	自主
盐酸降膜吸收器	氯化氢	排气筒	1次/季度	手工监测	自主
固碱加热炉	二氧化硫	排气筒	连续采样	自动监测	自主
	氮氧化物	排气筒	连续采样	自动监测	自主

表 4-47　有组织废气污染物监测方法依据及分析仪器

序号	监测指标	监测方法依据	监测仪器
1	颗粒物、二氧化硫、氮氧化物	《固定污染源烟气（SO_2、NO_x、颗粒物）排放连续监测技术规范》（HJ 75—2017）	在线监测系统
2	氯化氢	《固定污染源排气中氯化氢的测定　硫氰酸汞分光光度法》（HJ/T 27—1999）	分光光度计
3	氯气	《固定污染源排气中氯气的测定　甲基橙分光光度法》（HJ/T 30—1999）	分光光度计

表 4-48　无组织废气监测方案

监测点位	监测指标	监测频次	监测方式	监测方法依据
厂界	颗粒物	1 次/半年	手工监测	《环境空气　总悬浮颗粒物的测定　重量法》（GB/T 15432—1995）及修改单
	氯化氢			《环境空气和废气　氯化氢的测定　离子色谱法》（HJ 549—2016）
	氯气			《固定污染源排气中氯气的测定　甲基橙分光光度法》（HJ/T 30—1999）

表 4-49　废气污染物排放执行标准　　　　　单位：mg/m^3

序号	污染源类型	监测点位	监测指标	执行标准	执行标准限值
1	有组织废气	离子膜电解槽	颗粒物	《烧碱、聚氯乙烯工业污染物排放标准》（GB 15581—2016）表 3	30
2			氯化氢		20
3		脱氯塔	氯气		5
4		盐酸降膜吸收器	氯化氢		20
5		固碱加热炉	二氧化硫		100
6			氮氧化物		200
7	无组织废气	厂界	颗粒物	《大气污染物综合排放标准》（GB 16297—1996）	5.0
8			氯化氢	《烧碱、聚氯乙烯工业污染物排放标准》（GB 15581—2016）表 5	0.2
9			氯气		0.1

③厂界环境噪声。厂界环境噪声监测方案见表 4-50。

表 4-50 厂界环境噪声监测方案 单位：dB（A）

监测点位	监测指标	监测频次	监测及评价方法	执行标准限值
厂界	等效 A 声级	1 次/季	《工业企业厂界环境噪声排放标准》（GB 12348—2008）	夜间：55；昼间：65

4.7.5 示例 5：无机盐企业（小型企业）

小型无机盐生产企业直接购买原材料，在本厂混合分装处理。污水经过污水处理站直接排向水体环境，没有废气有组织排放源。执行《无机化学工业污染物排放标准》（GB 31573—2015）及修改单。

废水监测方案见表 4-51。

表 4-51 废水排放监测方案

排放口	监测指标	排放限值	监测方式	监测频次	监测方法依据
企业总排放口	pH	6～9	手工监测	1 次/半年	《水质 pH 值的测定 电极法》（HJ 1147—2020）
	化学需氧量	200 mg/L			《水质 化学需氧量的测定 快速消解分光光度法》（HJ/T 399—2007）
	氨氮	40 mg/L			《水质 氨氮的测定 纳氏试剂分光光度法》（HJ 535—2009）
	总氮	60 mg/L			《水质 总氮的测定 碱性过硫酸钾消解紫外分光光度法》（HJ 636—2012）
	总磷	2 mg/L			《水质 总磷的测定 钼酸铵分光光度法》（GB 11893—89）
	悬浮物	100 mg/L			《水质 悬浮物的测定 重量法》（GB 11901—89）
	石油类	6 mg/L			《水质 石油类和动植物油类的测定 红外分光光度法》（HJ 637—2018）
	硫化物	1 mg/L			《水质 硫化物的测定 亚甲基蓝分光光度法》（HJ 1226—2021）

无组织废气排放监测方案见表 4-52。

表 4-52　无组织废气排放监测方案

监测点位	监测指标	排放限值	监测频次	监测方法依据
厂界	硫化氢	0.03 mg/m³	1 次/半年	《空气质量　硫化氢、甲硫醇、甲硫醚和二甲二硫的测定　气相色谱法》（GB/T 14678—93）
	氨	0.3 mg/m³	1 次/半年	《环境空气和废气　氨的测定　纳氏试剂分光光度法》（HJ 533—2009）

厂界环境噪声监测方案见表 4-53。

表 4-53　厂界环境噪声监测方案　　　　　　　　　单位：dB（A）

监测点位	监测指标	监测频次	监测及评价方法	执行标准限值
厂界	等效 A 声级	1 次/季	《工业企业厂界环境噪声排放标准》（GB 12348—2008）	夜间：55；昼间：65

第 5 章　监测设施设置与维护要求

监测设施是监测活动开展的重要基础，监测设施的规范性直接影响监测数据质量。我国涉及监测设施设置与维护要求的标准规范有很多，但相对零散，且存在衔接不够紧密的地方。本章立足现有的标准规范，结合污染源监测实际开展情况，对监测设施设置与维护要求进行全面梳理和总结，供开展污染源监测的相关人员参考。

5.1　基本原则和依据

5.1.1　基本原则

排污单位应当依据国家污染源监测相关标准规范、污染物排放标准、自行监测相关技术指南和其他相关规定等进行监测点位的确定和排污口规范化设置；地方颁布执行的污染源监测标准规范、污染物排放标准等对监测点位的确定和排污口规范化设置有要求时，可按照地方规范、标准从严执行。

5.1.2　相关依据

排污单位的排污口主要包括废水排放口和废气排放口。

目前，国家有关废水监测点位确定及排污口规范化设置的标准规范主要包括

《地表水环境质量监测技术规范》（HJ 91.2—2022）、《水污染物排放总量监测技术规范》（HJ/T 92—2002）、《固定污染源监测质量保证与质量控制技术规范（试行）》（HJ/T 373—2007）、《水污染源在线监测系统（COD$_{Cr}$、NH$_3$-N 等）安装技术规范》（HJ 353—2019）等。

废气监测点位确定及规范化设置的标准规范主要包括《固定污染源排气中颗粒物测定与气态污染物采样方法》（GB/T 16157—1996）及修改单、《固定源废气监测技术规范》（HJ/T 397—2007）、《固定污染源监测质量保证与质量控制技术规范（试行）》（HJ/T 373—2007）、《固定污染源烟气（SO$_2$、NO$_x$、颗粒物）排放连续监测技术规范》（HJ 75—2017）、《固定污染源烟气（SO$_2$、NO$_x$、颗粒物）排放连续监测系统技术要求及检测方法》（HJ 76—2017）等。

对于各类污染物排放口监测点位标志牌的规范化设置，主要依据国家环境保护总局发布的《排放口标志牌技术规格》（2003 年 10 月 15 日，环办〔2003〕95 号），以及《环境保护图形标志——排放口（源）》（GB 15562.1—1995）等执行。

此外，国家环境保护局发布的《排污口规范化整治技术要求（试行）》（1996 年 5 月 20 日，环监〔1996〕470 号）对排污口规范化整治技术提出了总体要求，部分省（自治区、直辖市）、地级市也对其辖区排污口的规范化管理发布了技术规定、标准；各行业污染物排放标准以及各重点行业的排污单位自行监测的相关技术指南则对废水、废气排放口监测点位进行了进一步明确。

5.2 废水监测点位的确定及排污口规范化设置

5.2.1 废水排放口的类型及监测点位确定

排污单位的废水排放口一般包括排污单位废水总排放口、排污单位车间废水排放口、雨水排放口、生活污水排放口等。

废水总排放口排放的废水一般应包括排污单位的生产废水、生活污水、初期雨水、事故废水等，开展自行监测的排污单位均须在废水总排放口设置监测点位。

对于排放一类污染物的排污单位，即排放环境中难以降解或能在动植物体内蓄积，对人体健康和生态环境产生长远不良影响，具有致癌、致畸、致突变污染物的排污单位，必须在车间废水排放口设置监测点位，对一类污染物进行监测。

考虑到排污单位生产过程中，可能会有部分污染物通过雨排系统排入外环境。因此，排污单位还应在雨水排放口设置监测点位，并在雨水排放口排放期间开展监测。

部分排污单位的生产废水和生活污水分别设置了排放口，对于此类排污单位，除在生产废水排放口设置监测点位外，还应在生活污水排放口设置监测点位。

此外，排污单位还应根据各行业自行监测技术指南的相关要求，设置监测点位。

5.2.2　废水排放口的规范化设置

废水排放口的设置，应满足如下要求：

1）废水排放口可以是矩形、圆管形或梯形，一般使用混凝土、钢板或钢管等原料。

2）废水排放口应设置规范的、便于测量流量和流速的测流段，测流段水流应平直、稳定、集中，无下游水流顶托影响，上游顺直长度应大于 5 倍测流段最大水面宽度，同时测流段水深应大于 0.1 m 且不超过 1 m。

3）废水排放口应能够方便安装三角堰、矩形堰、测流槽等测流装置或其他计量装置。

4）有废水自动监测设施的排放口，还应能够满足安装污水水量自动计量装置（如超声波明渠流量计、管道式电磁流量计等）、采样取水系统、水质自动采样器等设备、设施的要求。

5）排污单位应单独设置各类废水排放口，避免多家不同排污单位共用一个废水排放口。

5.2.3　采样点及监测平台的规范化设置

各类废水排放口监测点位的实际具体采样位置即采样点，一般应设在厂界内或厂界外不超过 10 m 范围内。压力管道式排放口应安装取样阀门；废水直接从暗渠排入市政管道的，应在企业界内或排入市政管道前设置取样口。有条件的排污单位应尽量设置一段能满足采样条件的明渠，以方便采样。

污水面在地下或距地面超过 1 m，应建取样台阶或梯架。

废水监测平台面积应不小于 1 m²，平台应设置高度不低于 1.2 m 的防护栏、高度不低于 10 cm 的脚部挡板。监测平台、梯架通道及防护栏的相关设计载荷及制造安装应符合《固定式钢梯及平台安全要求　第 3 部分：工业防护栏杆及钢平台》（GB 4053.3—2009）的要求。

应保证污水监测点位场所通风、照明正常，还应在有毒有害气体的监测场所设置强制通风系统，并安装相应的气体浓度报警装置。

5.2.4　废水自动监测设施的规范化设置

5.2.4.1　监测站房

废水自动监测站房的设置，应满足如下要求：

1）应建有专用监测站房，新建监测站房面积应满足不同监控站房的功能需要，并保证水污染源在线监测系统的摆放、运转和维护，使用面积应不小于 15 m²，站房高度应不低于 2.8 m。

2）监测站房应尽量靠近采样点，与采样点的距离应小于 50 m。

3）监测站房应安装空调和冬季采暖设备，空调具有来电自启动功能，具备温湿度计，保证室内清洁，环境温度、相对湿度和大气压等应符合《工业过程测量和控制装置　工作条件　第 1 部分：气候条件》（GB/T 17214.1—1998）的要求。

4）监测站房内应配置安全合格的配电设备，能提供足够的电力负荷，功率≥5 kW，站房内应配置稳压电源。

5）监测站房内应有合格的给排水设施，使用符合实验要求的用水清洗仪器及有关装置。

6）监测站房应有完善规范的接地装置和避雷措施、防盗和防止人为破坏的设施，接地装置安装工程的施工应满足《电气装置安装工程　接地装置施工及验收规范》（GB 50169—2016）相关要求，建筑物防雷设计应满足《建筑物防雷设计规范》（GB 50057—2010）相关要求。

7）监测站房内应配备灭火器箱、手提式二氧化碳灭火器、干粉灭火器或沙桶等，并按消防相关要求布置。

8）监测站房不应位于通信盲区，应能够实现数据传输。

9）监测站房的设置应避免对企业安全生产和环境造成影响。

10）监测站房内、采样口等区域应安装视频监控设施。

5.2.4.2　水质自动采样单元的设置

废水自动监测设备的水质自动采样单元设置，应满足如下要求：

1）水质自动采样单元具有采集瞬时水样及混合水样，混匀及暂存水样、自动润洗及排空混匀桶，以及留样功能。

2）pH 水质自动分析仪和温湿度计应原位测量或测量瞬时水样。

3）COD_{Cr}、TOC、NH_3-N、TP、TN 水质自动分析仪应测量混合水样。

4）水质自动采样单元的构造应保证将水样不变质地输送到各水质分析仪，应有必要的防冻和防腐设施。

5）水质自动采样单元应设置混合水样的人工比对采样口。

6）水质自动采样单元的管路宜设置为明管，并标注水流方向。

7）水质自动采样单元的管材应采用优质的聚氯乙烯（PVC）、三丙聚丙烯（PP-R）等不影响分析结果的硬管。

8）采用明渠流量计测量流量时，水质自动采样单元的采水口应设置在堰槽前方、合流后充分混合的场所，并尽量设在流量监测单元标准化计量堰（槽）取水口头部的流路中央，采水口朝向与水流的方向一致，减少采水部前端的堵塞。采水装置宜设置成可随水面的涨落而上下移动的形式。

9）采样泵应根据采样流量、水质自动采样单元的水头损失及水位差合理选择。应使用寿命长、易维护，并且对水质参数没有影响的采样泵，安装位置应便于采样泵的维护。

5.2.4.3　水污染源在线监测仪器安装要求

水污染源在线监测仪器的安装，应满足如下要求：

1）水污染源在线监测仪器的各种电缆和管路应加保护管。保护管应在地下敷设或空中架设。空中架设的电缆应附着在牢固的桥架上，并在电缆、管路以及电缆和管路的两端设立明显标识。电缆线路的施工应满足《电气装置安装工程　电缆线路施工及验收标准》（GB 50168—2018）相关要求。

2）各仪器应落地或壁挂式安装，有必要的防震措施，保证设备安装牢固稳定。在仪器周围应留有足够空间，方便仪器维护。其他要求参照仪器相应说明书相关内容，应满足《自动化仪表工程施工及质量验收规范》（GB 50093—2013）相关要求。

3）必要时（如南方的雷电多发区），仪器和电源也应设置防雷设施。

5.2.4.4　流量计的安装要求

流量计的安装，应满足如下要求：

1）采用明渠流量计测定流量，应按照《明渠堰槽流量计试行检定规程》（JJG 711—1990）、《城市排水流量堰槽测量标准　三角形薄壁堰》（CJ/T 3008.1—1993）、《城市排水流量堰槽测量标准　矩形薄壁堰》（CJ/T 3008.2—1993）、《城市排水流量堰槽测量标准　巴歇尔量水槽》（CJ/T 3008.3—1993）等技术要求修建或安装标准化计量堰（槽），并通过计量部门检定。主要流量堰槽的安装规范见《水污染源在线监测系统（COD$_{Cr}$、NH$_3$-N 等）安装技术规范》（HJ 353—2019）附录 D。

2）应根据测量流量范围选择合适的标准化计量堰（槽），根据计量堰（槽）的类型确定明渠流量计的安装点位，具体要求如表 5-1 所示。

表 5-1　明渠流量计的安装点位

序号	堰槽类型	测量流量范围/（m³/s）	流量计安装位置
1	巴歇尔量水槽	0.1×10⁻³～93	应位于堰槽入口段（收缩段）1/3 处
2	三角形薄壁堰	0.2×10⁻³～1.8	应位于堰板上游 3～4 倍最大液位处
3	矩形薄壁堰	1.4×10⁻³～49	应位于堰板上游 3～4 倍最大液位处

3）采用管道电磁流量计测定流量，应按照《环境保护产品技术要求 电磁管道流量计》（HJ/T 367—2007）等进行选型、设计和安装，并通过计量部门检定。

4）电磁流量计在垂直管道上安装时，被测流体的流向应自下而上，在水平管道上安装时，两个测量电极不应在管道的正上方和正下方位置。流量计上游直管段长度和安装支撑方式应符合设计文件要求。管道设计应保证流量计测量部分管道水流时刻满管。

5）流量计应安装牢固稳定，有必要的防震措施。仪器周围应留有足够空间，方便仪器维护与比对。

5.3　废气监测点位的确定及规范化设置

5.3.1　废气排放口类型及监测点位的确定

排污单位的废气排放口一般包括生产设施工艺废气排放口、自备火力发电机组（厂）或配套动力锅炉废气排放口、污染处理设施排放口（如自备危险废物焚烧炉废气排放口、污水处理设施废气排放口）等。

排气筒（烟道）是目前排污单位废气有组织排放的主要排放口。因此，有组织废气的监测点位通常设置在排气筒（烟道）的横截断面（监测断面）上，并通过监测断面上的监测孔完成废气污染物的采样监测及流速、流量等废气参数的测量。

废气排放口监测点位的确定包括监测断面的设置及监测孔的设置两个部分。排污单位应按照相关技术规范、标准的规定，根据所监测的污染物类别、监测技术手段的不同要求，先确定具体的废气排放口监测断面位置，再确定监测断面上监测孔的位置、数量。

5.3.2 监测断面规范化设置

5.3.2.1 基本要求

废气排放口监测断面包括手工监测断面和自动监测断面，监测断面设置应满足以下基本要求：

1）监测断面应避开对测试人员操作有危险的场所，并在满足相关监测技术规范、标准规定的前提下，尽量选择方便监测人员操作、设备运输、安装的位置进行设置。

2）若一个固定污染源排放的废气先通过多个烟道或管道后进入该固定污染源的总排气管，应尽可能将废气监测断面设置在总排气管上，不得只在其中的一个烟道或管道上设置监测断面开展监测，并将测定值作为该源的排放结果；但允许在每个烟道或管道上均设置监测断面并同步开展废气污染物排放监测。

3）监测断面一般优先选择设置在烟道垂直管段和负压区域，应避开烟道弯头和断面急剧变化的部位，确保所采集样品的代表性。

5.3.2.2 手工监测断面设置的具体要求

对于废气手工监测断面，在满足5.3.2.1中基本要求的同时，还应按照以下具体规定进行设置：

（1）颗粒态污染物及流速、流量监测断面

①监测断面的流速应不小于 5 m/s；

②监测断面位置应在距弯头、阀门、变径管下游方向不小于 6 倍直径（当量直径）和距上述部件上游方向不小于 3 倍直径（当量直径）处；

对矩形烟道，其当量直径（D）按式（5-1）计算：

$$D = \frac{2AB}{A+B} \qquad\qquad (5\text{-}1)$$

式中，A、B——边长。

③现场空间位置有限，很难满足②中要求时，可选择比较适宜的管段采样。手工监测位置与弯头、阀门、变径管等的距离至少是烟道直径的 1.5 倍，并应适当增加测点的数量和采样频次。

（2）气态污染物监测断面

手工监测时若需要同步监测颗粒态污染物及流速、流量，则监测断面应按照本章 5.3.2.2（1）中相关要求设置；否则，可不按上述要求设置，但要避开涡流区。

5.3.2.3　自动监测断面设置的具体要求

对于废气自动监测断面，在满足 5.3.2.1 中基本要求的同时，还应按照以下具体规定进行设置：

（1）一般要求

①位于固定污染源排放控制设备的下游和比对监测断面、比对采样监测孔的上游，且便于用参比方法进行校验；

②不受环境光线和电磁辐射的影响；

③烟道振动幅度尽可能小；

④安装位置应尽量避开烟气中水滴和水雾的干扰，如不能避开，应选用能够适用的检测探头及仪器；

⑤安装位置不漏风；

⑥固定污染源烟气净化设备设置有旁路烟道时，应在旁路烟道内安装自动监测设备采样和分析探头。

（2）颗粒态污染物及流速、流量监测断面

①监测断面的流速应不小于 5 m/s。

②用于颗粒物及流速自动监测设备采样和分析探头安装的监测断面位置，应设置在距弯头、阀门、变径管下游方向不小于 4 倍烟道直径，以及距上述部件上游方向不小于 2 倍烟道直径处。矩形烟道当量直径可按照式（5-1）计算。

③无法满足②中要求时，颗粒物及流速自动监测设备采样和分析探头的安装位置尽可能选择在气流稳定的断面，并采取相应措施保证监测断面烟气分布相对均匀，断面无紊流。对烟气分布均匀程度的判定采用相对均方根 σ_r 法，当 $\sigma_r \leqslant 0.15$ 时视为烟气分布均匀，σ_r 按式（5-2）计算：

$$\sigma_r = \sqrt{\frac{\sum_{i=1}^{n}(v_i - \bar{v})^2}{(n-1) \times \bar{v}^2}} \tag{5-2}$$

式中，v_i ——测点烟气流速，m/s；

$\bar{v}$ ——截面烟气平均流速，m/s；

n ——截面上的速度测点数目，测点的选择按照《固定污染源排气中颗粒物测定与气态污染物采样方法》（GB/T 16157—1996）及修改单执行。

（3）气态污染物监测断面

①气态污染物自动监测设备采样和分析探头的安装位置，应设置在距弯头、阀门、变径管下游方向不小于 2 倍烟道直径，以及距上述部件上游方向不小于 0.5 倍烟道直径处。矩形烟道当量直径可按照式（5-1）计算。

②无法满足①中要求时，应按照式（5-2）计算，设置监测断面。

③同步进行颗粒态污染物及流速、流量监测的，应优先满足颗粒态污染物及流速、流量监测断面的设置条件，监测断面的流速应不小于 5 m/s。

5.3.3　监测孔的规范化设置

5.3.3.1　监测孔规范化设置的基本要求

监测孔一般包括用于废气污染物排放监测的手工监测孔、用于废气自动监测设备校验的参比方法采样监测孔。

监测孔的设置应满足以下基本要求：

1）监测孔位置应便于人员开展监测工作，应设置在规则的圆形或矩形烟道上，不宜设置在烟道的顶层。

2）对于输送高温或有毒有害气体的烟道，监测孔应开在烟道的负压段；若负压段满足不了开孔需求，对正压下输送高温和有毒气体的烟道应安装带有闸板阀的密封监测孔。

3）监测孔的内径一般不小于 80 mm，新建或改建污染源废气排放口监测孔的内径应不小于 90 mm；监测孔管长不大于 50 mm（安装闸板阀的监测孔管除外）。监测孔在不使用时用盖板或管帽封闭，在监测使用时应易开合。带有闸板阀的密封监测孔见图 5-1。

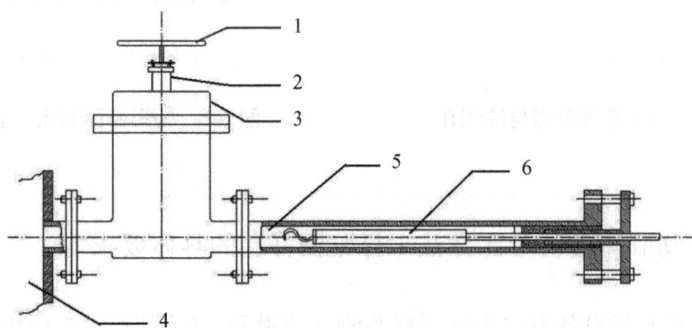

1—闸板阀手轮；2—闸板阀阀杆；3—闸板阀阀体；4—烟道；5—监测孔管；6—采样枪。

图 5-1　带有闸板阀的密封监测孔示意图

5.3.3.2　手工监测开孔的具体要求

在确定的监测断面上设置手工监测的监测孔时，应在满足 5.3.3.1 中基本要求的同时，按照以下具体规定设置：

1）若监测断面为圆形的烟道，监测孔应设在包括各测点在内的互相垂直的直径线上，其中，断面直径小于 3 m 时，应设置相互垂直的 2 个监测孔；断面直径大于 3 m 时，应尽量设置相互垂直的 4 个监测孔，见图 5-2。

2）若监测断面为矩形烟道，监测孔应设在包括各测点在内的延长线上，其中，监测断面宽度大于 3 m 时，应尽量在烟道两侧对开监测孔，具体监测孔数量按照《固定污染源排气中颗粒物测定与气态污染物采样方法》（GB/T 16157—1996）及修改单的要求确定，见图 5-3。

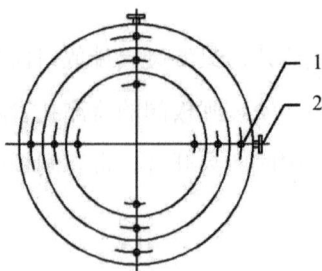

1—测点；2—监测孔。

图 5-2　圆形断面测点与监测孔

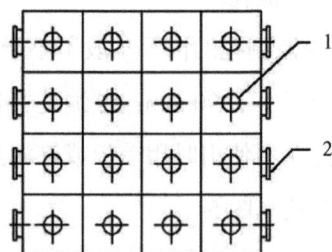

1—测点；2—监测孔。

图 5-3　矩形断面测点与监测孔

5.3.3.3　自动监测设备参比方法采样监测开孔的具体要求

废气自动监测设备参比方法采样监测孔的设置，在满足 5.3.3.1 中基本要求的同时，还应按照以下具体规定设置：

1）应在自动监测断面下游预留参比方法采样监测孔，在互不影响测量的前提下，参比方法采样监测孔应尽可能靠近废气自动监测断面，距离约 0.5 m 为宜。

2）对于监测断面为圆形的烟道，参比方法采样监测孔应设在包括各测点在内的互相垂直的直径线上，其中，断面直径小于 4 m 时，应设置相互垂直的 2 个监测孔；断面直径大于 4 m 时，应尽量设置相互垂直的 4 个监测孔。

3）若监测断面为矩形烟道，参比方法采样监测孔应设在包括各测点在内的延长线上，监测断面宽度大于 4 m 时，应尽量在烟道两侧对开监测孔，具体监测孔数量按照《固定污染源排气中颗粒物测定与气态污染物采样方法》（GB/T 16157—1996）及修改单的要求确定。

5.3.4　监测平台的规范化设置

监测平台应设置在监测孔的正下方 1.2～1.3 m 处，应安全、便于开展监测活动，必要时应设置多层平台以满足与监测孔距离的要求。

仅用于手工监测的平台可操作面积至少应大于 1.5 m² （长度、宽度均不小于 1.2 m），最好应在 2 m² 以上。用于安装废气自动监测设备和进行参比方法采样监测的平台面积至少在 4 m² 以上（长度、宽度均不小于 2 m），或不小于采样枪长度外延 1 m。

监测平台应易于人员和监测仪器到达。应根据平台高度，按照《固定式钢梯及平台安全要求　第 1 部分：钢直梯》（GB 4053.1—2009）、《固定式钢梯及平台安全要求　第 2 部分：钢斜梯》（GB 4053.2—2009）的要求，设置直梯或斜梯。当监测平台距离地面或其他坠落面距离超过 2 m 时，不应设置直梯，应有通往平台的斜梯、旋梯或通过升降梯、电梯到达，斜梯、旋梯宽度应不小于 0.9 m，梯子倾角不超过 45°，其他具体指标详见 GB 4053.1—2009 和 GB 4053.2—2009（图 5-4）。监测平台距离地面或其他坠落面距离超过 20 m 时，应有通往平台的升降梯。

监测平台、通道的防护栏杆的高度应不低于 1.2 m，踢脚板不低于 10 cm。监测平台、通道、防护栏的设计载荷、制造安装、材料、结构及防护要求应符合《固定式钢梯及平台安全要求　第 3 部分：工业防护栏杆及钢平台》（GB 4053.3—2009）的要求（图 5-5）。

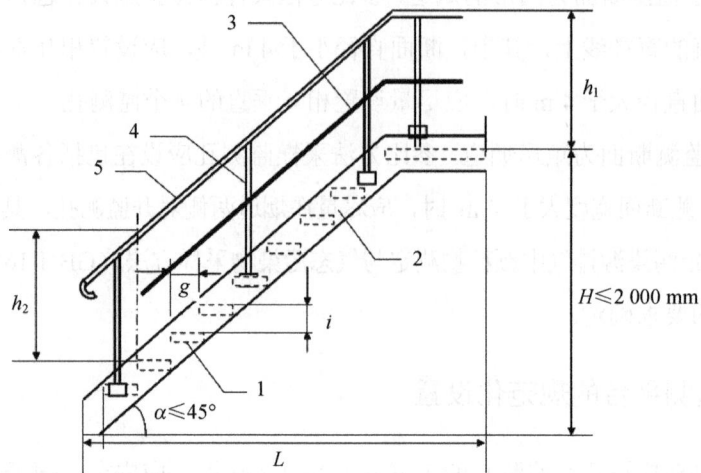

1—踏板；2—梯梁；3—中间栏杆；4—立柱；5—扶手；H—梯高；L—梯跨；

h_1—栏杆高；h_2—扶手高；α—梯子倾角；i—踏步高；g—踏步宽。

图 5-4　固定式钢斜梯

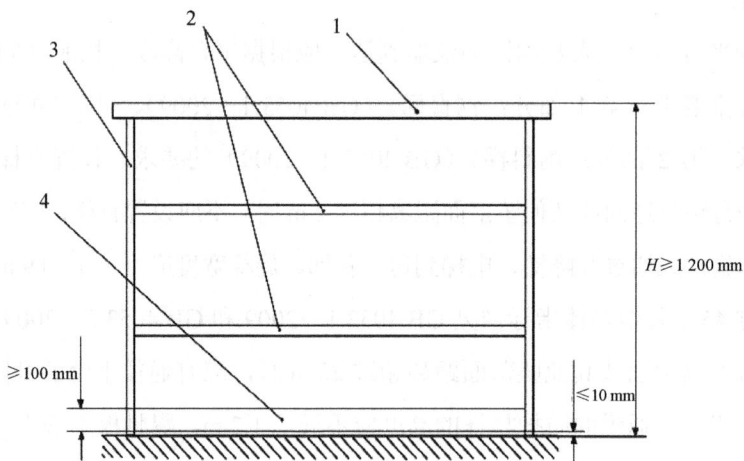

1—扶手（顶部栏杆）；2—中间栏杆；3—立柱；4—踢脚板；H—栏杆高。

图 5-5　防护栏杆

监测平台应设置一个防水低压配电箱，内设漏电保护器、不少于 2 个 16 A 插座及 2 个 10A 插座，保证监测设备所需电力。

监测平台附近有造成人体机械伤害、灼烫、腐蚀、触电等危险源的，应在平台相应位置设置防护装置。监测平台上方有坠落物体隐患时，应在监测平台上方高处设置防护装置。防护装置的设计与制造应符合《机械安全　防护装置　固定式和活动式防护装置的设计与制造一般要求》（GB/T 8196—2018）要求。

排放剧毒、致癌物及对人体有严重危害物质的监测点位应储备相应安全防护装备。

5.3.5　废气自动监测设施的规范化设置

5.3.5.1　监测站房的设置

废气自动监测站房的设置，应满足如下要求：

1）应为室外的 CEMS 提供独立站房，监测站房与采样点之间距离应尽可能近，原则上不超过 70 m。

2）监测站房的地面使用荷载≥20 kN/m²。若站房内仅放置单台机柜，面积应≥2.5 m×2.5 m。若同一站房放置多套分析仪表的，每增加一台机柜，站房面积应至少增加 3 m²，以便于开展运维操作。站房空间高度应≥2.8 m，站房建在标高≥0 m 处。

3）监测站房内应安装空调和采暖设备，室内温度应保持在 15～30℃，相对湿度应≤60%，空调应具有来电自动重启功能，站房内应安装排风扇或其他通风设施。

4）监测站房内配电功率能够满足仪表实际要求，功率≥8 kW，至少预留三孔插座 5 个、稳压电源 1 个、UPS 电源 1 个。

5）监测站房内应配备不同浓度的有证标准气体，且在有效期内。标准气体应当包含零气（含二氧化硫、氮氧化物浓度均≤0.1 μmol/mol 的标准气体，一般为高纯氮气，纯度≥99.999%；当测量烟气中二氧化碳时，零气中二氧化碳≤400 μmol/mol，含有其他气体的浓度不得干扰仪器的读数）和 CEMS 测量的各种气体（SO_2、NO_x、O_2）的量程标气，以满足日常零点、量程校准、校验的需要。低浓度标准气体可由高浓度标准气体通过经校准合格的等比例稀释设备获得（精密度≤1%），也可单独配备。

6）监测站房应有必要的防水、防潮、隔热、保温措施，在特定场合还应具备防爆功能。

7）监测站房应具有能够满足废气自动监测系统数据传输要求的通信条件。

5.3.5.2　自动监测设备的安装施工要求

1）废气自动监测系统安装施工应符合《自动化仪表工程施工及质量验收规范》（GB 50093—2013）、《电气装置安装工程　电缆线路施工及验收标准》（GB 50168—2018）规定。

2）施工单位应熟悉废气自动监测系统的原理、结构、性能，应编制施工方案、施工技术流程图、设备技术文件、设计图样、监测设备及配件货物清单交接明细表、施工安全细则等有关文件。

3）设备技术文件应包括资料清单、产品合格证、机械结构、电气、仪表安装的技术说明书、装箱清单、配套件、外购件检验合格证和使用说明书等。

4）设计图样应符合技术制图、机械制图、电气制图、建筑结构制图等标准的规定。

5）设备安装前的清理、检查及保养应符合以下要求。

①按交货清单和安装图样明细表清点检查设备及零部件，缺损件应及时处理，更换补齐；

②运转部件如取样泵、压缩机、监测仪器等，滑动部位均须清洗、注油润滑防护；

③因运输造成变形的仪器、设备的结构件应校正，并重新涂刷防锈漆及表面

油漆，保养完毕后应恢复原标记。

6）现场端连接材料（垫片、螺母、螺栓、短管、法兰等）为焊件组对成焊时，壁（板）的错边量应符合以下要求：

①管子或管件对口、内壁齐平，最大错边量≤1 mm；

②采样孔的法兰与连接法兰几何尺寸极限偏差不超过±5 mm，法兰端面的垂直度极限偏差≤0.2%；

③采用透射法原理颗粒物监测仪器发射单元和颗粒物监测仪反射单元，测量光束从发射孔的中心出射到对面中心线相叠合的极限偏差≤0.2%。

7）从探头到分析仪的整条采样管线的敷设应采用桥架或穿管等方式，保证整条管线具有良好的支撑。管线倾斜度≥5º，防止管线内积水，在每隔4～5 m 处装线卡箍。当使用伴热管线时应具备稳定、均匀加热和保温的功能；其设置加热温度≥120℃，且应高于烟气露点温度 10℃以上，其实际温度值应能够在机柜或系统软件中显示查询。

8）电缆桥架安装应满足最大直径电缆的最小弯曲半径要求。电缆桥架的连接应采用连接片。配电套管应采用钢管和 PVC 管材质配线管，其弯曲半径应满足最小弯曲半径要求。

9）应将动力与信号电缆分开敷设，保证电缆通路及电缆保护管的密封，自控电缆应符合输入和输出分开、数字信号和模拟信号分开配线和敷设的要求。

10）安装精度和连接部件坐标尺寸应符合技术文件和图样规定。监测站房仪器应排列整齐，监测仪器顶平直度和平面度应≤5 mm，监测仪器牢固固定，可靠接地。二次接线正确、牢固可靠，配导线的端部应标明回路编号。配线工艺整齐，绑扎牢固，绝缘性好。

11）各连接管路、法兰、阀门封口垫圈应牢固完整，均不得有漏气、漏水现象。保持所有管路畅通，保证气路阀门、排水系统安装后应畅通和启闭灵活。自动监测系统空载运行 24 h 后，管路不得出现脱落、渗漏、振动强烈的现象。

12）反吹气应为干燥清洁气体，反吹系统应进行耐压强度试验，试验压力为常用工作压力的 1.5 倍。

13）电气控制和电气负载设备的外壳防护应符合《外壳防护等级（IP 代码）》（GB/T 4208—2017）的技术要求，户内达到防护等级 IP24 级，户外达到防护等级 IP54 级。

14）防雷、绝缘要求。

①系统仪器设备的工作电源应有良好的接地措施，接地电缆应采用＞4 mm² 的独芯护套电缆，接地电阻＜4 Ω，且不能和避雷接地线共用。

②平台、监测站房、交流电源设备、机柜、仪表和设备金属外壳、管缆屏蔽层和套管的防雷接地，可利用厂内区域保护接地网，采用多点接地方式。厂区内不能提供接地线或提供的接地线达不到要求的，应在子站附近重做接地装置。

③监测站房的防雷系统应符合《建筑物防雷设计规范》（GB 50057—2010）规定，电源线和信号线设防雷装置。

④电源线、信号线与避雷线的平行净距离≥1 m，交叉净距离≥0.3 m（图 5-6）。

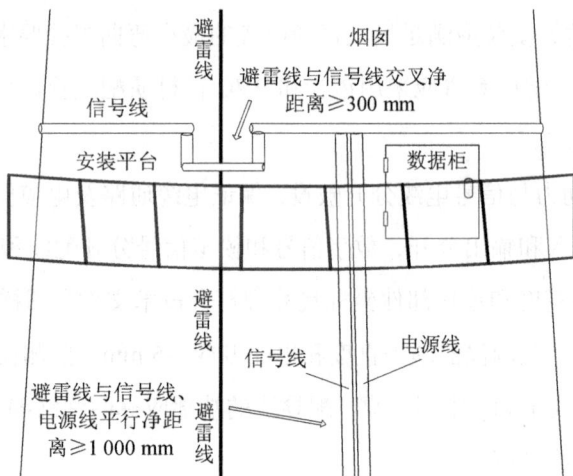

图 5-6　电源线、信号线与避雷线距离

⑤由烟囱或主烟道上数据柜引出的数据信号线要经过避雷器引入监测站房，应将避雷器接地端同站房保护地线可靠连接。

⑥信号线为屏蔽电缆线，屏蔽层应有良好绝缘，不可与机架、柜体发生摩擦、打火，屏蔽层两端及中间均须做接地连接（图 5-7）。

图 5-7　信号线接地示意图

5.4　排污口标志牌的规范化设置

5.4.1　标志牌设置的基本要求

排污单位应在排污口及监测点位设置标志牌，标志牌分为提示性标志牌和警告性标志牌两种。提示性标志牌用于向人们提供某种环境信息，警告性标志牌用于提醒人们注意污染物排放可能会造成危害。

一般性污染物排放口及监测点位应设置提示性标志牌。排放剧毒、致癌物及对人体有严重危害物质的排放口及监测点位应设置警告性标志牌，警告标志图案应设置于警告性标志牌的下方。

标志牌应设置在距污染物排放口及监测点位较近且醒目处，并能长久保留。

排污单位可根据监测点位情况，设置立式或平面固定式标志牌。

5.4.2　标志牌技术规格

5.4.2.1　环保图形标志

（1）环保图形标志必须符合《环境保护图形标志——排放口（源）》（GB 15562.1—

1995）。

（2）图形颜色及装置颜色：

①提示标志：底和立柱为绿色，图案、边框、支架和文字为白色；

②警告标志：底和立柱为黄色，图案、边框、支架和文字为黑色。

（3）辅助标志内容

①排放口标志名称；

②单位名称；

③排放口编号；

④污染物种类；

⑤××生态环境局监制；

⑥排放口经纬度坐标、排放去向、执行的污染物排放标准、标志牌设置依据的技术标准等。

（4）辅助标志字型为黑体字

（5）标志牌尺寸

①平面固定式标志牌外形尺寸：提示标志牌为 480 mm×300 mm；警告标志牌边长为 420 mm 的三角形；

②立式固定式标志牌外形尺寸：提示标志牌为 420 mm×420 mm；警告标志牌边长为 560 mm 的三角形；高度为标志牌最上端距地面 2 m。

5.4.2.2 其他要求

（1）标志牌材料

①标志牌采用 1.5～2 mm 冷轧钢板；

②立柱采用 38×4 无缝钢管；

③表面采用搪瓷或者反光贴膜。

（2）标志牌的表面处理

①搪瓷处理或贴膜处理；

②标志牌的端面及立柱要经过防腐处理。

（3）标志牌的外观质量要求

①标志牌、立柱无明显变形；

②标志牌表面无气泡，膜或搪瓷无脱落；

③图案清晰，色泽一致，不得有明显缺损；

④标志牌的表面不应有开裂、脱落及其他破损。

5.5 排污口规范化的日常管理与档案记录

排污单位应将排污口规范化建设纳入企业生产运行的管理体系中，制定相应的管理办法和规章制度，选派专职人员对排污口及监测点位进行日常管理和维护，并保存相关管理记录。

排污单位应建立排污口及监测点位档案。档案内容除包括排污口及监测点位的位置、编号、污染物种类、排放去向、排放规律、执行的排放标准等基本信息外，还应包括相关日常管理的记录，如标志牌的内容是否清晰完整，监测平台、各类梯架、监测孔、自动监测设施等是否能够正常使用，废水排放口是否损坏、排气筒有无漏风、破损现象等方面的检查记录，以及相应的维护、维修记录。

排污口及监测点位一经确认，排污单位不得随意变动。监测点位位置、排污口排放的污染物发生变化的，或排污口须拆除、增加、调整、改造或更新的，应按相关要求及时向生态环境主管部门报备，并及时设立新的标志牌或更换标志牌相应内容。

第 6 章　废水手工监测技术要点

废水手工监测是一个全面性、系统性的工作。为了规范手工监测活动的开展，我国发布了一系列监测技术规范和方法标准。总体来说，废水手工监测要按照相关的技术规范和方法标准开展。为了便于理解和应用，本章立足现有的技术规范和标准，结合日常工作经验，分别从流量监测、现场手工监测和实验室分析 3 个方面归纳总结了常见的方法和操作要求，以及方法使用过程中的重点注意事项。对于一些虽然适用，但不够便捷、实际应用很少的方法，本书中未进行列举。若排污单位根据实际情况确实需要采用这类方法的，应严格按照方法的适用条件和要求开展相关监测活动。

6.1　流量

流量是排污单位排污总量核算的重要指标，在废水排放监测和管理中有着重要的地位。流量测量最初始于水文水利领域对天然河流、人工运河、引水渠道等的流量监测。对于工业废水的流量监测，目前常用的方法有自动测量和手工测量两种方式。

6.1.1　自动测量

自动测量采用污水流量计进行测量，通常包括明渠流量计和管道流量计。通过污水流量计来测量渠道内和管道内废水（或污水）的体积流量。

（1）明渠流量计

利用明渠流量计进行自动测量时，采用超声波液位计和巴歇尔量水槽（以下简称巴氏槽）配合使用进行流量测定，并根据不同尺寸巴氏槽的经验公式计算出流量。需要注意的事项如下：

①巴氏槽安装前，应测算废水排放量并充分考虑污水处理设施的远期扩容，确保巴氏槽能满足最大流量下的测量。巴氏槽的材质要根据污水性质考虑防腐蚀。

②巴氏槽应安装于顺直平坦的渠道段，该段渠道长度不小于槽宽的 10 倍，下游渠道应无阻塞、不壅水，确保巴氏槽的水流处于自由出流状态。渠道应保持清洁，底部无障碍物，水槽应保持牢固可靠、不受损坏，凡有漏水部位应及时修补，每年应校验 1 次液位计的精度和水头零点。详细的安装和维护要求见《城市排水流量堰槽测量标准　巴歇尔量水槽》（CJ/T 3008.3—1993）。

③与巴氏槽配合使用的超声波液位计应注意日常维护，确保稳定运行，出现故障应及时更换。

（2）管道流量计

利用管道流量计测量时，可选择电磁流量计或超声流量计，宜优先选择电磁流量计。需要注意的事项如下：

①电磁流量计的选型应充分考虑测量精度、污水性质、流量范围、排水规律等。流量计的口径通常与管道相同，也可以根据设计流量、流速范围来选择流量计和配套管道，管道中的流速通常以 2～4 m/s 为宜。

②电磁流量计选型时，应充分考虑废水的电导率、最大流量、常用流量、最小流量、工艺管径、管内温度、压力，以及是否有负压存在等信息。

③电磁流量计一定要安装在管路的最低点或者管路的垂直段且务必保证管内满流，若安装在垂直管线，要求水流自下而上，尽量不要自上而下，否则容易出现非满流，使读数波动变化较大。流量计前后应避免有阀门、弯头、三通等结构存在，以防产生涡流或气泡，影响测流。

④电磁流量计安装的外部环境应避免安装在温度变化很大或受到设备高温辐射的场所，若必须安装时，须有隔热、通风的措施；电磁流量计最好安装在室内，若必须安装于室外，应避免雨水淋浇、积水受淹及太阳暴晒，须有防潮和防晒的措施；避免安装在含有腐蚀性气体的环境中，必须安装时，须有通风的措施；为了安装、维护、保养方便，在电磁流量计周围需有充裕的空间；避免有磁场及强振动源，如管道振动大，在电磁流量计两边应有固定管道的支座。

⑤应对电磁流量计进行周期性检查，定期扫除尘垢确保无沾污，检查接线是否良好。

6.1.2 手工测量

手工测量方法是相对自动测量方法而言的，这种方法操作复杂、准确度较低，仅建议在不满足自动测量条件或自动测量设施损坏时的临时补救措施，不建议用作长期自行监测手段。常用的测流方法有明渠流速仪、便携式超声波管道测流仪和容积法。

（1）明渠流速仪

明渠流速仪（图6-1）适用于明渠排水流量的测量，它是通过流速仪测量过水断面不同位置的流速，计算平均流速，再乘以断面面积，即得测量时刻的瞬时流量，明渠流速仪有便携式超声波流速仪［图6-1（a）和图6-1（b）］、便携式旋桨流速仪［图6-1（c）和图6-1（d）］、便携式旋杯流速仪［图6-1（e）和图6-1（f）］。

用这种方法测量流量时，排污截面底部需硬质平滑，截面形状为规则的几何形，排污口处有≥3 m的平直过流水段，且水位高度≥0.1 m。在明渠流量计自动测量断电或损坏时，可用此方法临时测量排水流量。

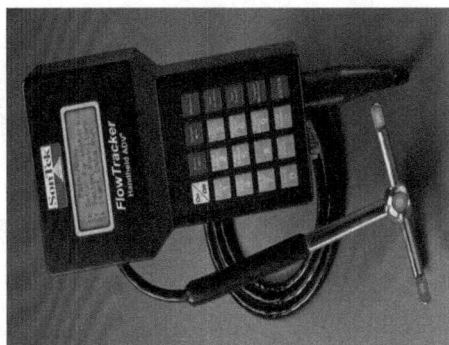

（a）

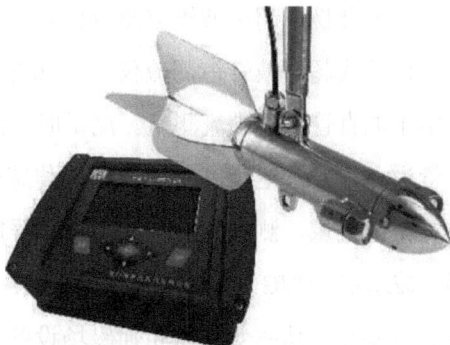

（b）

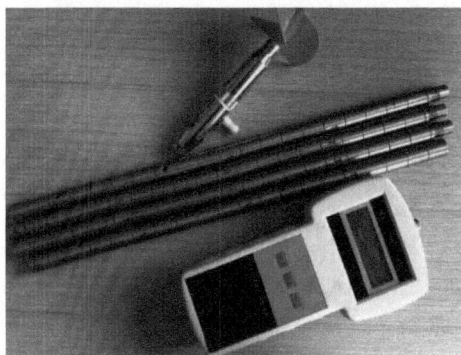

（c）

（d）

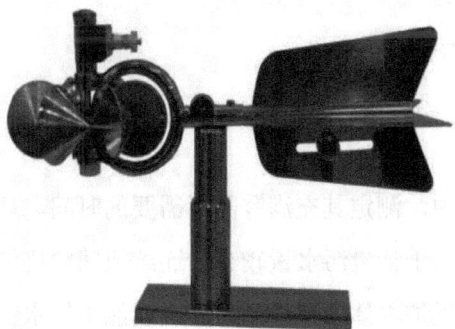

（e）

（f）

图 6-1　明渠流速仪

（2）便携式超声波管道测流仪

便携式超声波管道测流仪（图 6-2）的使用条件与电磁式自动测流仪一致，适用于顺直管道的满流测量。测量时，沿着管道的流向，将 2 个传感器分别贴合于管道，错开一定距离，通过 2 个传感器的时差测量流速，再乘以管道截面积，最终得出流量。测量的管壁应为能传导超声波的密实介质，如铸铁、碳钢、不锈钢、玻璃钢、PVC 等。测点应避开弯头、阀门等，确保流态稳定，无气泡和涡流。测点应避开大功率变频器和强磁场设备，以免产生干扰。在电磁流量计断电或损坏时，可用此方法临时测量排水流量。

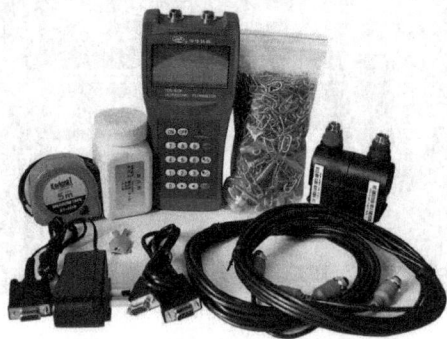
（a）

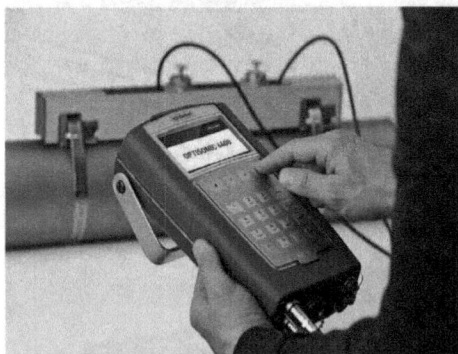
（b）

图 6-2　便携式超声波管道测流仪

（3）容积法

容积法是将废水纳入已知容量的容器中，测定其充满容器所需要的时间，从而计算水量的方法。该方法简单易行，适用于计量污水量较小的连续或间歇排放的污水。用此方法测量流量时，溢流口与受纳水体应有适当的落差或能用导水管形成落差。

用于工测量时，一般遵循如下原则：

①如果排放污水的"流量—时间"排放曲线波动较小，即用瞬时流量代表平

均流量所引起的误差小于 10%，则在某一时段内的任意时间测得的瞬时流量乘以该时间即为该时段的流量；

②如果排放污水的"流量—时间"排放曲线虽有明显波动，但其波动有固定的规律，可以用该时段中几个等时间间隔的瞬时流量来计算出平均流量，然后再乘以时间得到流量；

③如果排放污水的"流量—时间"排放曲线既有明显波动又无规律可循，则必须连续测定流量，流量对时间的积分即为总量。

6.2　现场采样

采样前要根据采样任务确定监测点位、各监测点位的监测指标、各监测指标需要使用的采样容器、采样要求和保存运输要求等。

6.2.1　采样点位

《无机化学工业指南》（HJ 1138—2020）对每个监测点位的监测指标进行了明确规定，排污单位需在废水总排放口对流量、pH、化学需氧量、氨氮、总磷、总氮、悬浮物和石油类进行监测；总氰化物、单质磷、硫化物、氟化物、总锌、总铜、总钡指标的监测是根据排污单位所执行的污染物排放（控制）标准、环境影响评价文件及其批复、排污许可证等相关环境管理规定以及生产工艺、原辅用料、中间及最终产品，确定具体的监测指标，进行选择性监测。排污单位需在车间或车间处理设施废水排放口对总砷、总汞、总镉、总铅、六价铬、总铬、总镍、总铊、总锰、总钡、总锶、总钴、总钼、总锡、总锑、总银、氯化物和活性氯指标根据排污单位所执行的污染物排放（控制）标准、环境影响评价文件及其批复、排污许可证等相关环境管理规定以及生产工艺、原辅用料、中间及最终产品，确定具体的监测指标，进行选择性监测。生活污水单独排入水体的需在生活污水排放口设置监测点位，监测指标为 pH、化学需氧量、氨氮、总磷、总氮、悬浮物、五日生化需氧量、动植物油。需要在雨水排放口对pH、化学需氧量、氨氮指标进行监测。

如果排污单位设置内部监测点位时，根据实际情况在便于采样的地方进行布点采样。

如果排污单位需要考核污水处理设施处理效率时，采样点位的布设如下：

①对整体污水处理设施效率监测时，在各种进入污水处理设施污水的入口和污水设施的总排放口设置采样点。

②对各污水处理单元效率监测时，在各种进入处理设施单元污水的入口和设施单元的排放口设置采样点。

6.2.2　采样方法

废水的监测项目根据行业类型有不同的要求，排污单位根据本行业自行监测技术指南要求设置。采集样品时应设在废水混合均匀处，避免引入其他干扰。

在分时间单元采集样品时，测定 pH、化学需氧量、五日生化需氧量、硫化物、总氰化物、悬浮物、石油类和动植物油，须单独采样。

根据监测项目选择不同的采样器，主要包括不锈钢采水器［图 6-3（a）］、有机玻璃水质采样器［图 6-3（b）］、油类采样器［图 6-3（c）］和水质自动采样装置［图 6-3（d）］。有需求和条件的排污单位可配备水质自动采样装置进行时间比例采样和流量比例采样。当污水排放量较稳定时可采用时间比例采样，否则必须采用流量比例采样。所用自动采样器必须符合生态环境部颁布的污水采样器技术要求。

样品采集时应针对具体的监测项目注意以下事项：

①采样时不可搅动水底的沉积物。

②确保采样准时，点位准确，操作安全。

③采样结束前，应核对采样计划、记录与水样，如有错误或遗漏，应立即补采或重采。

（a）不锈钢采水器

（b）有机玻璃水质采样器

（c）油类采样器

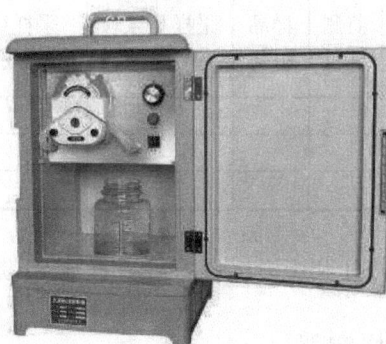

（d）水质自动采样装置

图 6-3 不同的采样器

④如采样现场水体很不均匀，无法采到有代表性的样品，则应详细记录不均匀的情况和实际采样情况，供使用该数据者参考。

⑤测五日生化需氧量时，水样必须注满容器，上部不留空间并有水封口。

⑥用样品容器直接采样时，必须用水样冲洗 3 次之后再进行采样，采油类的容器不能冲洗。

⑦采样时应注意除去水面的杂物、垃圾等漂浮物。

⑧用于测定悬浮物、五日生化需氧量、硫化物、石油类和动植物油的水样，

必须单独定容采样，并全部用于测定。

⑨动植物油采样时，采样前先破坏可能存在的油膜，用直立式采水器把玻璃材质容器安装在采水器的支架中，将其放到 300 mm 深度，边采水边向上提升，在达到水面时剩余适当空间。

⑩采样时应认真填写污水采样记录表，表中应有以下内容：污染源名称、监测项目、采样点位、采样时间、样品编号、污水性质、污水流量、采样人姓名及其他有关事项。具体格式可由各排污单位制定，见表 6-1。

表 6-1　污水采样记录

| 污染源名称 | | 监测项目 | 样品编号 | 采样时间 | 采样口 | 采样口位置（车间或出厂口） | 污水性质 | | 采样口流量/（m³/s） | 采样人 |
企业名称	行业名称						样品类别	样品表观		

⑪对于 pH 和流量需现场监测的项目，应进行现场监测。

6.2.3　采样容器

当前市面上常见的采样容器按材质主要分为硬质玻璃瓶和聚乙烯瓶，在表 6-2 中分别用 G、P 表示，硬质玻璃瓶有透明和棕色两种。硬质玻璃瓶适用于化学需氧量、氨氮、总氮、总磷、硫化物、动植物油等监测项目的样品采集。硫化物采集时，应用棕色玻璃瓶，以降低光敏作用。五日生化需氧量采集时应用专门的溶氧瓶采集。聚乙烯瓶则适用于总铜、总锌、总镍、总镉等金属元素的样品采集。氨氮、总磷、总氮、总镍、总镉等项目两种材质的瓶子均可使用。具体适用情况见表 6-2。

表 6-2 样品保存和容器洗涤

项目	采样容器	保存剂及用量	保存期	采样量/mL	容器洗涤
pH*	G、P	—	12 h	250	I
化学需氧量	G	H_2SO_4，pH≤2	2 d	500	I
	P	−20℃冷冻	30 d	100	
氨氮	G、P	H_2SO_4，pH≤2	24 h	250	I
	G、P	H_2SO_4，pH≤2，冷藏 a	7 d	250	
总磷	G、P	HCl，H_2SO_4，pH≤2	24 h	250	IV
	P	−20℃冷冻	30 d	250	
总氮	G、P	H_2SO_4，pH≤2	7 d	250	I
	P	−20℃冷冻	30 d	500	
悬浮物	G、P		14 h	500	I
石油类	G	加入 HCl 至 pH≤2	7 d	500	II
总氰化物	G、P	NaOH，pH≥9	12 h	250	I
单质磷	G、P	pH 6～7	48 h		
硫化物	G、P	1 L 水样加 NaOH 至 pH 为 9，加入 5%抗坏血酸 5 mL，饱和 EDTA 3 mL，滴加饱和 $Zn(AC)_2$ 至胶体产生，常温避光	24 h	250	I
氟化物	P	冷藏 a，避光	14 d	250	
总铜	P	HNO_3，1 L 水样中加浓 HNO_3 10 mL	14 d	250	III
总锌	P	HNO_3，1 L 水样中加浓 HNO_3 10 mL	14 d	250	III
总砷	G、P	HNO_3，1 L 水样中加浓 HNO_3 10 mL，DDTC 法，HCl 2 mL	14 d	250	III
总汞	G、P	HCl，1%，如水样为中性，1 L 水样中加浓 HCl 10 mL	14 d	250	III
总镉	G、P	HNO_3，1 L 水样中加浓 HNO_3 10 mL	14 d	250	III
总铅	G、P	HNO_3，1%，如水样为中性，1 L 水样中加浓 HNO_3 10 mL	14 d	250	III
六价铬	G、P	NaOH，pH=8～9	14 d	250	酸洗III
总铬	G、P	HNO_3，1 L 水样中加浓 HNO_3 10 mL	30 d	100	酸洗
总镍	G、P	HNO_3，1 L 水样中加浓 HNO_3 10 mL	14 d	250	III
总铊	G、P	HNO_3，1 L 水样中加浓 HNO_3 10 mL	14 d	1 000	
总锰	G、P	HNO_3，1 L 水样中加浓 HNO_3 10 mL	14 d	250	III
总钴	G、P	HNO_3，pH=1～2	30 d	100	酸洗

项目	采样容器	保存剂及用量	保存期	采样量/mL	容器洗涤
总钼	G、P	HNO₃，pH=1～2	14 d		
总锑	G、P	HCl，0.2%	14 d	250	Ⅲ
总银	G、P	HNO₃，1 L 水样中加浓 HNO₃ 2 mL	14 d	250	Ⅲ
氯化物	G、P	冷藏ᵃ，避光	30 d	250	
余氯*	G、P	避光	5 min	500	
五日生化需氧量	溶解氧瓶	冷藏ᵃ，避光	12 h	250	
	P	−20℃冷冻	30 d	1000	
动植物油类	G	加入 HCl 至 pH≤2	7 d	500	Ⅱ

注：①*表示应尽量作现场测定，不需要加保存剂冷藏ᵃ表示温度范围：0～4℃。

②G 为硬质玻璃瓶，P 为聚乙烯瓶。

③Ⅰ、Ⅱ、Ⅲ、Ⅳ表示 4 种洗涤方法，分别为：

Ⅰ：洗涤剂洗 1 次，自来水洗 3 次；

Ⅱ：洗涤剂洗 1 次，自来水洗 2 次，1+3 HNO₃（硝酸和水的体积比为 1∶3）荡洗 1 次，自来水洗 3 次；

Ⅲ：洗涤剂洗 1 次，自来水洗 2 次，1+3 HNO₃ 荡洗 1 次，自来水洗 3 次；

Ⅳ：铬酸洗液洗 1 次，自来水洗 3 次。

　　在采样之前，采样容器应经过相应的清洗和处理，采样之后要对其进行适当的封存。排污单位可根据监测项目自行选择采样容器并按照合适的方法进行清洗和处理。常用的采样容器见图 6-4。

图 6-4　常用的采样容器（透明硬质玻璃瓶、棕色硬质玻璃瓶和聚乙烯瓶）

采样容器选择时一般遵守以下原则：

①最大限度防止容器及瓶塞对样品的污染。由于一般的玻璃瓶在贮存水样时可溶出钠、钙、镁、硅、硼等元素，在测定这些项目时应避免使用玻璃容器，以防止新的污染。一些有色瓶塞也会含有大量的重金属，因此采集金属项目时最好选用聚乙烯瓶。

②容器壁应易于清洗和处理，以减少如重金属对容器的表面污染。

③容器或容器塞的化学和生物性质应该是惰性的，以防止容器与样品组分发生反应。

④防止容器吸收或吸附待测组分，引起待测组分浓度的变化。微量金属易受这些因素的影响。

⑤选用深色玻璃能降低光敏作用。

采样容器准备时，应遵循以下原则：

①所有的采样容器准备都应确保不发生正负干扰。

②尽可能使用专用容器。如不能使用专用容器，那么最好准备一套容器进行特定污染物的测定，以减少交叉污染。同时应注意防止以前采集高浓度分析物的容器因洗涤不彻底，污染随后采集的低浓度污染物的样品。

③对于新容器，一般应先用洗涤剂清洗，再用纯水彻底清洗。但是，用于清洁的清洁剂和溶剂可能引起干扰，所用的洗涤剂类型和选用的容器材质要随待测组分来确定。如测总磷的容器不能使用含磷洗涤剂；测重金属的玻璃容器及聚乙烯容器通常用盐酸或硝酸（$c=1 \text{ mol/L}$）洗净并浸泡 $1 \sim 2$ d 后用蒸馏水或去离子水冲洗。

采样容器清洗时，应注意：

①用清洁剂清洗塑料或玻璃容器：用水和清洗剂的混合稀释溶液清洗容器和容器帽；用实验室用水清洗两次；控干水并盖好容器帽。

②用溶剂洗涤玻璃容器：用水和清洗剂的混合稀释溶液清洗容器和容器帽；用自来水彻底清洗；用实验室用水清洗两次；用丙酮清洗并干燥；用与分析方法

匹配的溶剂清洗并立即盖好容器帽。

　　③用酸洗玻璃或塑料容器：用自来水和清洗剂的混合稀释溶液清洗容器和容器帽；用自来水彻底清洗；用10%硝酸溶液清洗；控干后，注满10%硝酸溶液；密封贮存至少24 h；用实验室用水清洗，并立即盖好容器帽。

6.2.4　样品保存与运输

6.2.4.1　样品保存

　　水样采集后应尽快送到实验室进行分析，样品如果长时间放置，易受生物、化学、物理等因素影响，某些组分的浓度可能会发生变化。一般可通过冷藏、冷冻、添加保存剂等方式对样品进行保存。

　　（1）样品的冷藏、冷冻

　　在大多数情况下，从采集样品到运输最后到实验室期间，样品在1～5℃冷藏并暗处保存就足够了，-20℃的冷冻温度一般能延长贮存期，但冷冻需要掌握冷冻和融化技术，以使样品在融化时能迅速、均匀地恢复其原始状态，用干冰快速冷冻是令人满意的方法。一般选用聚氯乙烯或聚乙烯等塑料容器。

　　（2）添加保存剂

　　添加的保存剂一般包括酸、碱、抑制剂、氧化剂和还原剂，样品保存剂如酸、碱或其他试剂在采样前应进行空白试验，其纯度和等级必须达到分析的要求。

　　加入酸和碱：控制溶液pH，测定金属离子的水样常用硝酸酸化至pH为1～2，这样既可以防止重金属的水解沉淀，又可以防止金属在器壁表面上的吸附，同时在pH为1～2的酸性介质中还能抑制生物的活动。用此方法保存，大多数金属可稳定数周或数月。测定氰化物的水样须加NaOH调至pH为12。测定六价铬的水样应加NaOH调至pH为8，因在酸性介质中，六价铬的氧化电位高，易被还原。

　　加入氧化剂：水样中痕量汞易被还原，引起汞的挥发性损失，加入硝酸-重铬酸钾溶液可使汞维持在高氧化态，汞的稳定性大为改善。

加入还原剂：测定硫化物的水样，加入抗坏血酸对保存有利。含余氯水样能氧化氢离子，可使酚类等物质氯化生成相应的衍生物，在采样时加入适当的硫代硫酸钠予以还原，可除去余氯干扰。

加入一些化学试剂可固定水样中的某些待测组分，保存剂可事先加入空瓶中，也可在采样后立即加入水样中。所加入的保存剂不能干扰待测成分的测定，如有异议应先做必要的试验。

当加入保存剂的样品经过稀释后，在分析计算结果时要充分考虑。但如果加入足够浓的保存剂，若加入体积很小，可以忽略其稀释影响。固体保存剂因为会引起局部过热，反而影响样品，所以应该避免使用。

所加入的保存剂有可能改变水中组分的化学或物理性质，因此选用保存剂时一定要考虑对测定项目的影响。如待测项目是溶解态物质，酸化会引起胶体组分和固体的溶解，则必须在过滤后酸化保存。

必须要做保存剂空白试验，特别对微量元素的检测。要充分考虑加入保存剂所引起待测元素数量的变化。例如，酸类会增加砷、铅、汞的含量。因此，样品中加入保存剂后，应保留做空白试验。

针对技术指南中涉及的不同的监测项目应选用的容器材质、保存剂及其加入量、保存期、采样体积和容器洗涤的方法见表 6-2。

6.2.4.2 样品运输

水样采集后必须立即送回实验室。若采样地点与实验室距离较远，应根据采样点的地理位置和每个项目分析前最长可保存时间，选用适当的运输方式，在现场工作开始之前，就要安排好水样的运输工作，以防延误。

水样运输前应将容器的外（内）盖盖紧。装箱时应使用泡沫塑料等分隔，以防破损。同一采样点的样品应装在同一包装箱内，如需分装在 2 个或几个箱中时，则需在每个箱内放入相同的现场采样记录表。运输前应检查现场记录上的所有水样是否全部装箱。要用醒目的色彩在包装箱顶部和侧面标上"切勿倒置"的标记。

每个水样瓶均需贴上标签，内容有采样点位编号、采样日期和时间、测定项目。

装有水样的容器必须加以妥善保存和密封，并装在包装箱内固定，以防在运输途中破损。除防震、避免日光照射和低温运输外，还要防止新的污染物进入容器或沾污瓶口使水样变质。

在水样运输过程中，应有押运人员，每个水样都要附有一张样品交接单。在转交水样时，转交人和接收人都必须清点和检查水样并在样品交接单上签字，注明日期和时间。样品交接单是水样在运输过程中的文件，应防止差错并妥善保管以备查。尤其是通过第三者把水样从采样地点转移到实验室分析人员手中时，这张样品交接单就显得更为重要了。

在运输途中如果水样超过了保质期，管理员应对水样进行检查。如果决定仍然进行分析，那么在出报告时，应明确标出采样时间和分析时间。

6.2.5　留样

有污染物排放异常等特殊情况要留样分析时，应针对具体项目的分析用量同时采集留样样品，并填写留样记录表，表中应涵盖以下内容：污染源名称、监测项目、采样点位、采样时间、样品编号、污水性质、污水流量、采样人姓名、留样时间、留样人姓名、固定剂添加情况、保存时间、保存条件及其他有关事项。

6.3　监测指标测试

6.3.1　测试方法概述

无机化学工业排污单位自行监测项目包括理化指标（如 pH、悬浮物等）、无机阴离子（如硫化物、氯化物等）、有机污染综合指标（如化学需氧量、五日生化需氧量等）、金属及其化合物（如总铬、六价铬）等几大类。这些监测项目所涉及的分析方法主要包括重量法、分光光度法、容量分析法、原子吸收分光光度法、电感耦合等离子体发射光谱法、电感耦合等离子体质谱法、离子色谱法、原子荧光法等。

（1）重量法

重量法是将被测组分从试样中分离出来，经过精确称量来确定待测组分含量的分析方法。它是分析方法中最直接的测定方法，可以直接称量得到分析结果，不须标准试样或基准物质进行比较，具有精确度高等特点。图 6-5 为重量法所用的分析天平。

（2）分光光度法

分光光度法测定样品的基本原理是利用朗伯-比尔定律，根据不同浓度样品溶液对光信号具有不同的吸光度，对待测组分进行定量测定。分光光度法是环境监测中常用的方法，具有灵敏度高、准确度高、适用范围广、操作简便和快速及价格低廉等特点。图 6-6 为分光光度法所用的分光光度计。

图 6-5　分析天平

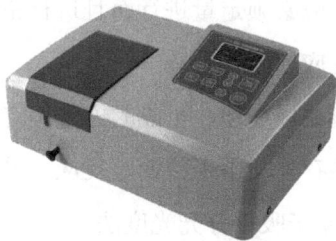

图 6-6　分光光度计

（3）容量分析法

容量分析法是将一种已知准确浓度的标准溶液滴加到被测物质的溶液中，直到所加的标准溶液与被测物质按化学计量定量反应为止，然后根据标准溶液的浓度和用量计算被测物质的含量。按反应的性质，容量分析法可分为酸碱滴定法、氧化还原滴定法、络合滴定法和沉淀滴定法。容量分析法具有操作简便、快速、比较准确和仪器普通易得等特点。图 6-7 为滴定时所使用的套件。

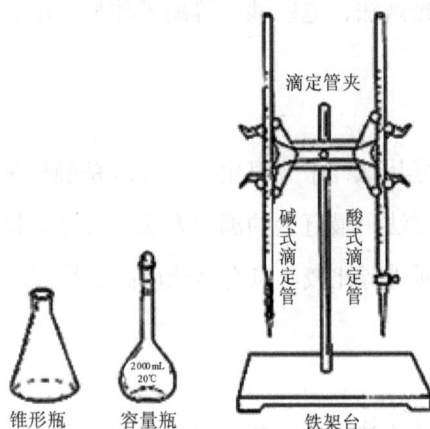

图 6-7　滴定时所用的套件

适合容量分析的化学反应应该具备的条件有以下几种：

1）反应必须定量进行而且进行完全。

2）反应速度要快。

3）有比较简便、可靠的方法确定理论终点（或滴定终点）。

4）共存物质不干扰滴定反应，采用掩蔽剂等方法能予以消除。

（4）原子吸收分光光度法

原子吸收分光光度法的测量对象是呈原子状态的金属元素和部分非金属元素，是由待测元素灯发出的特征谱线通过供试品经原子化产生的原子蒸气时，被蒸气中待测元素的基态原子所吸收，通过测定辐射光强度减弱的程度，求出供试品中待测元素的含量，并能够灵敏、可靠地测定微量或痕量元素。原子吸收分光光度法由光源、原子化器（分为火焰原子化器、石墨炉原子化器、氢化物发生原子化器及冷蒸气发生原子化器4种）、单色器、背景校正系统、自动进样系统和检测系统等组成。根据原子化器的不同，其又可分为火焰原子吸收分光光度法、石墨炉原子吸收分光光度法、氢化物发生原子吸收分光光度法、冷原子吸收分光光度法。图6-8为原子吸收分光光度法所用的一种仪器设备。

图 6-8　原子吸收分光光度法所用的火焰原子吸收光谱仪

1）火焰原子吸收分光光度法是最常用的技术，非常适合含有目标分析物的液体或溶解样品，非常适用于 mg/L 级的痕量元素检测。缺点是原子化效率低，灵敏度不够高，一般不能直接分析固体样品。

2）石墨炉原子吸收分光光度法能够分析低体积的液体样品，适用于实验室处理日常工作中的复杂基质，可高效去除干扰，敏感度高于火焰原子吸收分光光度法分析数个数量级，可以检测低至 μg/L 级的痕量元素。缺点是受试样组成不均匀性的影响较大，共存化合物的干扰比火焰原子分光光度法大，干扰背景比较严重，一般都需要校正背景。

3）在原子吸收光谱光分析中，氢化物发生原子吸收分光光度法是以原子吸收氢化物发生器作为进样和反应输送系统，通过石英原子化器与原子吸收光谱仪的光路对接，从而利用原子吸收光谱仪分析系统对元素进行含量测定的方法。

4）冷原子吸收分光光度法由汞蒸气发生器和原子吸收池组成，专门用于汞的测定。

（5）电感耦合等离子体发射光谱法

电感耦合等离子体发射光谱法是指以电感耦合等离子体作为激发光源，根据处于激发态的待测元素原子回到基态时发射的特征谱线对待测元素进行分析的仪器。具有检出限低、准确度及精密度高、分析速度快等优点。图 6-9 为电感耦合等离子体光谱仪。

（6）电感耦合等离子体质谱法

电感耦合等离子体质谱法是以独特的接口技术将电感耦合等离子体的高温电

离特性与质谱检测器的灵敏快速扫描的优点相结合而形成一种高灵敏度的分析技术。水样经预处理后，采用电感耦合等离子体质谱进行检测，根据元素的质谱图或特征离子进行定性，内标法定量。其具有灵敏度高、速度快，可在几分钟内完成几十个元素的定量测定的优点，常用于测定地下水中微量、痕量和超痕量的金属元素，及某些卤素元素、非金属元素。图6-10为电感耦合等离子体质谱仪。

图6-9 电感耦合等离子体光谱仪

图6-10 电感耦合等离子体质谱仪

（7）离子色谱法

离子色谱法是以低交换容量的离子交换树脂为固定相对离子性物质进行分离，用电导检测器连续检测流出物电导变化的一种色谱方法。其主要用于环境样品的分析，包括地表水、饮用水、雨水、生活污水和工业废水、酸沉降物和大气颗粒物等样品中的阴、阳离子，与微电子工业有关的水和试剂中痕量杂质的分析。图6-11为离子色谱仪。

（8）原子荧光法

原子荧光法根据测量待测元素的原子蒸气在一定波长的辐射能激发下发射的荧光强度进行定量分析的方法，是测定微量砷、锑、铋、汞、硒、碲、锗等元素最成功的分析方法之一。图6-12为原子荧光光谱仪。

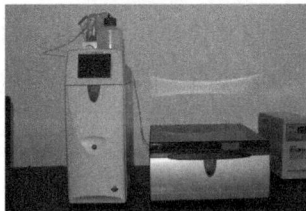

图6-11 离子色谱仪

图6-12 原子荧光光谱仪

6.3.2　废水总排放口指标测定

通过对无机化学工业技术指南废水监测项目的梳理，除现场测量的流量在前面已有介绍外，本节将对废水总排放口处监测指标的常用监测分析方法和注意事项进行介绍，排污单位根据行业排放污染物的特征及单位实验室实际情况选择适合的监测方法开展自行监测。若有其他适用的方法，经过相关验证也可以使用。

6.3.2.1　pH

（1）常用方法

pH 是水中氢离子活度的负对数，即 $pH = -\log_{10} a_{H^+}$。pH 是环境监测中常用和重要的检验项目之一，可间接表示水的酸碱程度，测量常用的分析方法见《水质　pH 值的测定　电极法》（HJ 1147—2020）。

（2）注意事项

1）最好能够现场测定，否则样品采集后，应保持在 0~4℃，并在 2 h 内进行测定。当 pH＞12 或＜2 时，不宜使用便携式 pH 计方法，以免损伤电极。

2）玻璃电极在使用前先放入蒸馏水中浸泡 24 h 以上。用完后冲洗干净，浸泡在纯水中。

3）测定 pH 时，玻璃电极的球泡应全部浸入溶液中，并使其稍高于甘汞电极的陶瓷芯端，以免搅拌时碰坏。

4）必须注意玻璃电极的内电极与球泡之间、甘汞电极的内电极和陶瓷芯之间不得有气泡，以防短路。

5）测定 pH 时，为减少空气和水样中二氧化碳的溶入或挥发，在测水样之前，不应提前打开水样瓶。

6）玻璃电极表面受到污染时，需进行处理。如果附着无机盐结垢，可用温稀盐酸溶解；对钙、镁等难溶性结垢，可用 EDTA 二钠溶液溶解；沾有油污时，可用丙酮清洗。电极按上述方法处理后，应在蒸馏水中浸泡一昼夜再使用。注意忌用无水乙醇、脱水性洗涤剂处理电极。

6.3.2.2 化学需氧量

（1）常用方法

化学需氧量（COD_{Cr}）是指在强酸并加热条件下，用重铬酸钾作为氧化剂处理水样时所消耗氧化剂的量。常用分析方法见《水质 化学需氧量的测定 重铬酸盐法》（HJ 828—2017）、《水质 化学需氧量的测定 快速消解分光光度法》（HJ/T 399—2007）、《高氯废水 化学需氧量的测定 氯气校正法》（HJ/T 70—2001）和《高氯废水 化学需氧量的测定 碘化钾碱性高锰酸钾法》（HJ/T 132—2003）。

（2）注意事项

1）实验试剂硫酸汞剧毒，实验人员应避免与其直接接触。样品前处理过程应在通风橱中进行。该方法的主要干扰物为氯化物，可加入硫酸汞溶液去除。经回流后，氯离子可与硫酸汞结合成可溶性的氯汞配合物。硫酸汞溶液的用量可根据水样中氯离子的含量，按质量比 $m[HgSO_4]：m[Cl^-]≥20：1$ 的比例加入，最大加入量为 2 mL（按照氯离子最大允许浓度 1 000 mg/L 计）。水样中氯离子的含量可采用《水质 氯化物的测定 硝酸银滴定法》（GB 11896—89）或《水质 化学需氧量的测定 重铬酸盐法》（HJ 828—2017）附录 A 进行测定或粗略判定。

2）采集水样的体积≥100 mL，采集的水样应置于玻璃瓶中，并尽快分析。如不能立即分析时，应加入硫酸至 pH≤2，置于 4℃以下保存，保存时间不能超过 5 d。

3）对于污染严重的水样，可选取所需体积 1/10 的水样放入硬质玻璃管，加入 1/10 的试剂，摇匀后加热沸腾数分钟，观察溶液是否变成蓝绿色。若呈蓝绿色，应再适当少取水样，直至溶液不变蓝绿色为止，从而可以确定待测水样的稀释倍数。

4）消解时应使溶液缓慢沸腾，不宜爆沸。如出现爆沸，说明溶液中出现局部过热，会导致测定结果有误。爆沸的原因可能是加热过于激烈，或是防爆沸玻璃珠的效果不好。

6.3.2.3　氨氮

（1）常用方法

氨氮（NH_3-N）以游离氮（NH_3）或铵盐（NH_4^+）形式存在于水中。氨氮常用测定方法见《水质　氨氮的测定　蒸馏-中和滴定法》（HJ 537—2009）、《水质　氨氮的测定　气相分子吸收光谱法》（HJ/T 195—2005）、《水质　氨氮的测定　纳氏试剂分光光度法》（HJ 535—2009）、《水质　氨氮的测定　水杨酸分光光度法》（HJ 536—2009）、《水质　氨氮的测定　连续流动-水杨酸分光光度法》（HJ 665—2013）和《水质　氨氮的测定　流动注射-水杨酸分光光度法》（HJ 666—2013）。

（2）注意事项

1）水样采集在聚乙烯或玻璃瓶内，要尽快分析。如需保存，应加硫酸使水样酸化至 pH≤2，2～5℃下可保存 7 d。

2）水样中含有悬浮物、余氯、钙/镁等金属离子、硫化物和有机物时会产生干扰，含有此类物质时要作适当处理，以消除对测定的影响。

3）如果水样的颜色过深、含盐量过多，酒石酸钾盐对水样中的金属离子掩蔽能力不够，或水样中存在高浓度的钙、镁和氯化物时，需要预蒸馏。

4）试剂和环境温度会影响分析结果，冰箱贮存的试剂需放置到室温后再分析，分析过程中室温波动不超过±5℃。

5）当同批分析的样品浓度波动较大时，可在样品与样品之间插入空白当试样分析，以减小高浓度样品对低浓度样品的影响。

6）标定盐酸标准滴定溶液时，至少平行滴定 3 次，平行滴定的最大允许偏差≤0.05 mL。

7）分析过程中发现检测峰峰型异常，一般情况下平峰为超量程，双峰为基体干扰，不出峰为泵管堵塞或试剂失效。

8）每天分析完毕后，用纯水对分析管路进行清洗，并及时将流动检测池中的滤光片取下放入干燥器中，防尘防湿。

6.3.2.4 总磷

（1）常用方法

总磷的常用测定方法见《水质 总磷的测定 钼酸铵分光光度法》（GB 11893—89）、《水质 磷酸盐和总磷的测定 连续流动-钼酸铵分光光度法》（HJ 670—2013）和《水质 总磷的测定 流动注射-钼酸铵分光光度法》（HJ 671—2013）。

（2）注意事项

1）用硝酸-高氯酸消解需要在通风橱中进行。高氯酸和有机物的混合物经加热易发生危险，需将试样先用硝酸消解，然后再加入高氯酸消解。

2）在采样前，用水冲洗所有接触样品的器皿，样品采集于清洗过的聚乙烯或玻璃瓶中。用于测定磷酸盐的水样，取样后于 0～4℃暗处保存，可稳定 24 h。用于测定总磷的水样，采集后应立即加入硫酸至 pH≤2，常温可保存 24 h；于−20℃冷冻，可保存 30 d。

3）对于磷酸含量较少的样品（磷酸盐或总磷浓度≤0.1 mg/L），不可用聚乙烯瓶保存，冷冻保存状态除外。

4）绝不可把消解的试样蒸干。

5）如消解后有残渣时，用滤纸过滤于具塞比色管中。

6）水样中的有机物用过硫酸钾氧化不能完全破坏时，可用此法消解。

7）当同批分析的样品浓度波动大时，可在样品与样品之间插入空白当试样分析，以减小高浓度样品对低浓度样品的影响。

8）每次分析完毕后，用纯水对分析管路进行清洗，并及时将流动检测池中的滤光片取下放入干燥器中，防尘防湿。

6.3.2.5　总氮

（1）常用方法

总氮指能测定的样品中溶解态氮及悬浮物中氮的总和，包括亚硝酸盐氮、硝酸盐氮、无机铵盐、溶解态氮及大部分有机含氮化合物中的氮。常用测定方法见《水质　总氮的测定　碱性过硫酸钾消解紫外分光光度法》（HJ 636—2012）、《水质　总氮的测定　连续流动-盐酸萘乙二胺分光光度法》（HJ 667—2013）、《水质　总氮的测定　流动注射-盐酸萘乙二胺分光光度法》（HJ 668—2013）和《水质　总氮的测定　气相分子吸收光谱法》（HJ/T 199—2005）。

（2）注意事项

1）将采集好的样品贮存在聚乙烯瓶或硬质玻璃瓶中，用浓硫酸调节 pH 至 1～2，常温下可保存 7 d。贮存在聚乙烯瓶中，−20℃冷冻，可保存 30 d。

2）某些含氮有机物在本标准规定的测定条件下不能完全转化为硝酸盐。

3）测定应在无氨的实验室环境中进行，避免环境交叉污染对测定结果产生影响。

4）实验所用的器皿和高压蒸汽灭菌器等均应无氮污染。实验中所用的玻璃器皿应用盐酸溶液或硫酸溶液浸泡，用自来水冲洗后再用无氨水冲洗数次，洗净后立即使用。高压蒸汽灭菌器应每周清洗。

5）在碱性过硫酸钾溶液配制过程中，温度过高会导致过硫酸钾分解失效，因此要控制水浴温度在 60℃以下，而且应待氢氧化钠溶液温度冷却至室温后，再将其与过硫酸钾溶液混合、定容。

6）使用高压蒸汽灭菌器时，应定期检定压力表，并检查橡胶密封圈密封情况，避免因漏气而减压。

7）当同批分析的样品浓度波动大时，可在样品与样品之间插入空白当试样分析，以减小高浓度样品对低浓度样品的影响。

6.3.2.6 悬浮物

（1）常用方法

水质中的悬浮物是指水样通过孔径为 0.45 μm 的滤膜，截留在滤膜上并以 103～105℃烘干至恒重的物质。悬浮物的测定常用方法见《水质 悬浮物的测定 重量法》（GB 11901—89）。

（2）注意事项

1）所用聚乙烯瓶或硬质玻璃瓶要用洗涤剂清洗，再依次用自来水和蒸馏水冲洗干净。采集 500～1 000 mL 的样品，盖严瓶塞。

2）采样时漂浮或浸没的不均匀固体物质不属于悬浮物，应从水样中除去。

3）样品应尽快分析，如需放置，应贮存在 4℃冷藏箱中，但最长不得超过 7 d。采样时不能加任何保存剂，以防破坏物质在固液间的分配平衡。

4）滤膜上截留过多的悬浮物可能夹带过多的水分，除延长干燥时间外，还可能造成过滤困难，遇此情况，可酌情少取试样。

5）滤膜上的悬浮物过少，则会增大称量误差，影响测定精度，必要时可增大试样体积，一般以 5～100 mg 悬浮物量作为量取试样体积的使用范围。

6.3.2.7 石油类

（1）常用方法

水质中石油类是指在 pH≤2 的条件下，能够被四氯乙烯萃取且不被硅酸镁吸收的物质。常用的测定方法见《水质 石油类和动植物油类的测定 红外分光光度法》（HJ 637—2018）。

（2）注意事项

1）用采样瓶采集约 500 mL 水样后，加入盐酸溶液酸化至 pH≤2。

2）如样品不能在 24 h 内测定，应在 0～4℃冷藏保存，3 d 内测定。

3）试验中使用的四氯乙烯须符合品质相关要求，避光保存。

4）同一批样品测定所使用的四氯乙烯应来自同一瓶，如样品数量多，可将多瓶四氯乙烯混合均匀后使用。

5）所有使用完的器皿置于通风橱内挥发完后清洗。

6）四氯乙烯废液应集中存放于密闭容器中，并做好相应标识，委托有资质的单位处理。

6.3.2.8　总氰化物

（1）常用方法

总氰化物是指在 pH<2 介质中，磷酸和 EDTA 存在下，加热蒸馏，形成氰化氢的氰化物，包括全部简单氰化物（多为碱金属和碱土金属的氰化物，铵的氰化物）和绝大部分络合氰化物（锌氰络合物、铁氰络合物、镍氰络合物、铜氰络合物等），不包括钴氰络合物。常用分析方法见《水质　氰化物的测定　容量法和分光光度法》（HJ 484—2009）。

（2）注意事项

1）采集的水样需贮存于用无氰水清洗并干燥后的聚乙烯塑料瓶或硬质玻璃瓶中。现场采样时需用所采水样淋洗 3 次后采集水样 500 mL，供实验室分析所用。样品采集后必须立即加氢氧化钠固定，一般每升水样加 0.5 g 固体氢氧化钠，当水样酸度高时，应多加固体氢氧化钠，使样品的 pH>12。

2）采集的样品应及时进行测定，如果不能及时测定样品，必须将样品在 4℃以下冷藏，并在采样后 24 h 内分析样品。

3）当样品中含有大量的硫化物时，应先加碳酸镉或碳酸铅固体粉末，去除硫化物后，再加氢氧化钠固定，否则在碱性条件下，氰离子和硫离子作用形成硫氰酸离子而干扰测定。

4）中性油或酸性油大于 40 mg/L 时干扰测定，可加入水样体积的 20%量的正己烷，在中性条件下短时间萃取，分离出正己烷相后，水相用于蒸馏测定。

6.3.2.9 单质磷

（1）常用方法

单质磷的常用测定方法见《水质 单质磷的测定 磷钼蓝分光光度法（暂行）》（HJ 593—2010）。

（2）注意事项

1）水中单质磷的含量＜0.05 mg/L 时，用乙酸丁酯富集后再进行显色测定，可以减少干扰。提高灵敏度和检测的可靠性。

2）样品采集至塑料瓶或硬质玻璃瓶中，采样后调节 pH 为 6~7，48 h 内测定。

3）操作所有的玻璃器皿，可用（1+5）盐酸浸泡 2 h，或用不含磷的洗涤剂清洗。

4）比色皿用后应以稀硝酸或铬酸洗液浸泡片刻，以除去吸附的钼蓝有色物。

5）甲苯有毒，高氯酸、溴酸钾-溴化钾溶液具有腐蚀性，高氯酸和有机物的混合物经加热可能发生爆炸，操作务必在通风橱内进行，操作者须小心谨慎。

6.3.2.10 硫化物

（1）常用方法

硫化物指水中溶解性无机硫化物和酸溶性金属硫化物的总和，包括溶解性的 H_2S、HS^-、S^{2-}，以及存在于悬浮物中可溶性硫化物和可溶性金属硫化物。常用方法见《水质 硫化物的测定 亚甲基蓝分光光度法》（HJ 1226—2021）、《水质 硫化物的测定 流动注射-亚甲基蓝分光光度法》（HJ 824—2017）、《水质 硫化物的测定 碘量法》（HJ/T 60—2000）和《水质 硫化物的测定 气相分子吸收光谱法》（HJ/T 200—2005）。

（2）注意事项

1）硫离子很容易被氧化，硫化氢易从水样中溢出，在采样时应防止曝气，并加适量的氢氧化钠溶液和乙酸锌-乙酸钠溶液，使水样呈碱性并形成硫化锌沉淀。水样应充满瓶，瓶塞下不留空气。

2）对于无色、透明、不含悬浮物的清洁水样，采用沉淀分离法测定。

3）对于含悬浮物、浑浊度较高、有色、不透明的水样，采用酸化-吹气-吸收法测定。

4）采样时，先在采样瓶中加入一定量的乙酸锌溶液，再加水样，然后滴加适量的氢氧化钠溶液，使之呈碱性并生成硫化锌沉淀。

5）硫化物含量过高时，在采样时可多加固定剂，直至完全沉淀。水样充满采样容器后立即密封保存。

6）每批次样品须至少测定 2 个实验室空白，空白值不得超过方法检出限。否则应查明原因，重新分析直至合格之后才能测定样品。

6.3.2.11　氟化物

（1）常用方法

氟化物的测定方法见《水质　氟化物的测定　离子选择电极法》（GB 7484—87）、《水质　氟化物的测定　氟试剂分光光度法》（HJ 488—2009）、《水质　氟化物的测定　茜素磺酸锆目视比色法》（HJ 487—2009）和《水质　无机阴离子（F^-、Cl^-、NO_2^-、Br^-、NO_3^-、PO_4^{3-}、SO_3^{2-}、SO_4^{2-}）的测定　离子色谱法》（HJ 84—2016）。

（2）注意事项

1）茜素磺酸锆与氟离子在作用过程中颜色的形成，受各种因素的影响，因此在分析时，要控制样品、空白和标准系列加入试剂的量，反应温度、放置时间等条件必须一致，试份与标准比色系列之间的温度不超过 2℃。

2）茜素磺酸钠配置后与锆盐最好分别保存，使用时再按比例混合，以保持试剂的灵敏度。

3）采集的样品应尽快分析。若不能及时测定，应经抽气过滤装置过滤，于

4℃以下冷藏、避光保存。抽气过滤装置应配有孔径≤0.45 μm 醋酸纤维或聚乙烯滤膜。

4）分析废水样品时，所用的预处理柱应能有效去除样品基质中的疏水性化合物、重金属或过渡金属离子，同时对测定的阴离子不发生吸附。

6.3.2.12 总铜

（1）常用方法

总铜是未经过滤的水样，经消解后测得的铜，常用的测定方法见《水质 铜的测定 2,9-二甲基-1,10-菲啰啉分光光度法》（HJ 486—2009）、《水质 铜的测定 二乙基二硫代氨基甲酸钠分光光度法》（HJ 485—2009）、《水质 铜、锌、铅、镉的测定 原子吸收分光光度法》（GB 7475—87）和《水质 65 种元素的测定 电感耦合等离子体质谱法》（HJ 700—2014）。

（2）注意事项

1）水样中如含有大量的铬和锡、其他氧化性离子以及氰化物、硫化物和有机物等对测定铜有干扰。加入亚硫酸使铬酸盐和络合的铬离子还原，可以避免铬的干扰。加入盐酸羟胺溶液，可以消除锡和其他氧化性离子的干扰。

2）铁、锰、镍、钴等与二乙基二硫代氨基甲酸钠生成有色络合物，干扰铜的测定，可用 EDTA-柠檬酸铵溶液掩蔽消除。

6.3.2.13 总锌

（1）常用方法

总锌常用的测定方法见《水质 锌的测定 双硫腙分光光度法》（GB 7472—87）、《水质 铜、锌、铅、镉的测定 原子吸收分光光度法》（GB 7475—87）和《水质 65 种元素的测定 电感耦合等离子体质谱法》（HJ 700—2014）。

（2）注意事项

实验所用器皿，在使用前须用硝酸溶液浸泡至少 12 h，用去离子水冲洗干净方可使用。

6.3.2.14　总钡

（1）常用方法

总钡是指未经过滤的样品经消解后测定的钡。常用的测定方法见《水质　钡的测定　火焰原子吸收分光光度法》（HJ 603—2011）、《水质　钡的测定　石墨炉原子吸收分光光度法》（HJ 602—2011）、《水质　65 种元素的测定　电感耦合等离子体质谱法》（HJ 700—2014）和《水质　32 种元素的测定　电感耦合等离子体发射光谱法》（HJ 776—2015）。

（2）注意事项

1）样品采集后应加入浓硝酸酸化至 pH≤2，于 4℃下冷藏保存，14 d 内测定。

2）在空气-乙炔火焰中，样品中的钙生成氢氧化钙分子，在 530.0～560.0 nm 处有一吸收带，当其质量浓度＞100 mg/L 时，干扰钡的测定。可通过配制与样品质量浓度相同的钙标准溶液，在与样品测定相同条件下测定其吸光度，通过扣除该背景吸光度值，消除钙的干扰。

3）钡是高温元素，在普通的石墨管中易形成难解离的碳化钡，引起记忆效应，使测定灵敏度很低。建议使用优质的热解涂层石墨管或钨、铼等金属涂层石墨管，且分析每一个样品后应高温空烧石墨管。

6.3.3　车间或车间处理设施废水排放口指标测定

依据同 6.3.2，本节对排污单位车间或车间处理设施废水排放口处监测指标的常用监测分析方法和注意事项进行介绍，排污单位根据行业排放污染物的特征及单位实验室实际情况选择适合的监测方法开展自行监测。若有其他适用的方法，经过相关验证也可以使用。

6.3.3.1　总砷

（1）常用方法

总砷的常用测定方法见《水质　总砷的测定　二乙基二硫代氨基甲酸银分光光度法》（GB 7485—87）、《水质　汞、砷、硒、铋和锑的测定　原子荧光法》（HJ 694—2014）和《水质　65 种元素的测定　电感耦合等离子体质谱法》（HJ 700—2014）。

（2）注意事项

1）测量砷的样品，须按每升水样加入 2 mL 盐酸的比例加入盐酸，样品保存期为 14 d。

2）配制硼氢化钾还原剂时，要将硼氢化钾固体溶解在氢氧化钠溶液中，并临用现配。

3）实验室所用的玻璃器皿均需 1+1 硝酸溶液浸泡 24 h，或用热硝酸荡洗。清洗时依次用自来水、去离子水洗净。

6.3.3.2　总汞

（1）常用方法

总汞常用的测定方法见《水质　总汞的测定　高锰酸钾-过硫酸钾消解法　双硫腙分光光度法》（GB 7469—87）、《水质　总汞的测定　冷原子吸收分光光度法》（HJ 597—2011）和《水质　汞、砷、硒、铋和锑的测定　原子荧光法》（HJ 694—2014）。

（2）注意事项

1）采集水样时，样品应尽量充满样品瓶，以减少器壁吸附。

2）实验室所用的玻璃器皿均需 1+1 硝酸溶液浸泡 24 h，或用热硝酸荡洗。清洗时依次用自来水、去离子水洗净。

6.3.3.3　总镉

（1）常用方法

总镉常用的测定方法见《水质　镉的测定　双硫腙分光光度法》（GB 7471—87）、《水质　铜、锌、铅、镉的测定　原子吸收分光光度法》（GB 7475—87）和《水质　65 种元素的测定　电感耦合等离子体质谱法》（HJ 700—2014）。

（2）注意事项

同 6.3.2.13（2）。

6.3.3.4　总铅

（1）常用方法

总铅常用的测定方法见《水质　铅的测定　双硫腙分光光度法》（GB 7470—87）、《水质　铜、锌、铅、镉的测定　原子吸收分光光度法》（GB 7475—87）和《水质　65 种元素的测定　电感耦合等离子体质谱法》（HJ 700—2014）。

（2）注意事项

同 6.3.2.13（2）。

6.3.3.5　六价铬

（1）常用方法

地面水和工业废水中六价铬常用的测定方法见《水质　六价铬的测定　二苯碳酰二肼分光光度法》（GB 7467—87）。

（2）注意事项

1）所有玻璃仪器不能使用重铬酸钾洗液洗涤，可用硝酸、硫酸混合液或洗涤剂洗涤。玻璃器皿内壁应保持光洁，防止铬被吸附。

2）实验室样品应当使用玻璃瓶采集，采集后应加入氢氧化钠，调节样品 pH 为 8～9，尽快测定，如需放置，不宜超过 24 h。

3）样品经锌盐沉淀分离法前处理后，仍含有机物干扰测定时，可用酸性高锰酸钾氧化法破坏有机物后再测定。

6.3.3.6　总铬

（1）常用方法

地面水和工业废水中总铬常用的测定方法见《水质　铬的测定　火焰原子吸收分光光度法》（HJ 757—2015）和《水质　总铬的测定》（GB 7466—87）。

（2）注意事项

1）所有玻璃器皿、聚乙烯容器等内壁应保持光洁，防止铬离子被吸附，不得用重铬酸钾洗液洗涤，须先用洗涤剂洗净，再用硝酸溶液浸泡 24 h 以上，使用前再依次用自来水和实验用水洗净。

2）实验室样品采集时，加入硝酸调节样品 pH<2。在采集后尽快测定，如需放置，不宜超过 24 h。

6.3.3.7　总镍

（1）常用方法

总镍常用的测定方法见《水质　镍的测定　丁二酮肟分光光度法》（GB 11910—89）、《水质　镍的测定　火焰原子吸收分光光度法》（GB 11912—89）和《水质　65 种元素的测定　电感耦合等离子体质谱法》（HJ 700—2014）。

（2）注意事项

1）实验所用器皿，在使用前须用 1+1 硝酸溶液浸泡至少 12 h，用去离子水冲洗干净方可使用。

2）实验室样品采集时，加入硝酸调节样品 pH<2，14 d 内测定。

3）当无机盐浓度较高产生背景干扰时，采用背景校正器校正。

6.3.3.8　总铊

（1）常用方法

总铊常用的测定方法见《水质　65 种元素的测定　电感耦合等离子体质谱法》（HJ 700—2014）和《水质　铊的测定　石墨炉原子吸收分光光度法》（HJ 748—2015）。

（2）注意事项

同 6.3.2.13（2）。

6.3.3.9　总锰

（1）常用方法

总锰常用的测定方法见《水质　锰的测定　高碘酸钾分光光度法》（GB 11906—89）、《水质　铁、锰的测定　火焰原子吸收分光光度法》（GB 11911—89）和《水质　65 种元素的测定　电感耦合等离子体质谱法》（HJ 700—2014）。

（2）注意事项

1）用硬质玻璃或聚乙烯瓶采集实验室样品，低价锰易氧化到四价形成沉淀吸附在瓶壁上，采样后加入硝酸，调节样品的 pH 为 1～2。

2）样品消化，不能蒸干，一旦蒸干锰等盐类很难复溶，将导致结果偏低。

3）锰的光谱线较复杂，为克服光谱干扰，应选择小的光谱通带。

6.3.3.10　总钡

常用方法和注意事项详见 6.3.2.14。

6.3.3.11　总锶

（1）常用方法

总锶常用的测定方法见《水质　65 种元素的测定　电感耦合等离子体质谱法》（HJ 700—2014）。

（2）注意事项

同 6.3.2.13（2）。

6.3.3.12　总钴

（1）常用方法

总钴常用的测定方法见《水质　钴的测定　5-氯-2-（吡啶偶氮）-1,3-二氨基苯分光光度法》（HJ 550—2015）《水质　钴的测定　火焰原子吸收分光光度法》（HJ 957—2018）、《水质　钴的测定　石墨炉原子吸收分光光度法》（HJ 958—2018）和《水质　65 种元素的测定　电感耦合等离子体质谱法》（HJ 700—2014）。

（2）注意事项

1）实验所用器皿用洗涤剂洗净后，应在硝酸溶液中浸泡 24 h 以上，然后依次用自来水和实验用水冲洗干净。

2）样品采集后立即加入适量硝酸，酸化至 pH≤2，14 d 内测定。

3）钴在灵敏线 240.7 nm 附近存在光谱干扰，选择窄的光谱通带进行测定可减少干扰。

6.3.3.13　总钼

（1）常用方法

总钼常用的测定方法见《水质　65 种元素的测定　电感耦合等离子体质谱法》（HJ 700—2014）和《水质　钼和钛的测定　石墨炉原子吸收分光光度法》（HJ 807—2016）。

（2）注意事项

同 6.3.2.13（2）。

6.3.3.14 总锡

（1）常用方法

总锡常用的测定方法见《水质 65 种元素的测定 电感耦合等离子体质谱法》（HJ 700—2014）。

（2）注意事项

同 6.3.2.13（2）。

6.3.3.15 总锑

（1）常用方法

总锑常用的测定方法见《水质 汞、砷、硒、铋和锑的测定 原子荧光法》（HJ 694—2014）、《水质 锑的测定 火焰原子吸收分光光度法》（HJ 1046—2019）、《水质 锑的测定 石墨炉原子吸收分光光度法》（HJ 1047—2019）、《水质 65 种元素的测定 电感耦合等离子体质谱法》（HJ 700—2014）。

（2）注意事项

1）配制硼氢化钾还原剂时，要将硼氢化钾固体溶解在氢氧化钠溶液中，并临用现配。

2）实验室所用的玻璃器皿均需 1+1 硝酸溶液浸泡 24 h，或用热硝酸荡洗。清洗时依次用自来水、去离子水洗净。

6.3.3.16 总银

（1）常用方法

总银常用的测定方法见《水质 银的测定 3,5-Br$_2$-PADAP 分光光度法》（HJ 489—2009）、《水质 银的测定 镉试剂 2B 分光光度法》（HJ 490—2009）、《水质 银的测定 火焰原子吸收分光光度法》（GB 11907—89）和《水质 65 种元素的测定 电感耦合等离子体质谱法》（HJ 700—2014）。

（2）注意事项

1）测定银的水样，应用聚乙烯瓶收集和贮存，用浓硝酸将水样酸化到 pH=1～2，并尽快分析。

2）样品复杂、含有机物质较多或有沉淀等可多加硝酸反复消解，较清洁样品加硝酸和高氯酸一次消解即可。在消解过程中，不宜蒸干。否则，银有损失。

3）采集的水样应避免光照。

6.3.3.17 氯化物

（1）常用方法

氯化物常用的测定方法见《水质 氯化物的测定 硝酸银滴定法》（GB 11896—89）、《水质 氯化物的测定 硝酸汞滴定法（试行）》（HJ/T 343—2007）《水质 无机阴离子（F^-、Cl^-、NO_2^-、Br^-、NO_3^-、PO_4^{3-}、SO_3^{2-}、SO_4^{2-}）的测定 离子色谱法》（HJ 84—2016）。

（2）注意事项

1）采集的样品应尽快分析。若不能及时测定，应经抽气过滤装置过滤，于 4℃以下冷藏、避光保存。抽气过滤装置应配有孔径≤0.45 μm 醋酸纤维或聚乙烯滤膜。

2）分析废水样品时，所用的预处理柱应能有效去除样品基质中的疏水性化合物、重金属或过渡金属离子，同时对测定的阴离子不发生吸附。

6.3.3.18 活性氯

（1）常用方法

活性氯常用的测定方法见《水质 游离氯和总氯的测定 N,N-二乙基-1,4-苯二胺滴定法》（HJ 585—2010）和《水质 游离氯和总氯的测定 N,N-二乙基-1,4-苯二胺分光光度法》（HJ 586—2010）。

（2）注意事项

1）游离氯不稳定，样品应尽量现场测定。如不能现场测定，则需预先加入采样体积 1%的氢氧化钠溶液到棕色瓶中，采集水样使其充满采样瓶，立即盖紧并密封，避免水样接触空气。若样品呈酸性，应加大 NaOH 的加入量，确保水样 pH＞12。

2）水样用冷藏箱运送，在实验室内 4℃、避光条件下保存，5 d 内测定。

6.3.4　生活污水排放口指标测定

依据同 6.3.2，本节对生活污水排放口处监测指标的常用监测分析方法和注意事项进行介绍，排污单位根据行业排放污染物的特征及单位实验室实际情况选择适合的监测方法开展自行监测。若有其他适用的方法，经过相关验证也可以使用。

6.3.4.1　pH

常用方法和注意事项详见 6.3.2.1。

6.3.4.2　化学需氧量

常用方法和注意事项详见 6.3.2.2。

6.3.4.3　氨氮

常用方法和注意事项详见 6.3.2.3。

6.3.4.4　总磷

常用方法和注意事项详见 6.3.2.4。

6.3.4.5　总氮

常用方法和注意事项详见 6.3.2.5。

6.3.4.6　悬浮物

常用方法和注意事项详见 6.3.2.6。

6.3.4.7 五日生化需氧量

（1）常用方法

水体中所含的有机物成分复杂，难以一一测定其成分。人们常利用水中有机物在一定条件下所消耗的氧来间接表示水体中有机物的含量，生化需氧量即属于这类的重要指标之一。常用分析方法见《水质　五日生化需氧量（BOD_5）的测定　稀释与接种法》（HJ 505—2009）。

（2）注意事项

1）丙烯基硫脲属于有毒化合物，操作时应按规定要求佩戴防护器具，避免接触皮肤和衣物；标准溶液的配制应在通风橱内操作；检测后的残渣废液应作妥善的安全处理。

2）采集的样品应充满并密封于棕色玻璃瓶中，样品量≥1 000 mL，在 0～4℃的暗处运输保存，并于 24 h 内尽快分析。24 h 内不能分析，可冷冻保存（冷冻保存时避免样品瓶破裂）。冷冻样品分析前须解冻、均质化和接种。

3）若样品中的有机物含量较多，BOD_5 的质量浓度＞6 mg/L 时，样品需适当稀释后测定。

4）对不含或含微生物少的工业废水，如酸性废水、碱性废水、高温废水、冷冻保存的废水或经过氯化处理等的废水，在测定 BOD_5 时应进行接种，以引进能分解废水中有机物的微生物。

5）当废水中存在难以被一般生活污水中的微生物以正常的速度降解的有机物或含有剧毒物质时，应将驯化后的微生物引入水样中进行接种。

6）每一批样品做 2 个分析空白试样，稀释空白试样的测定结果不能超过0.5 mg/L，非稀释接种法和稀释接种法空白试样的测定结果不能超过 1.5 mg/L，否则应检查可能的污染来源。

6.3.4.8　动植物油

常用方法和注意事项同 6.3.2.7。

6.3.5　雨水排放口指标测定

依据同 6.3.2，本节对雨水排放口处监测指标的常用监测分析方法和注意事项进行介绍，排污单位根据行业排放污染物的特征及单位实验室实际情况选择适合的监测方法开展自行监测。若有其他适用的方法，经过相关验证也可以使用。

6.3.5.1　pH

常用方法和注意事项详见 6.3.2.1。

6.3.5.2　化学需氧量

常用方法和注意事项详见 6.3.2.2。

6.3.5.3　氨氮

常用方法和注意事项详见 6.3.2.3。

第7章 废水自动监测系统技术要点

近年来，为加强地区排污的监控力度和满足排污许可的要求，全国各级生态环境部门大力推进废水自动监测系统的建设。废水自动监测系统也称为水污染源在线监测系统，通常是由水污染源在线监测设备和水污染源在线监测站房组成。随着全国废水自动监测系统的逐年完善，做好系统的建设、验收及运行维护管理工作成为影响数据质量的关键环节。本章基于《水污染源在线监测系统（COD$_{Cr}$、NH$_3$-N 等）安装技术规范》（HJ 353—2019）、《水污染源在线监测系统（COD$_{Cr}$、NH$_3$-N 等）验收技术规范》（HJ 354—2019）、《水污染源在线监测系统（COD$_{Cr}$、NH$_3$-N 等）运行技术规范》（HJ 355—2019）、《水污染源在线监测系统（COD$_{Cr}$、NH$_3$-N 等）数据有效性判别技术规范》（HJ 356—2019）等标准，对废水自动监测系统的建设、验收、运行维护应注意的技术要点进行了梳理。

7.1 水污染源在线监测系统组成

水污染源在线监测系统通常包括流量监测单元、水质自动采样单元、水污染源在线监测仪器、数据控制单元以及相应的建筑设施等。

1）流量监测单元通常包括明渠流量计或管道流量计。采用超声波明渠流量计测定流量，应按技术规范要求修建堰槽；管道流量计可选择电磁流量计。

2）水质自动采样单元通常是指采样管路、采样泵以及水质自动采样器。采样管路应根据废水水质选择优质的聚氯乙烯（PVC）、三丙聚丙烯（PP-R）等不影响分析结果的硬管，配有必要的防冻和防腐设施。采样泵应根据水样流量、废水水质、水质自动采样器的水头损失及水位差合理选择采样泵。采样管路宜设置为明管，并标注水流方向。根据《水污染源在线监测系统（COD_{Cr}、NH_3-N 等）安装技术规范》（HJ 353—2019）的最新要求，水质自动采样单元应具有采集瞬时水样和混合水样，混匀及暂存水样、自动润洗及排空混匀桶，以及留样功能。

3）水污染源在线监测仪器是指在现场用于监控、监测污染物排放的化学需氧量（COD_{Cr}）的在线自动监测仪、pH 水质自动分析仪、氨氮水质自动分析仪、总磷水质自动分析仪、污水流量计、水质自动采样器和数据采集传输仪等仪器、仪表。

COD_{Cr} 在线自动监测仪的测定方法多采用重铬酸钾法测定，对于高氯废水也可考虑采用总有机碳（TOC）测定，但必须与重铬酸钾法做对照实验，作出相关系数，换算成重铬酸钾法监测数据输出。

pH 水质自动分析仪采用玻璃电极法测定。

氨氮水质自动分析仪的测定方法有纳氏试剂分光光度法、氨气敏电极法、水杨酸-次氯酸盐比色法等。

总磷在线自动监测仪的测定多采用钼锑抗分光光度法。

总氮在线自动监测仪的测定多采用连续流动-盐酸萘乙二胺分光光度法和碱性过硫酸钾消解紫外分光光度法。

数据采集设备主要是对各种监测设备测量的数据进行采集、存储及处理，并将有关的数据存储和输出。数据传输设备对采集的各种监测数据传输至生态环境主管部门，目前，数据的传输有多种方式，包括 GPRS 方式、GSM 短消息方式、局域网方式等。

4）数据控制单元指实现控制整个水污染源在线监测系统内部仪器设备联动，自动完成水污染源在线监测仪器的数据采集、整理、输出及上传至监控中心平台，接受监控中心平台命令控制水污染源在线监测仪器运行等功能的单元。根据《水污染源在线监测系统（COD$_{Cr}$、NH$_3$-N 等）安装技术规范》（HJ 353—2019）的最新要求，数据控制单元可控制水质自动采样单元采样、送样及留样等操作。

5）总体要求。排污单位在安装自动监测设备时，应当根据国家对每个监测设备的具体技术要求进行选型安装。选型安装在线监测仪器时，应根据污染物浓度和排放标准，选择检测范围与之匹配的在线监测仪器，监测仪器满足国家对应仪器的技术要求。如《化学需氧量（COD$_{Cr}$）水质在线自动监测仪技术要求及监测方法》（HJ 377—2019）、《氨氮水质在线自动监测仪技术要求及检测方法》（HJ 101—2019）、《总氮水质自动分析仪技术要求》（HJ/T 102—2003）、《总磷水质自动分析仪技术要求》（HJ/T 103—2003）、《pH 水质自动分析仪技术要求》（HJ/T 96—2003）等。选型安装数据传输设备时，应按照《污染物在线监控（监测）系统数据传输标准》（HJ 212—2017）和《污染源在线自动监控（监测）数据采集传输仪技术要求》（HJ 477—2009）规范要求设置，不得添加其他可能干扰监测数据存储、处理、传输的软件或设备。

在污染源自动监测设备建设、联网和管理过程中，如果当地管理部门有相关规定的，应同时参考地方的规定要求。如上海市环保局 2017 年和上海市生态环境局 2022 年发布的《上海市固定污染源自动监测建设、联网、运维和管理有关规定》。

7.2　现场安装要求

废水自动监测系统现场安装主要涉及现场监测站房建设、排放口规范化整治、采样点位选取等内容，其中监测站房的建筑设计应作为在线监控的专室专用，远离腐蚀性气体的地点，并满足所处位置的气候、生态、地质、安全等要求，站房内应安装空调和冬季采暖设备，空调具有来电自启动功能，具备温湿度计；排放口应满足生态环境部门规定的排放口规范化设置要求；监测站房内、采样口等区域应安装视频监控设备；采样点位应避开有腐蚀性气体、较强的电磁干扰和振动的地方，应易于到达，且保证采样管路不超过 50 m，同时应有足够的工作空间和安全措施，便于采样和维护操作。具体要求详见 5.2.4。

7.3　调试检测

废水污染源自动监测设备现场安装完成后，须对其进行调试、试运行，以验证设备是否能够符合连续稳定运行的技术要求。

7.3.1　调试

调试是指对流量计、水质自动采样器、水质自动分析仪运行初期进行校准、校验的初期检查，并按照标准规范要求编制调试报告。具体要求如下：

1）明渠流量计应进行流量比对误差和液位比对误差测试。

2）水质自动采样器应进行采样量误差和温度控制误差测试。

3）水质自动分析仪应根据排污企业排放浓度选择量程，并在该量程下进行 24 h 漂移、重复性、示值误差以及实际水样比对测试。

4）各水污染源在线监测仪器指标符合相关技术要求的调试效果，TOC 水质自动分析仪参照 COD_{Cr} 水质自动分析仪执行。

7.3.2　试运行

设备调试完成后，进入试运行阶段，根据实际水污染源排放特点及建设情况，编制水污染源在线监测系统运行与维护方案以及相应的记录表格，最终编制试运行报告。具体要求如下：

1）试运行期间应保持对水污染源在线监测系统连续供电，连续正常运行 30 d。

2）可设定任一时间（时间间隔不小于 24 h），由水污染源在线系统自动调节零点和校准量程值。

3）因排放源故障或在线监测系统故障造成试运行中断，在排放源或在线监测系统恢复正常后，重新开始试运行。

4）试运行期间数据传输率应≥90%。

5）数据控制系统已经和水污染源在线监测仪器正确连接，并开始向监控中心平台发送数据。

7.4　验收要求

自动监测设备完成安装、调试及试运行并与生态环境主管部门联网后，同时符合下列要求后，建设方组织仪器供应商、管理部门等相关方实施技术验收工作，并编制在线验收报告。验收主要内容应包括建设验收、仪器设备验收、联网验收及运行与维护方案验收。验收前自动监测设备应满足如下条件：

1）提供水污染源在线监测系统的选型、工程设计、施工、安装调试及性能等相关技术资料。

2）水污染源在线监测系统已完成调试与试运行，并提交运行调试报告与试运行报告。

3）提供流量计、标准计量堰（槽）的检定证书，水污染源在线监测仪器符合《水污染源在线监测系统（COD_{Cr}、NH_3-N 等）安装技术规范》（HJ 353—2019）中表 1 技术要求的证明材料。

4）水污染源在线监测系统所采用基础通信网络和基础通讯协议应符合《污染物在线监控（监测）系统数据传输标准》（HJ 212—2017）的相关要求，对通信规范的各项内容作出响应，并提供相关的自检报告。同时提供生态环境主管部门出具的联网证明。

5）水质自动采样单元已稳定运行 30 d，可采集瞬时水样和具有代表性的混合水样供水污染源在线监测仪器分析使用，可进行留样并报警。

6）验收过程供电不间断。

7）数据控制单元已稳定运行 30 d，向监控中心平台及时发送数据，其间设备运转率应＞90%；数据传输率应＞90%。

7.4.1　建设验收要求

建设验收主要是对污染源排放口、流量监测单元、监测站房、水质自动采样单元、数据控制单元进行验收，主要内容如下：

1）污染源排放口应符合相关技术规范要求，具备便于水质自动采样单元和流量监测单元安装条件的采样口，并设置人工采样口。

2）流量计安装处设置有对超声波探头检修和比对的工作平台，可方便实现对流量计的检修和比对工作。

3）监测站房专室专用，新建监测站房面积应≥15 m^2，站房高度≥2.8 m。

4）水质自动采样单元应实现采集瞬时水样和混合水样、混匀及暂存水样、自动润洗及排空混匀桶的功能；实现混合水样和瞬时水样的留样功能；实现 pH 水质自动分析仪、温度计原位测量或测量瞬时水样功能；COD$_{Cr}$、TOC、NH$_3$-N、TP、TN 水质自动分析仪实现测量混合水样功能。

5）数据控制单元可协调统一运行水污染源在线监测系统，采集、储存、显示监测数据及运行日志，向监控中心平台上传污染源监测数据。

7.4.2　在线监测仪器验收要求

7.4.2.1　基本验收要求

1）水污染源在线监测仪器验收包括对 COD$_{Cr}$ 在线自动监测仪、TOC 水质自动分析仪、pH 水质自动分析仪、氨氮水质自动分析仪、总磷水质自动分析仪、总氮水质自动分析仪、超声波明渠流量计、水质自动采样器等技术指标验收。

2）性能验收内容包括液位比对误差、流量比对误差、采样量误差、温度控制误差、24 h 漂移、准确度以及实际水样比对测试。

7.4.2.2   性能验收

1）COD$_{Cr}$在线自动监测仪、TOC 水质自动分析仪、pH 水质自动分析仪、氨氮水质自动分析仪和总磷水质自动分析仪、总氮水质自动分析仪验收应包括 24 h 漂移、准确度、实际水样比对。验收指标要求见《水污染源在线监测系统（COD$_{Cr}$、NH$_3$-N 等）验收技术规范》（HJ 354—2019）表 2。

2）超声波流量计验收应包括液位比对误差、流量比对误差。验收指标要求见《水污染源在线监测系统（COD$_{Cr}$、NH$_3$-N 等）验收技术规范》（HJ 354—2019）表 2。

3）水质自动采样器验收应包括采样量误差、温度控制误差。验收指标要求见《水污染源在线监测系统（COD$_{Cr}$、NH$_3$-N 等）验收技术规范》（HJ 354—2019）表 2。

7.4.3   联网验收

联网验收由通讯验收、数据传输正确性验收、联网稳定性验收、现场故障模拟恢复试验、生成统计报表等内容组成。

7.4.3.1   通讯验收

通讯验收包括通讯稳定性、数据传输安全性、通信协议正确性 3 部分内容。

1）通讯稳定性：数据控制单元和监控中心平台之间通信稳定，不应出现经常性的通信连接中断、数据丢失、数据不完整等通信问题。数据控制单元在线率为90%以上，正常情况下，掉线后应在 5 min 之内重新上线。数据采集传输仪每日掉线次数在 5 次以内。数据传输稳定性在99%以上，当出现数据错误或丢失时，启动纠错逻辑，要求数据采集传输仪重新发送数据。

2）数据传输安全性：数据采集传输仪在需要时可按照《水污染源在线监测系统（COD$_{Cr}$、NH$_3$-N 等）安装技术规范》（HJ 212—2017）中规定的加密方法进行加密处理传输，保证数据传输的安全性。

3）通信协议正确性：采用的通信协议应完全符合《水污染源在线监测系统（COD_Cr、NH_3-H 等）安装技术规范》（HJ 212—2017）的相关要求。

7.4.3.2 数据传输正确性验收

1）系统稳定运行 30 d 后，任取其中不少于连续 7 d 的数据进行检查，要求监控中心平台接收的数据和数据控制单元采集和存储的数据完全一致。

2）同时检查水污染源在线连续自动分析仪器存储的测定值、数据控制单元所采集并存储的数据和监控中心平台接收的数据，这 3 个环节的实时数据误差小于 1%。

7.4.3.3 联网稳定性验收

在连续一个月内，系统能稳定运行，不出现通信稳定性、通信协议正确性、数据传输正确性以外的其他联网问题。

7.4.3.4 其他要求

1）验收过程中应进行现场故障模拟恢复试验，人为模拟现场断电、断水和断气等故障，在恢复供电等外部条件后，水污染源在线连续自动监测系统应能正常自启动和远程控制启动。在数据控制单元中保存故障前完整的分析结果，并在故障过程中不丢失。数据控制系统完整记录所有故障信息。

2）在线监测系统能够按照规定自动生成日统计表、月统计表和年统计表。

7.4.4 运行与维护方案验收

运行与维护方案应包含水污染源在线监测系统情况说明、运行与维护作业指导书及记录表格，并形成书面文件进行有效管理。

1）水污染源在线监测系统情况说明应至少包含如下内容：排污单位基本情

况，水污染源在线监测系统构成图，水质自动采样系统流路图，数据控制系统构成图，所安装的水污染源在线监测仪器方法原理、选定量程、主要参数、所用试剂，以及按照《水污染源在线监测系统（COD_{Cr}、NH_3-N 等）运行技术规范》（HJ 355—2019）中规定建立的各组成部分的维护要点及维护程序。

2）运行与维护作业指导书应至少包含如下内容：水污染源在线监测系统各组成部分的维护方法，所安装的水污染源在线监测仪器的操作方法、试剂配制方法、维护方法，流量监测单元、水样自动采集单元及数据控制单元维护方法。

3）记录表格应满足运行与维护作业指导书中的设定要求。

7.4.5 验收报告要求

依据上述验收内容，编制验收报告［格式详见《水污染源在线监测系统（COD_{Cr}、NH_3-N 等）验收技术规范》（HJ 354—2019）附录 A］。验收报告后应附验收比对监测报告、联网证明和安装调试报告。验收报告内容全部合格或符合后，方可通过验收。

7.5 运行管理要求

污染源自动监测设备通过验收后，即被认定为已处于正常运行状态，设备运行维护单位应按照相关技术规范的要求做好日常运行管理。

7.5.1 总体要求

水污染源在线监测设备运维单位应根据相关技术规范及仪器使用说明书进行运行管理工作，并制定完善的水污染源自动监测设备运行维护管理制度，确定系统运行操作人员和管理维护人员的工作职责。运维人员应具备相关专业知识，通过相应的培训教育和能力确认/考核等活动，熟练掌握水污染源在线监测设备的原理、使用和维护方法。

设备验收完成后应对设备相关参数进行备案，备案参数应与设备参数保持一致，如需修改相关参数，应提交情况说明，重新进行备案。

7.5.2　运维单位

运维单位应在服务省市无不良运行维护记录，未出现过故意干扰在线监测仪器、在线监测数据弄虚作假的不良行为。运维单位应严格按照技术规范开展日常运行维护工作，建立完善的运行维护管理制度及档案资料备查，应备有所运行在线监测仪器的备用仪器，同时应配备相应仪器参比方法实际水样比对试验装置。能够提供驻地运行维护服务，在设备出现故障 12 h 内到达现场及时处理，能与在线监测仪器建设单位保持良好沟通，确保最短时间内修复故障。

7.5.3　管理制度

运维单位应建立水污染源自动监测设备运行维护管理制度，主要包括仪器设备运行与维护的作业指导书，日常巡检制度及巡检内容，定期维护制度及定期维护内容，定期校验和校准制度及内容，易损、易耗品的定期检查和更换制度，废药剂的收集处置制度，设备故障及应急处理制度，运行维护记录内容等一系列管理制度。

7.5.4　日常维护总体要求

运维单位应按照相关技术规范及仪器使用说明书建立日常巡检制度，开展日常巡检工作并做好记录。日常巡检内容主要包括每日通过远程检查或现场查看的方式检查仪器运行状态、数据传输系统以及视频监控系统是否正常，设备出现故障时应第一时间处理解决；除日常维护工作外，应按照相关要求和设备说明书完成每周、每月、每季度检查维护内容。每日数据传输情况、定期的设备检查及保养情况应记录并归档。每次进行备件或材料更换时，更换的备件或材料的品名、规格、数量等应记录并归档。如更换标准物质或标准样品，还需记录标准物质或标准样品的浓度、配制时间、更换时间、有效期等信息。对日常巡检或维护保养中发现的故障或问题，系统管理维护人员应及时处理并记录。

7.5.5　运行技术总体要求

运维单位应按照相关技术规范要求定期进行自动标样核查和自动校准，同时定期进行实际水样比对试验。

7.6　质量保证要求

7.6.1　总体要求

水污染源自动监测设备日常运行质量保证是保障设备正常稳定运行、持续提供有质量保证监测数据的必要手段。操作维护人员每日远程检查或现场查看检测设备运行状态，如发现异常，应立即前往；操作维护人员每周至少一次对设备进行现场维护，包括试剂添加、设备状态检查、采样系统维护、供电系统检查等；操作维护人员每月一次对现场设备进行保养，包括检查和保养易损耗件、测量部件和对设备外壳进行清洗；每季度检查及更换易损耗件，用专用容器回收仪器设备产生的废液；操作维护人员每月至少进行一次实际水样比对试验，定期对设备进行自动标样核查和自动校准。当设备出现因故障或维护原因不能正常运行时，应在 24 h 内报告当地生态环境主管部门。以月为周期，每月设备有效数据率不得小于 90%，以保证监测数据的数量要求。

有效数据率=（仪器实际获得的有效数据个数/应获得的有效数据个数）×100%

7.6.2　日常检查维护

7.6.2.1　运行和日常维护

1）每日远程检查或现场查看仪器运行状态，检查数据传输系统以及视频监控系统是否正常，如发现数据有持续异常情况，应立即前往站点进行检查。

2）每周至少一次对监测系统进行现场维护，现场维护内容包括：

检查自来水供应、泵取水情况；检查内部管路是否通畅、仪器自动清洗装置运行是否正常；检查各自动分析仪的进样水管和排水管是否清洁，必要时进行清洗；定期清洗水泵和过滤网。

检查站房内电路系统、通信系统是否正常。

对于用电极法测量的仪器，检查标准溶液和电极填充液，进行电极探头的清洗。

若部分站点使用气体钢瓶，应检查载气气路系统是否密封、气压是否满足使用要求。

检查各仪器标准溶液和试剂是否在有效使用期内，按相关要求定期更换标准溶液和分析试剂。

观察数据采集传输仪运行情况，并检查连接处有无损坏，对数据进行抽样检查，对比自动分析仪、数据采集传输仪及监控中心平台接收到的数据是否一致。

检查水质自动采样系统管路是否清洁，采样泵、采样桶和留样系统是否正常工作，留样保存温度是否正常。

3）每月现场维护内容包括：

水质自动采样系统：根据情况更换蠕动泵管、清洗混合采样瓶等。

TOC 水质自动分析仪：检查 TOC-COD$_{Cr}$ 转换系数是否适用，必要时进行修正。检查 TOC 水质自动分析仪的泵、管、加热炉温度等，检查试剂余量（必要时添加或更换），检查卤素洗涤器、冷凝器水封容器、增湿器，必要时加蒸馏水。

COD_{Cr} 在线自动监测仪：检查内部试管是否污染，必要时进行清洗。

氨氮水质自动分析仪：检查气敏电极表面是否清洁，对仪器管路进行保养、清洁。

流量计：检查超声波流量计液位传感器高度是否发生变化，检查超声波探头与水面之间是否有干扰测量的物体，对堰体内影响流量计测定的干扰物进行清理；检查管道电磁流量计的检定证书是否在有效期内。

pH 水质自动分析仪：用酸液清洗一次电极，检查 pH 电极是否钝化，必要时进行校准或更换。

温度计：每月至少进行一次现场水温比对试验，必要时进行校准或更换。

每月的现场维护应包括对水污染源在线监测仪器进行一次保养，对仪器分析系统进行维护；对数据存储或控制系统工作状态进行一次检查；检查监测仪器接地情况，检查监测站房防雷措施。检查和保养仪器易损耗件，必要时更换；检查及清洗取样单元、消解单元、检测单元、计量单元等。

4）每季度现场维护内容包括：

检查及更换仪器易损耗件，检查关键零部件可靠性，如计量单元准确性、反应室密封性等，必要时进行更换。对于水污染源在线监测仪器所产生的废液应使用专用容器予以回收，交由有危险废物处理资质的单位处理，不得随意排放或回流入污水排放口。

5）其他预防性维护包括：

保证监测站房的安全性，进出监测站房应进行登记，包括出入时间、人员、出入原因等，应设置视频监控系统。

保持监测站房的清洁，保持设备的清洁，保证监测站房内的温度、湿度满足仪器正常运行的需求。

保持各仪器管路通畅，出水正常，无漏液。

对电源控制器、空调、排风扇、供暖、消防设备等辅助设备要进行经常性检查。

此处未提及的维护内容，按相关仪器说明书的要求进行仪器维护保养、易耗品的定期更换工作。

7.6.2.2　维护记录

操作人员应详细了解水污染源在线监测系统的基本情况，填写相关记录表格。在对系统进行日常维护时，应做好巡检维护记录，巡检维护记录应包含日志检查、耗材检查、辅助设备检查、采样系统检查、水污染源在线监测仪器检查、数据采集传输系统检查等必检项目和记录，以及仪器使用说明书中规定的其他检查项目和仪器参数设置记录、标样核查及校准结果记录、检修记录、易耗品更换记录、标准样品更换记录和实际水样比对试验结果记录。

7.6.3　运行技术要求

运行技术要求包括自动标样核查和自动校准、实际水样比对试验。

7.6.3.1　自动标样核查和自动校准

选用浓度约为现场工作量程上限值 0.5 倍的标准样品定期进行自动标样核查。如果自动标样核查结果不满足《水污染源在线监测系统（COD_{Cr}、$NH_3\text{-}N$ 等）运行技术规范》（HJ 355—2019）表 1（以下简称表 1）的规定，则应对仪器进行自动校准。仪器自动校准完后应使用标准溶液进行验证（可使用自动标样核查代替该操作），验证结果应符合表 1 的规定，如不符合则应重新进行一次校准和验证，如 6 h 内仍不符合表 1 的规定，则应进入人工维护状态。

在线监测仪器自动校准及验证时间如果超过 6 h，则应采取人工监测的方法向相应生态环境主管部门报送数据，数据报送每天不少于 4 次，间隔不得超过 6 h。

自动标样核查周期最长间隔不得超过 24 h，校准周期最长间隔不得超过 7 d。

7.6.3.2　实际水样比对试验

除流量外，运行维护人员每月应对每个站点所有自动分析仪至少进行 1 次实际水样比对试验；对于超声波明渠流量计每季度至少用便携式明渠流量计比对装置进行 1 次比对试验，试验结果均应满足表 1 规定的要求。

（1）COD$_{Cr}$、TOC、NH$_3$-N、TP、TN 水质自动分析仪

每月至少进行 1 次实际水样比对试验，采用水质自动分析仪与国家环境监测分析方法标准分别对相同的水样进行分析，两者测量结果组成一个测定数据对，至少获得 3 个测定数据对，计算实际水样比对试验的绝对误差或相对误差。

当实际水样比对试验的结果不满足标准规定的性能指标要求时，应对仪器进行校准和标准溶液验证后再次进行实际水样比对试验。如第二次实际水样比对试验结果仍不符合性能指标要求时，仪器应进入维护状态，同时此次实际水样比对试验至上次仪器自动校准或自动标样核查期间所有的数据均判断为无效数据。

仪器维护时间超过 6 h 时，应采取人工监测的方法向相应生态环境主管部门报送数据，数据报送每天不少于 4 次，间隔不得超过 6 h。

（2）pH 水质自动分析仪和温度计

每月至少进行 1 次实际水样比对试验，采用 pH 水质自动分析仪和温度计与国家环境监测分析方法标准分别对相同的水样进行分析，计算仪器测量值与国家环境监测分析方法标准测定值的绝对误差。

如果比对结果不符合标准规定的性能指标要求时，应对 pH 水质自动分析仪和温度计进行校准，校准完成后需再次进行比对，直至合格。

（3）超声波明渠流量计

每季度至少用便携式明渠流量计比对装置对现场安装使用的超声波明渠流量计进行 1 次比对试验（比对前应对便携式明渠流量计进行校准），如比对结果不符合标准规定的性能指标要求时，应对超声波明渠流量计进行校准，校准完成后须

再次进行比对，直至合格。

1）液位比对：分别用便携式明渠流量计比对装置（液位测量精度≤1 mm）和超声波明渠流量计测量同一水位观测断面处的液位值，进行比对试验，每 2 min 读取 1 次数据，连续读取 6 次，计算每一组数据的误差值，选取最大的一组误差值作为流量计的液位误差。

2）流量比对：分别用便携式明渠流量计比对装置和超声波明渠流量计测量同一水位观测断面处的瞬时流量，进行比对试验，待数据稳定后，开始计时，计时 10 min，分别读取明渠流量比对装置该时段内的累积流量和超声波明渠流量计该时段内的累积流量，最终计算出流量比对误差。

7.6.3.3　有效数据率

以月为周期，计算每个周期内水污染源在线监测仪实际获得的有效数据的个数占应获得的有效数据的个数的百分比不得小于 90%，有效数据的判定参见《水污染源在线监测系统（COD_{Cr}、NH_3-N 等）数据有效性判别技术规范》（HJ 356—2019）的相关规定。

7.6.4　检修和故障处理要求

污染源自动监测设备发生故障后，应该严格按照相关技术规范及管理要求进行设备检修，具体情况如下：

1）水污染源在线监测系统需维修的，应在维修前报相应生态环境主管部门备案；需停运、拆除、更换、重新运行的，应经相应生态环境主管部门批准同意。

2）因不可抗力和突发性原因致使水污染源在线监测系统停止运行或不能正常运行时，应当在 24 h 内报告相应生态环境主管部门并书面报告停运原因和设备情况。

3）运行单位发现故障或接到故障通知，应在规定的时间内赶到现场处理并排除故障，无法及时处理的应安装备用仪器。

4）水污染源在线监测仪器经过维修后，在正常使用和运行之前应确保其维修全部完成并通过校准和比对试验。若在线监测仪器进行了更换，在正常使用和运行之前，确保其性能指标满足表 1 的要求。维修和更换的仪器，可由第三方或运行单位自行出具比对检测报告。

5）数据采集传输仪发生故障，应在相应生态环境主管部门规定的时间内修复或更换，并能保证已采集的数据不丢失。

6）运行单位应备有足够的备品备件及备用仪器，对其使用情况进行定期清点，并根据实际需要进行增购。

7）水污染源在线监测仪器因故障或维护等原因不能正常工作时，应及时向相应生态环境主管部门报告，必要时采取人工监测，监测周期间隔不大于 6 h，数据报送每天不少于 4 次，监测技术要求参照《污水监测技术规范》（HJ 91.1—2019）执行。

7.6.5 运行比对监测要求

7.6.5.1 在线监测系统采样管理

比对监测时，应记录水污染源在线监测系统是否按照《水污染源在线监测系统（COD_{Cr}、$NH_3\text{-}N$ 等）安装技术规范》（HJ 353—2019）进行采样并在报告中说明有关情况。比对监测应及时正确地做好原始记录，并及时正确地粘贴样品标签，以免混淆。

7.6.5.2 仪器质量控制要求

比对监测时，应核查水污染源在线监测仪器参数设置情况，必要时进行标准溶液抽查，核查标准溶液是否符合相关规定的要求，在记录和报告中说明有关情况；比对监测所使用的标准样品和实际水样应符合现场安装仪器的量程；比对监测期间，不允许对在线监测仪器进行任何调试。

7.6.5.3　比对监测仪器性能要求

比对监测期间应对水污染源在线监测仪器进行比对试验,并符合表 1 的要求。

7.6.6　运行档案与记录

1)水污染源在线监测系统运行的技术档案包括仪器的说明书、《水污染源在线监测系统（COD_{Cr}、NH_3-N 等）安装技术规范》（HJ 353—2019）要求的系统安装记录和《水污染源在线监测系统（COD_{Cr}、NH_3-N 等）验收技术规范》（HJ 354—2019）要求的验收记录、仪器的检测报告以及各类运行记录表格。

2)运行记录应清晰、完整,现场记录应在现场及时填写。可从记录中查阅和了解仪器设备的使用、维修和性能检验等全部历史资料,以对运行的各台仪器设备作出正确评价。与仪器相关的记录可放置在现场并妥善保存。

3)运行记录表格主要包括水污染源在线监测系统基本情况、巡检维护记录表、水污染源在线监测仪器参数设置记录表、标样核查及校准结果记录表、检修记录表、易耗品更换记录表、标准样品更换记录表、实际水样比对试验结果记录表、水污染源在线监测系统运行比对监测报告、运行工作检查表等［表格样式详见《水污染源在线监测系统（COD_{Cr}、NH_3-N 等）运行技术规范》（HJ 355—2019）］,运行单位可根据实际需求及管理需要调整及增加不同的表格。

7.6.7　数据有效性判别流程

水污染源在线监测系统的运行状态分为正常采样监测时段和非正常采样监测时段。数据有效性判别流程见图 7-1。

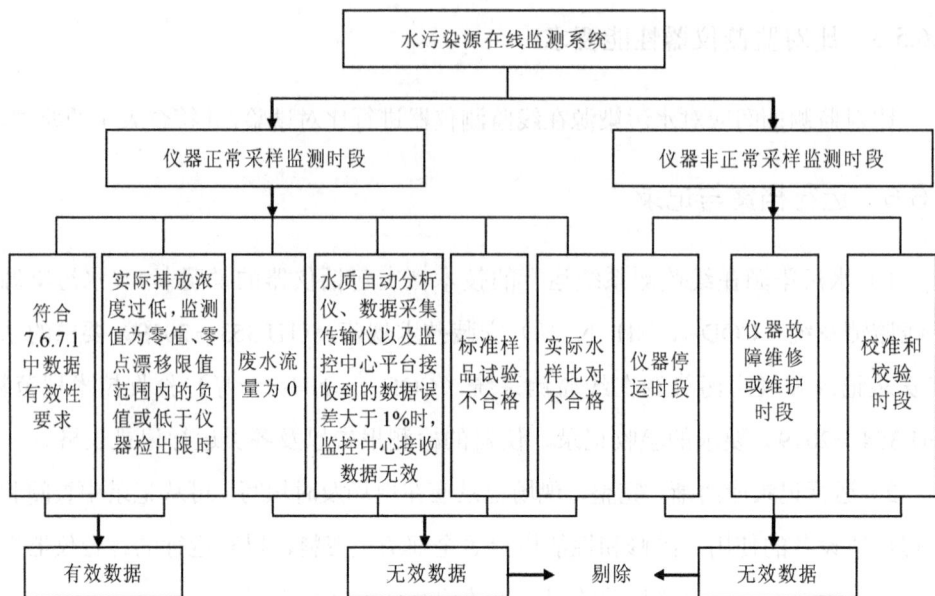

图 7-1 水污染源在线监测系统数据有效性判别流程

7.6.7.1 数据有效性判别指标

（1）实际水样比对试验误差

1）COD$_{Cr}$、TOC、NH$_3$-N、TP、TN 水质自动分析仪

对每个站点安装的 COD$_{Cr}$、TOC、NH$_3$-N、TP、TN 水质自动分析仪进行自动监测方法与《水污染源在线监测系统（COD$_{Cr}$、NH$_3$-N 等）数据有效性判别技术规范》（HJ 356—2019）表 1 中规定的国家环境监测分析方法标准的比对试验，两者测量结果组成一个测定数据对，至少获得 3 个测定数据对。比对过程中应尽可能保证比对样品均匀一致，实际水样比对试验结果应满足表 1 的要求。

2）pH 水质自动分析仪与温度计

对每个站点安装的 pH 水质自动分析仪、温度计进行自动监测方法与《水污染源在线监测系统（COD$_{Cr}$、NH$_3$-N 等）数据有效性判别技术规范》（HJ 356—

2019）表 1 中规定的国家环境监测分析方法标准的比对试验，两者测量结果组成一个测定数据对，比对过程中应尽可能保证比对样品均匀一致，实际水样比对试验结果应满足表 1 的要求。

（2）标准样品试验误差

标准样品试验包括自动标样核查、标准溶液验证。

对每个站点安装的 COD_{Cr}、TOC、NH_3-N、TP、TN 水质自动分析仪，采用有证标准样品作为质控考核样品，以浓度约为现场工作量程上限值 0.5 倍的标准样品进行自动标样核查试验，试验结果应满足表 1 的要求，否则应对仪器进行自动校准，仪器自动校准完成后应使用标准溶液进行验证（可使用自动标样核查代替该操作），验证结果应满足表 1 的要求。

（3）超声波明渠流量计比对试验误差

对每个站点安装的超声波明渠流量计进行自动监测方法与手工监测方法的比对试验，比对试验的方法按照 7.6.3.2 的相关规定进行，比对试验结果应满足表 1 的要求。

7.6.7.2　数据有效性判别方法

（1）有效数据判别

1）正常采样监测时段获取的监测数据，满足 7.6.7.1 的数据有效性判别标准，可判别为有效数据。

2）监测值为零值、零点漂移限值范围内的负值或低于仪器检出限时，需要通过现场检查、实际水样比对试验、标准样品试验等质控手段来识别，对于因实际排放浓度很低而产生的上述数据，仍判断为有效数据。

3）监测值如出现急剧升高、急剧下降或连续不变等情况，则需要通过现场检查、实际水样比对试验、标准样品试验等质控手段来识别，再作判别和处理。

4）水污染源在线监测系统的运维记录中应当记载运行过程中报警、故障维修、日常维护、校准等内容，运维记录可作为数据有效性判别的证据。

5）水污染源在线监测系统应可调阅和查看详细的日志，日志记录可作为数据有效性判别的证据。

（2）无效数据判别

1）当流量为零时，在线监测系统输出的监测值为无效数据。

2）水质自动分析仪、数据采集传输仪以及监控中心平台接收到的数据误差大于 1%时，则监控中心平台接收到的数据为无效数据。

3）发现标准样品试验不合格、实际水样比对试验不合格时，从此次不合格时刻至上次校准校验（自动校准、自动标样核查、实际水样比对试验中的任何一项）合格时刻期间的在线监测数据均判断为无效数据，从此次不合格时刻起至再次校准校验合格时刻期间的数据，作为非正常采样监测时段数据，判断为无效数据。

4）水质自动分析仪停运期间、因故障维修或维护期间、有计划（质量保证和质量控制）的维护保养期间、校准和校验等非正常采样监测时间段内输出的监测值为无效数据，但对该时段数据做标记，作为监测仪器检查和校准的依据予以保留。

判断为无效的数据应注明原因，并保留原始记录。

7.6.7.3　有效均值的计算

（1）数据统计

正常采样监测时段获取的有效数据，应全部参与统计。

监测值为零值、零点漂移限值范围内的负值或低于仪器检出限，并判断为有效数据时，应采用修正后的值参与统计。修正规则为 COD_{Cr} 修正值为 2 mg/L、NH_3-N 修正值为 0.01 mg/L、TP 修正值为 0.005 mg/L、TN 修正值为 0.025 mg/L。

（2）有效日均值

有效日均值是对应于以每日为一个监测周期内获得的某个污染物（COD_{Cr}、NH_3-N、TP、TN）的所有有效监测数据的平均值，参与统计的有效监测数据数量应不少于当日应获得数据数量的 75%。有效日均值是以流量为权重的某个污染物的有效监测数据的加权平均值。

（3）有效月均值

有效月均值是对应于以每月为一个监测周期内获得的某个污染物（COD_{Cr}、NH_3-N、TP、TN）的所有有效日均值的算术平均值，参与统计的有效日均值数量应不少于当月应获得数据数量的 75%。

7.6.7.4　无效数据的处理

正常采样监测时段，当 COD_{Cr}、NH_3-N、TP 和 TN 监测值判断为无效数据，且无法计算有效日均值时，其污染物日排放量可以用上次校准校验合格时刻前30 个有效日排放量中的最大值进行替代，污染物浓度和流量不进行替代。非正常采样监测时段，当 COD_{Cr}、NH_3-N、TP 和 TN 监测值判断为无效数据，且无法计算有效日均值时，优先使用人工监测数据进行替代，每天获取的人工监测数据应不少于 4 次，替代数据包括污染物日均浓度、污染物日排放量。如无人工监测数据替代，其污染物日排放量可以用上次校准校验合格时刻前 30 个有效日排放量中的最大值进行替代，污染物浓度和流量不进行替代。

流量为零时的无效数据不进行替代。

第 8 章 废气手工监测技术要点

与废水手工监测类似，废气手工监测也是一个全面性、系统性的工作。我国同样有一系列监测技术规范和方法标准用于指导和规范废气手工监测。本章立足现有的技术规范和标准，结合日常工作经验，分别针对有组织废气、无组织废气归纳总结了常见的方法和操作要求，以及方法使用过程中的重点注意事项。对于一些虽然适用，但不够便捷，目前实际应用很少的方法，本书中未列举，若排污单位根据实际情况，确实需要采用这类方法的，应严格按照方法的适用条件和要求开展相关监测活动。

8.1 有组织废气监测

8.1.1 监测方式

有组织废气监测主要针对排污单位通过排气筒排放的污染物排放浓度、排放速率、排气参数等开展的监测，主要监测方式有现场测试和现场采样+实验室分析两种。

1）现场测试是指采用现场仪器设备在污染源直接采集气态样品，通过预处理后进行即时分析，现场得到污染物的相关排放信息。目前，采用现场测试的主要指标包括二氧化硫、氮氧化物、颗粒物、排气参数（温度、氧含量、含湿量、流

速、流量）等，测试方法主要包括定电位电解法、非分散红外法、皮托管法、热
电偶法、干湿球法等。

2）现场采样+实验室分析是指采用特定仪器采集一定量的污染源废气并妥善
保存带回实验室进行分析。目前，我国多数污染物指标仍采用这种监测方式，主
要的采样方式包括直接采样法（气袋、真空瓶等）和富集（浓缩）采样法（吸附
管、滤筒、滤膜捕集、吸收液吸收等），主要分析方法包括重量法、容量法、色谱
法、质谱法、光度法和光谱法等。

8.1.2　现场采样

8.1.2.1　现场采样方式

（1）现场直接采样

现场直接采样包括气袋采样和真空瓶（管）采样。现场采样时，应按照《固
定污染源排气中颗粒物测定与气态污染物采样方法》（GB/T 16157—1996）及修改
单的规定配备相应的采样系统采样。

1）气袋采样

应选不吸附、不渗漏，也不与样气中污染组分发生化学反应的气袋，如聚四
氟乙烯袋、聚乙烯袋、聚氯乙烯袋和聚酯袋等，还有用金属薄膜作衬里（如衬银、
衬铝）的气袋。

采样时，先用待测废气冲洗 2～3 次，再充满样气，夹封进气口，带回实验室
尽快分析。

2）真空瓶采样

真空瓶是一种具有活塞的耐压玻璃瓶。采样前，先用抽真空装置把真空瓶内
气体抽走，抽气减压到绝对压力为 1.33 kPa。采样时，打开旋塞采样，采完关闭旋
塞，则采样体积即为真空瓶体积。

（2）富集（浓缩）采样法

富集（浓缩）采样法主要包括溶液吸收法、填充柱阻留法和滤料阻留法等。

1）溶液吸收法

原理：采样时，用抽气装置将待测废气以一定流量抽入装有吸收液的吸收瓶，并采集一段时间。采样结束后，送实验室进行测定。

常用吸收液：酸碱溶液、水溶液、有机溶剂等。

吸收液选用应遵循的原则：

①反应快，溶解度大；

②稳定时间长；

③吸收后利于分析；

④毒性小，价格低，易于回收。

2）填充柱阻留法

原理：填充柱是用一根长 6～10 cm、内径 3～5 mm 的玻璃管或塑料管，内装颗粒状填充剂制成。采样时，让气样以一定流速通过填充柱，待测组分因吸附、溶解或化学反应等作用被阻留在填充剂上，达到浓缩采样的目的。采样后，通过解吸或溶剂洗脱，使被测组分从填充剂上释放出来进行测定。

填充剂主要类型：

①吸附型：活性炭、硅胶、分子筛、高分子多孔微球等；

②分配型：涂高沸点有机溶剂的惰性多孔颗粒物；

③反应型：惰性多孔颗粒物、纤维状物表面能与被测组分发生化学反应。

3）滤料阻留法

原理：该方法是将过滤材料（滤筒、滤膜等）放在采样装置内，用抽气装置抽气，废气中的待测物质被阻留在过滤材料上，根据相应分析方法测定出待测物质的含量。

常用过滤材料：玻璃纤维滤筒、石英滤筒、刚玉滤筒、玻璃纤维滤膜、过氯乙烯滤膜、聚苯乙烯滤膜、微孔滤膜、核孔滤膜等。

8.1.2.2　现场采样技术要点

有组织废气排放监测时，采样点位布设、采样频次、时间、监测分析方法以及质量保证等均应符合《固定污染源排气中颗粒物测定与气态污染物采样方法》（GB/T 16157—1996）及修改单和《固定源废气监测技术规范》（HJ/T 397—2007）的规定。

（1）采样位置和采样点

1）监控位置位于车间或生产设施排气筒，采样位置应避开对测试人员操作有危险的场所。

2）采样位置应优先选择在垂直管段，避开烟道弯头和断面急剧变化的部位。采样位置应设置在距弯头、阀门、变径管下游方向不小于 6 倍直径处，以及距上述部件上游方向不小于 3 倍直径处。采样断面的气流速度最好在 5 m/s 以上。采样孔内径应不小于 80 mm，宜选用 90～120 mm 内径的采样孔。

3）测试现场空间位置有限，很难满足上述要求时，可选择比较适宜的管段采样，但距采样断面与弯头等的距离至少是烟道直径的 1.5 倍，并应适当增加测点的数量和采样频次。

4）对于气态污染物，由于混合比较均匀，其采样位置可不受上述规定限制，但应避开涡流区。

5）采样平台应有足够的工作面积使工作人员安全、方便地操作。监测平台应长度≥2 m、宽度≥2 m 或不小于采样枪长度外延 1 m，周围设置 1.2 m 以上的安全护栏，有牢固并符合要求的安全措施；当采样平台设置在离地面高度≥2 m 的位置时，应有通往平台的斜梯（或 Z 字梯、旋梯），宽度≥0.9 m；当采样平台设置在离地面高度≥20 m 的位置时，应有通往平台的升降梯。

6）颗粒物和废气流量测量时，根据采样位置尺寸进行多点分布采样测量；一般情况下排气参数（温度、含湿量、氧含量）和气态污染物在管道中心位置测定。

（2）排气参数的测定

1）温度的测定：常用测定方法为热电偶法或电阻温度计法。一般情况下可在靠近烟道中心的一点测定，封闭测孔，待温度计读数稳定后读取数据。

2）含湿量的测定：常用测定方法为干湿球法。在靠近烟道中心的一点测定，封闭测孔，使气体在一定的速度下流经干球、湿球温度计，根据干球、湿球温度计的读数和测点处排气的压力，计算出排气的水分含量。

3）氧含量的测定：常用测定方法为电化学法或氧化锆氧分仪法。在靠近烟道中心的一点测定，封闭测孔，待氧含量读数稳定后读取数据。

4）流速、流量的测定：常用测定方法为皮托管法。根据测得的某点处的动压、静压及温度、断面截面积等参数计算出排气流速和流量。

（3）采样频次和采样时间

采样频次和采样时间确定的主要依据：相关标准和规范的规定和要求；实施监测的目的和要求；被测污染源污染物排放特点、排放方式及排放规律，生产设施和治理设施的运行状况；被测污染源污染物排放浓度的高低和所采用的监测分析方法的检出限。

具体要求如下：

1）相关标准中对采样频次和采样时间有规定的，按相关标准的规定执行。

2）相关标准中没有明确规定的，排气筒中废气的采样以连续 1 h 的采样获取平均值，或在 1 h 内，以等时间间隔采集 3~4 个样品，并计算平均值。

3）特殊情况下，若某排气筒的排放为间断性排放，排放时间小于 1 h，应在排放时段内实行连续采样，或在排放时段内等间隔采集 2~4 个样品，并计算平均值；若某排气筒的排放为间断性排放，排放时间大于 1 h，则应在排放时段内按 2）的要求采样。

（4）监测分析方法选择

选择监测分析方法时，应遵循以下原则：

1）监测分析方法的选用应充分考虑相关排放标准的规定、被测污染源排放特点、污染物排放浓度的高低、所采用监测分析方法的检出限和干扰等因素。

2）相关排放标准中有监测分析方法的规定时，应采用标准中规定的方法。

3）对相关排放标准未规定监测分析方法的污染物项目，应选用国家环境保护标准、环境保护行业标准规定的方法。

4）在某些项目的监测中，尚无方法标准的，可采用国际标准化组织（ISO）或其他国家的等效方法标准，但应经过验证合格，其检出限、准确度和精密度应能达到质控要求。

（5）质量保证要求

1）属于国家强制检定目录内的工作计量器具，必须按期送计量部门检定，检定合格，取得检定证书后方可用于监测工作。

2）排气温度、氧含量、含湿量、流速测定、烟气、烟尘测定等仪器应根据要求定期校准，对一些仪器使用的电化学传感器应根据使用情况及时更换。

3）采样系统采样前应进行气密性检查，防止系统漏气。检查采样嘴、皮托管等是否变形或损坏。

4）滤筒、滤料等外观无裂纹、空隙或破损，无挂毛或碎屑，能耐受一定的高温和机械强度。采样管、连接管、滤筒、滤料等不被腐蚀、不与待测组分发生化学反应。

5）样品采集后注意样品的保存要求，应尽快送实验室分析。

8.1.3　具体指标的监测

按照《无机化学工业污染物排放标准》（GB 31573—2015）及修改单、《硝酸工业污染物排放标准》（GB 26131—2010）、《硫酸工业污染物排放标准》（GB 26132—2010）及修改单、《烧碱、聚氯乙烯工业污染物排放标准》（GB 15581—2016）、《大气污染物综合排放标准》（GB 16297—1996）中大气污染物指标进行监测。监测指标包括颗粒物、氮氧化物、二氧化硫、硫化氢、氯气、氯化氢、氰化氢、氨、硫酸雾、氟化物、铬酸雾、砷及其化合物、铅及其化合物、汞及其化合物、镉及其化合物、锡及其化合物、镍及其化合物、锌及其化合物、锰及其化合物、锑及其化合物、铜及其化合物、钴及其化合物、钼及其化合物、锆及其化合物、铊及其化合物等。污水处理厂废气处理设施排气筒监测指标为臭气浓度、特征污染物。各监测指标除遵循 8.1.1 监测方式和 8.1.2 现场采样的相关要求外,还应遵循各自的具体要求。

排污单位根据自身所执行的污染物排放(控制)标准、环境影响评价文件及其批复、排污许可证等相关环境管理规定以及生产工艺、原辅用料、中间及最终产品,选择上述适用的监测指标进行监测。

8.1.3.1 二氧化硫（SO_2）的监测

（1）常用方法

二氧化硫是有组织废气排放的主要常规污染物之一,目前主要的监测方法有定电位电解法和非分散红外吸收法两种,标准监测方法见表 8-1。

表 8-1　常用二氧化硫监测标准方法

序号	标准方法	原理及特点
1	《固定污染源废气二氧化硫的测定定电位电解法》（HJ 57—2017）	废气被抽入主要由电解槽、电解液和电极组成的传感器中,二氧化硫通过渗透膜扩散到电极表面,发生氧化反应,产生的极限电流大小与二氧化硫浓度成正比。 需要配备除湿性能好的预处理器,以去除水分对监测的影响。 测定时,易受一氧化碳干扰
2	《固定污染源废气二氧化硫的测定非分散红外吸收法》（HJ 629—2011）	二氧化硫气体在 6.82～9 μm 红外光谱波长具有选择性吸收。一束恒定波长为 7.3 μm 的红外光通过二氧化硫气体时,其光通量的衰减与二氧化硫的浓度符合朗伯-比尔定律定量。 需要配备除湿性能好的预处理器,以排除水分对监测的影响

（2）注意事项

1）水分对二氧化硫测定影响较大。废气中的高含水量和水蒸气会对测定结果造成负干扰,还会对仪器检测器/检测室造成损坏和污染。因此监测时,特别是在废气含湿量较高的情况下，应使用除湿性能较好的预处理设备，及时排空除湿装置的冷凝水，防止影响测定结果。

2）对于定电位电解法而言，一氧化碳对二氧化硫监测会存在一定程度的干扰。监测仪器应具有一氧化碳测试功能，当一氧化碳浓度高于 50 μmol/mol 时，应根据《固定污染源废气 二氧化硫的测定 定电位电解法》（HJ 57—2017）中的附录 A 进行一氧化碳干扰试验，确定仪器的适用范围。根据一氧化碳、二氧化硫浓度是否超出了干扰试验允许的范围，从而对二氧化硫数据是否有效进行判定。

3）监测结果一般应在校准量程的 20%～100%，特别是应注意不能超过校准量程，因此监测活动正式开展前，应根据历史监测资料，预判二氧化硫可能的浓度范围，从而选择合适的标准气体进行校准，确定校准量程。

4）监测活动开展全过程中，仪器不得关机。

5）定电位电解法仪器测定二氧化硫的传感器更换后，应重新开展干扰试验。对于未开展一氧化碳干扰试验的定电位电解法仪器，有组织废气监测过程中，一氧化碳浓度高于 50 μmol/mol 时同步测得的二氧化硫数据，应作为无效数据予以剔除。

8.1.3.2 氮氧化物（NO_x）的监测

（1）常用方法

有组织废气中的氮氧化物（NO_x）包括以一氧化氮（NO）和二氧化氮（NO_2）两种形式存在的氮氧化物，因此对有组织废气中氮氧化物（NO_x）的监测实际上是通过对一氧化氮（NO）和二氧化氮（NO_2）的监测实现的。

表 8-2 给出了有组织废气中氮氧化物监测标准方法的原理及特点。

从表 8-2 中可以看出，常用的有组织废气中氮氧化物（NO_x）监测方法主要包括定电位电解法、非分散红外吸收法两种，这两种方法实现氮氧化物测定的过程方式是不同的，但最终监测结果均以 NO_2 计。

表 8-2　常用氮氧化物监测标准方法

序号	标准方法	原理及特点
1	《固定污染源废气　氮氧化物的测定　定电位电解法》（HJ 693—2014）	废气被抽入主要由电解槽、电解液和电极组成的传感器中，一氧化氮或二氧化氮通过渗透膜扩散到电极表面，发生氧化还原反应，产生的极限电流大小与一氧化氮或二氧化氮浓度成正比。 两个不同的传感器分别测定一氧化氮（结果以 NO_2 计）和二氧化氮，两者测定之和为氮氧化物（以 NO_2 计）
2	《固定污染源废气　氮氧化物的测定　非分散红外吸收法》（HJ 692—2014）	利用 NO 对红外光谱区，特别是 5.3 μm 波长光的选择性吸收，由朗伯-比尔定律定量 NO 和废气中 NO_2 通过转换器还原为 NO 后的浓度。 一般先将废气通入转换器，将废气中的二氧化氮还原为一氧化氮，再将废气通入非分散红外吸收法仪器进行监测。此时，由二氧化氮转化而来的一氧化氮，将和废气中原有的一氧化氮一起经过分析测试，测得结果为总的氮氧化物（以 NO_2 计）

（2）注意事项

1）测定结果一般应在校准量程的 20%～100%，特别是应注意不能超过校准量程。

2）监测活动开展的全过程中，仪器不得关机。

3）非分散红外吸收法测定氮氧化物时，应注意至少每半年做一次 NO_2 转化效率的测定，转化效率不能低于 85%，否则应更换还原剂；监测活动中，进入转换器 NO_2 浓度不要大于 200 μmol/mol。

8.1.3.3　颗粒物的监测

（1）常用方法

颗粒物的监测一般使用重量法，采用现场采样+实验室分析的监测方式，利用等速采样原理，抽取一定量的含颗粒物的废气，根据所捕集到的颗粒物质量和同时抽取的废气体积，计算出废气中颗粒物的浓度。

目前，颗粒物监测方法标准主要有《固定污染源排气中颗粒物测定与气态污染物采样方法》（GB/T 16157—1996）及修改单和《固定污染源废气　低浓度颗粒

物的测定 重量法》（HJ 836—2017）。根据生态环境部的相关规定，在测定有组织废气中颗粒物浓度时，应遵循表8-3中的规定选择合适的监测方法标准。

表8-3 常用颗粒物监测标准方法的适用范围

序号	废气中颗粒物浓度范围	适用的标准方法
1	≤20 mg/m³	《固定污染源废气 低浓度颗粒物的测定 重量法》（HJ 836—2017）
2	>20 mg/m³ 且≤50 mg/m³	《固定污染源废气 低浓度颗粒物的测定 重量法》（HJ 836—2017）、《固定污染源排气中颗粒物测定与气态污染物采样方法》（GB/T 16157—1996）及修改单均适用
3	>50 mg/m³	《固定污染源排气中颗粒物测定与气态污染物采样方法》（GB/T 16157—1996）及修改单

依据《固定污染源排气中颗粒物测定与气态污染物采样方法》（GB/T 16157—1996）及修改单进行颗粒物监测时，仅将滤筒作为样品，进行采样前后的分析称量，依据《固定污染源废气 低浓度颗粒物的测定 重量法》（HJ 836—2017）进行低浓度颗粒物监测时，需要将装有滤膜的采样头作为样品，进行采样前后的整体称量。

（2）注意事项

1）样品采集时，采样嘴应对准气流方向，与气流方向的偏差不得大于10°；不同于气态污染物，颗粒物在排气筒监测断面（横截面）上的分布是不均匀的，须多点等速采样，各点等时长采样，每个点采样时间不少于3 min。

2）应选择气流平稳的工况下进行采样。采样前后，排气筒内气流流速变化不应大于10%，否则应重新测量。

3）每次开展低浓度颗粒物监测时，每批次应采集全程序空白样品。实际监测样品的增重若低于全程序空白样品的增重，则认定该实际监测样品无效，低浓度颗粒物样品采样体积为1 m³时，方法检出限为1.0 mg/m³；废气中颗粒物浓度低于方法检出限时，全程序空白样品采样前后重量之差的绝对值不得超过0.5 mg。

4）采样前后样品称重环境条件应保持一致。低浓度颗粒物样品称重使用的恒温恒湿设备的温度控制在 15～30℃任意一点，控温精度为±1℃；相对湿度应保持在（50±5）% RH 范围内。

8.1.3.4 硫化氢排放监测

（1）常用方法

废气中硫化氢排放监测时，主要依据《空气质量　硫化氢、甲硫醇、甲硫醚和二甲二硫的测定　气相色谱法》（GB/T 14678—1993）。采用真空瓶（管）或气袋用抽气泵采集样品后，送回实验室利用气相色谱法进行分析。

（2）注意事项

1）采样时拔出真空瓶一侧的硅橡胶塞，使瓶内充入样品气体至常压，随即以硅橡胶塞塞住入气孔，将瓶避光运回实验室，样品须在 24 h 内分析。

2）硫化氢属于有毒物质，对试剂、标准样品的使用和保管要绝对注意安全。硫化氢原试剂的存放温度要低于−20℃。

3）采样瓶使用前要认真检查有无破损迹象，以免炸裂，要保证真空处理后和采样后采样瓶携带过程中的安全，防止密封塞不严或脱落。

4）加工的浓缩管连入系统后必须无漏气现象，后部硅橡胶塞与管必须紧密结合，防止因管内压力上升导致塞脱出。

8.1.3.5 氯气排放监测

（1）常用方法

废气中氯气排放监测时，主要依据《固定污染源排气中氯气的测定　甲基橙分光光度法》（HJ/T 30—1999）和《固定污染源废气　氯气的测定　碘量法》（HJ 547—2017）。采用烟气采样器采集废气于多孔玻板吸收瓶中，送回实验室采用分光光度计或滴定管进行分析。

（2）注意事项

1）在现场采样时，如氯气浓度较高，则操作人员应在上风向并戴好防毒口罩操作，严防氯气中毒。

2）当烟道气的温度明显高于环境温度时，应对采样管线加热，防止烟气在采样管线中结露。

3）开启采样泵前，确认采样系统的连接正确，检查管路气密性，采样泵的进气口端通过干燥管（或缓冲管）与采样管的出气口相连，如果接反会导致吸收液倒吸，污染和损坏仪器。万一出现倒吸的情况，应及时将流量计拆下来，用酒精清洗、干燥，并重新安装，经流量校准合格后方可继续使用。

4）采样时吸收瓶进气口端和串联的两个吸收瓶之间不可用乳胶管连接，应采用聚四氟乙烯软管或聚乙烯塑料管以内接外套法连接，即将塑料管插入吸收瓶管口，用聚四氟乙烯胶带缠好后，外面再用一段硅橡胶管接好管口。连接管应尽量短。

5）为避免采样管中的吸收液被污染，运输和贮存过程中勿将采样管倾斜或倒置，并及时更换采样管的密封接头。

6）温度低于 20℃时，校准曲线绘制和样品测定都必须延长反应显色时间；或将反应后的吸收液置于 20～30℃恒温水浴中 40 min。

8.1.3.6 氯化氢排放监测

（1）常用方法

废气中氯化氢排放监测时，主要依据《固定污染源排气中氯化氢的测定 硫氰酸汞分光光度法》（HJ/T 27—1999）、《固定污染源废气 氯化氢的测定 硝酸银容量法》（HJ 548—2016）和《环境空气和废气 氯化氢的测定 离子色谱法》（HJ 549—2016）。采用烟气采样器采集废气于多孔玻板吸收瓶中，送回实验室采用分光光度计或滴定管或离子色谱仪进行分析。

（2）注意事项

1）在采集有组织排放样品时，采样管与第一吸收管、第一吸收管与第二吸收管之间不可用乳胶管连接，应采用聚乙烯管或聚四氟乙烯塑料管以内接外套法连接，即将塑料管插入吸收瓶管口，用聚四氟乙烯胶带缠好，接口处再套一小段硅橡胶管，并检查系统的气密性和可靠性。

2）用过的吸收瓶、具塞比色管、连接管等，将溶液倒出后，直接用去离子水洗涤，不要用自来水洗涤；在操作过程中应注意防尘；手指不要触摸吸收瓶管口、比色管磨口处，以防氯化物沾污。

3）采样分析时，样品溶液、标准溶液、和空白对照必须用同一批试剂同时操作，所加试剂量也要求准确。

4）分光光度法分析时，试剂空白液吸光度较高而且不够稳定时，应多次测定其吸光度，在获得稳定数值后，再绘制校准曲线及测定样品。

5）离子色谱仪分析时，每次分析样品结束后，应用淋洗液清洗仪器管路。实验结束后用实验用水清洗仪器泵及抑制器，以免其受到淋洗液腐蚀。如出现仪器分析精度下降，应检查柱效及抑制器工作状态，必要时进行更换，以确保分析数据的准确性。

8.1.3.7　氰化氢排放监测

（1）常用方法

废气中氰化氢排放监测时，主要依据《固定污染源排气中氰化氢的测定　异烟酸-吡唑啉酮分光光度法》（HJ/T 28—1999）。采用烟气采样器采集废气于多孔玻板吸收瓶中，送回实验室采用分光光度计进行分析。

（2）注意事项

1）氰化氢是易挥发的有毒物质，在操作过程中，除了加试剂外，比色管都应盖严。

2）绘制校准曲线和样品测定时的温度之差应不超过3℃。

3）为降低试剂空白值，实验中以选用无色的 N,N'-二甲基甲酰胺为宜。

4）含氰化钾的废液应加三价铁盐或漂白粉处理后排放。

8.1.3.8　氨排放监测

（1）常用方法

废气中氨排放监测时，主要依据《环境空气和废气　氨的测定　纳氏试剂分光光度法》（HJ 533—2009）。采用烟气采样器采集废气于玻板吸收管中，送回实验室采用分光光度计进行分析。

（2）注意事项

1）当烟道气的温度明显高于环境温度时，应对采样管线加热，防止烟气在采样管线中结露。

2）开启采样泵前，确认采样系统的连接正确，采样泵的进气口端通过干燥管（或缓冲管）与采样管的出气口相连，如果接反会导致酸性吸收液倒吸，污染和损坏仪器。万一出现倒吸的情况，应及时将流量计拆下来，用酒精清洗、干燥，并重新安装，经流量校准合格后方可继续使用。

3）为避免采样管中的吸收液被污染，运输和贮存过程中勿将采样管倾斜或倒置，并及时更换采样管的密封接头。

4）采样时，应带采样全程空白吸收管。采样后应尽快分析，以防止吸收空气中的氨。

5）样品中含有三价铁等金属离子、硫化物和有机物时，应注意消除干扰。

8.1.3.9　硫酸雾排放监测

（1）常用方法

废气中硫酸雾排放监测时，主要依据《固定污染源废气　硫酸雾的测定　离子色谱法》（HJ 544—2016）。采用烟尘采样器采集废气于滤筒+冲击式吸收瓶中，送回实验室采用离子色谱仪进行分析。

（2）注意事项

1）每次采集废气样品时，应至少带两套全程序空白样品，将同批次滤筒以及装好吸收液的吸收瓶带至采样现场，不与采样器连接，采样结束后带回实验室待测。

2）每次分析样品结束后，应用淋洗液清洗仪器管路。实验结束后用实验用水清洗仪器泵及抑制器，以免其受到淋洗液腐蚀。

3）如出现仪器分析精度下降，应检查柱效及抑制器工作状态，必要时进行更换，以确保测定结果的准确性。

4）实验所用器具均不可用硫酸浸泡清洗，避免空白值较高。

8.1.3.10　氟化物排放监测

（1）常用方法

废气中氟化物排放监测时，主要依据《大气固定污染源　氟化物的测定　离子选择电极法》（HJ/T 67—2001）。采用烟尘采样器或烟气采样器采集废气于滤筒+冲击式吸收瓶或冲击式吸收瓶中，送回实验室采用离子活度计或精密酸度计进行分析。

（2）注意事项

1）应注意电极的清洁与维护，符合电极的使用说明要求。

2）测定过程中应避免使用玻璃器皿。

8.1.3.11　铬酸雾排放监测

（1）常用方法

废气中铬酸雾排放监测时，主要依据《固定污染源排气中铬酸雾的测定　二苯基碳酰二肼分光光度法》（HJ/T 29—1999）。采用烟尘采样器采集废气于滤筒中，送回实验室采用分光光度计进行分析。

（2）注意事项

采样前要彻底清洗采样管、采样嘴和弯管，并吹干。连接管要尽可能短，并检查系统气密性和可靠性。

8.1.3.12 砷、铅、镉、锡等金属及其化合物排放监测

（1）常用方法

1）废气中砷及其化合物排放监测时，主要依据《固定污染源废气 砷的测定 二乙基二硫代氨基甲酸银分光光度法》（HJ 540—2016）和《空气和废气 颗粒物中铅等金属元素的测定 电感耦合等离子体质谱法 》（HJ 657—2013）及修改单。采用烟尘采样器采集废气于滤筒中，送回实验室采用分光光度计或电感耦合等离子体质谱仪进行分析。

2）废气中铅及其化合物排放监测时，主要依据《固定污染源废气 铅的测定 火焰原子吸收分光光度法》（HJ 685—2014）和《空气和废气 颗粒物中铅等金属元素的测定 电感耦合等离子体质谱法》（HJ 657—2013）及修改单。采用烟尘采样器采集废气于滤筒中，送回实验室采用原子吸收分光光度计或电感耦合等离子体质谱仪进行分析。

3）废气中镉及其化合物排放监测时，主要依据《大气固定污染源 镉的测定 火焰原子吸收分光光度法》（HJ/T 64.1—2001）、《大气固定污染源 镉的测定 石墨炉原子吸收分光光度法》（HJ/T 64.2—2001）、《大气固定污染源 镉的测定 对-偶氮苯重氮氨基偶氮苯磺酸分光光度法》（HJ/T 64.3—2001）和《空气和废气 颗粒物中铅等金属元素的测定 电感耦合等离子体质谱法》（HJ 657—2013）及修改单。采用烟尘采样器采集废气于滤筒中，送回实验室采用原子吸收分光光度计或分光光度计或电感耦合等离子体质谱仪进行分析。

4）废气中锡及其化合物排放监测时，主要依据《大气固定污染源 锡的测定 石墨炉原子吸收分光光度法》（HJ/T 65—2001）和《空气和废气 颗粒物中铅等金属元素的测定 电感耦合等离子体质谱法》（HJ 657—2013）及修改单。采用烟尘采样器采集废气于滤筒中，送回实验室采用原子吸收分光光度计或电感耦合等离子体质谱仪进行分析。

5）废气中镍及其化合物排放监测时，主要依据《大气固定污染源 镍的测定

火焰原子吸收分光光度法》(HJ/T 63.1—2001)、《大气固定污染源 镍的测定 石墨炉原子吸收分光光度法》(HJ/T 63.2—2001)、《大气固定污染源 镍的测定 丁二酮肟-正丁醇萃取分光光度法》(HJ/T 63.3—2001)和《空气和废气 颗粒物中铅等金属元素的测定 电感耦合等离子体质谱法》(HJ 657—2013)及修改单。采用烟尘采样器采集废气于滤筒中,送回实验室采用原子吸收分光光度计或分光光度计或电感耦合等离子体质谱仪进行分析。

6)锌、锰、锑、铜、钴、钼、铊及其化合物排放监测时,主要依据《空气和废气 颗粒物中铅等金属元素的测定 电感耦合等离子体质谱法》(HJ 657—2013)及修改单。采用烟尘采样器采集废气于滤筒中,送回实验室采用电感耦合等离子体质谱仪进行分析。

(2)注意事项

1)采样器应定期检定或校准,并按计划进行期间核查。每次采样前需进行流量和气密性检查,检查方法按照《烟尘采样器技术条件》(HJ/T 48—1999)中相关要求进行,其他质量保证和质量控制措施按照《固定源废气监测技术规范》(HJ/T 397—2007)中相关要求执行。

2)滤筒样品采集后将封口向内折叠,竖直放回原采样套筒中密闭保存。

3)电感耦合等离子体质谱仪应定期检定或校准并在有效期内运行,以保证检出限、灵敏度、定量测定范围满足方法要求。仪器工作时的环境温度和湿度需符合仪器使用说明书中相关指标的要求。样品测定过程中,必须对可能会遭到质谱性基质干扰的元素进行检验,以确认是否有干扰发生。必须对所有可能影响数据准确性的质量同位素进行监控。

4)采样和分析过程中应避免用手指触摸滤筒,防止带入污染。

5)铊、砷、铅、镍等金属元素有毒性,实验过程中应做好安全防护工作。

8.1.3.13　汞及其化合物排放监测

（1）常用方法

废气中汞及其化合物排放监测时，主要依据《固定污染源废气　汞的测定　冷原子吸收分光光度法（暂行）》（HJ 543—2009）。采用烟气采样器采集废气于气泡吸收管中，送回实验室采用冷原子吸收测汞仪进行分析。

（2）注意事项

全部玻璃器皿在使用前要用 10%硝酸溶液浸泡过夜或用（1+1）硝酸溶液浸泡 40 min，以除去器壁上吸附的汞。

8.1.3.14　臭气浓度监测

（1）常用方法

废气中臭气浓度监测时，主要依据《恶臭污染源环境监测技术规范》（HJ 905—2017）和《空气质量　恶臭的测定　三点比较式臭袋法》（GB/T 14675—93）。利用真空瓶（管）或气袋用抽气泵采集恶臭气体样品后，送回实验室利用三点比较式臭袋法进行分析。

（2）注意事项

1）真空瓶采样

①真空瓶的准备：采样前应采用空气吹洗，再抽真空使用，使用后的真空瓶应及时用空气吹洗。当使用后的真空瓶污染较严重时，应采用蒸沸或重铬酸钾洗液清洗的方法处理。当有组织排放源样品浓度过高，需对样品进行预稀释时，在采样前应对真空瓶进行定容，可采用注水计量法对真空瓶定容，定容后的真空瓶应经除湿处理后再抽气采样。对新购置的真空瓶或新配置的胶塞，应进行漏气检查。用带有真空表的胶塞塞紧真空瓶的大口端，抽气减压到绝对压力 1.33 kPa 以下，放置 1 h 后，如果瓶内绝对压力不超过 2.66 kPa，则视为不漏气。

②系统漏气检查：采样前将除湿定容后的真空瓶抽真空至 1.0×10^5 Pa，放置 2 h

后，观察并记录真空瓶压力变化不能超过规定负压的 20%。连接采样系统，打开抽气泵抽气，使真空压力表负压上升至 13 kPa，关闭抽气泵一侧阀门，压力在 1 min 之内下降不超过 0.15 kPa，则视为系统不漏气。

③样品采集：采样前，打开气泵以 1 L/min 流量抽气约 5 min，置换采样系统中的空气。接通采样管路，打开真空瓶旋塞，使气体进入真空瓶，然后关闭旋塞，将真空瓶取下。必要时记录采样的工况、环境温度及大气压力及真空瓶采样前瓶内压力。

④采样频次：连续有组织排放源按生产周期确定采样频次，样品采集次数不小于 3 次，取其最大测定值。生产周期在 8 h 以内的，采样间隔不小于 2 h；生产周期大于 8 h 的，采样间隔不小于 4 h。间歇有组织排放源应在恶臭污染浓度最高时段采样，样品采集次数不小于 3 次，取其最大测定值。

⑤样品保存：真空瓶存放的样品应有相应的包装箱，防止光照和碰撞，所有样品均应在 17～25℃条件下保存，样品应在采样后 24 h 内测定。

⑥采集样品时，应注意：采样位置应选择在排气压力为正压或常压点位处；真空瓶应尽量靠近排放管道处，并应采用惰性管材（如聚四氟乙烯管等）作为采样管；如采集排放源强酸或强碱性气体时，应使用洗涤瓶。取 100 mL 洗涤瓶，内装 5 mol/L 的氢氧化钠溶液或 3 mol/L 的硫酸溶液洗涤气体。

2）气袋采样

①连接好采样系统，在抽气泵前加装一个真空压力表，按照真空瓶采样系统一样的方法进行系统漏气检查。

②打开采样气体导管与采样袋之间的阀门，启动抽气泵，抽取气袋采样箱呈负压，气体进入采样袋，采样袋充满气体后，关闭采样袋阀门。采样前按上述操作，用被测气体冲洗采样袋 3 次。

③采样结束，从气袋采样箱取出充满样气的采样袋，送回实验室分析。气袋样品应避光保存，所有样品均应在 17～25℃条件下保存，样品应在采样后 24 h 内测定。

④采集排气温度较高样品时，应注意气袋的适用温度。必要时记录采样的工况、环境温度及大气压力。

8.2　无组织废气监测

8.2.1　监测方式

无组织废气监测是指排污单位对没有经过排气筒无规则排放的废气，或者废气虽经排气筒排放但排气筒高度没有达到有组织排放要求的低矮排气筒排放的废气污染物浓度进行监测。

无组织废气排放监测的主要方式为现场采样+实验室分析，与有组织废气的方式相同，就是指采用特定仪器采集一定量的无组织废气并妥善保存带回实验室进行分析。主要采样方式包括直接采样法（气袋、真空瓶等）和富集（浓缩）采样法（吸附管、滤膜捕集、吸收液吸收等），主要分析方法包括重量法、色谱法、质谱法、光度法和光谱法等。

8.2.2　现场采样

8.2.2.1　现场采样技术要点

无组织废气排放监测的标准为《无机化学工业污染物排放标准》（GB 31573—2015）及修改单。该标准中规定企业边界大气污染物的采样点位置与采样方法等按照《大气污染物无组织排放监测技术导则》（HJ/T 55—2000）的规定执行。

（1）控制无组织排放的基本方式

按照《大气污染物无组织排放监测技术导则》（HJ/T 55—2000）的规定，我国以控制无组织排放所造成的后果来对无组织排放实行监督和限制。采用的基本方式是规定设立监控点（监测点）和规定监控点的污染物浓度限值。在设置监测点时，有的污染物要求除在下风向设置监控点外，还要在上风向设置对照点，监控浓度限值为监控点与参照点的浓度差值。有的污染物要求只在周界外浓度最高点设置监控点。

（2）设置监控点的位置和数目

根据《大气污染物无组织排放监测技术导则》（HJ/T 55—2000）的规定，氟化物的监控点设在无组织排放源下风向 2～50 m 的浓度最高点，相对应的参照点设在排放源上风向 2～50 m 内；其余物质的监控点设在单位周界外 10 m 范围内的浓度最高点。按规定监控点最多可设 4 个，参照点只设 1 个。

（3）采样频次的要求

按照《大气污染物无组织排放监测技术导则》（HJ/T 55—2000）的规定对无组织排放进行监测时，实行连续 1 h 的采样，或者实行在 1 h 内以等时间间隔采集 4 个样品计平均值。在进行实际监测时，为了捕捉到监控点最高浓度的时段，实际安排的采样时间可超过 1 h。

（4）工况的要求

由于大气污染物排放标准对无组织排放实行限制的原则是在最大负荷下生产和排放，以及在最不利于污染物扩散稀释的条件下，无组织排放监控值不应超过排放标准所规定的限值。因此，监测人员应在不违反上述原则的前提下，选择尽可能高的生产负荷及不利于污染物扩散稀释的条件进行监测。

针对以上基本要求，如果排污单位执行的行业排放标准中对无组织排放有明确要求的，按照行业标准执行。

8.2.2.2　监测前准备工作

（1）单位基本情况调查

1）主要原、辅材料和主、副产品，相应用量和产量、来源及运输方式等，重点了解用量大和可产生大气污染的材料和产品，列表说明，并予以必要的注释。

2）注意车间和其他主要建筑物的位置和尺寸，有组织排放和无组织排放口位置及其主要参数，排放污染物的种类和排放速率；单位周界围墙的高度和性质（封闭式或通风式）；单位区域内的主要地形变化等。对单位周界外的主要环境敏感点（影响气流运动的建筑物和地形分布、有无排放被测污染物的污染源存在）进行调查，并标于单位平面布置图中。

3）了解环境保护影响评价、工程建设设计、实际建设的污染治理设施的种类、原理、设计参数、数量以及目前的运行情况等。

（2）无组织排放源基本情况调查

除调查排放污染物的种类和排放速率（估计值）之外，还应重点调查被监测无组织排放源的形状、尺寸、高度及其处于建筑群的具体位置等。

（3）仪器设备准备

按照被测物质的对应标准分析方法中有关无组织排放监测的采样部分所规定仪器设备和试剂做好准备。所用仪器应通过计量监督部门的性能检定合格，并在使用前做必要调试和检查。采样时应注意检查电路系统、气路部分、校正流量计。

（4）监测条件

监测时，被测无组织排放源的排放负荷应处于相对较高，或者处于正常生产和排放状态。主导风向（平均风速）利于监控点的设置，并可使监控点和被测无组织排放源之间的距离尽可能缩小。通常情况下，选择冬季微风的日期，避开阳光辐射较强烈的中午时段进行监测是比较适宜的。

8.2.3　具体指标的监测

按照《无机化学工业污染物排放标准》（GB 31573—2015）及修改单、《硝酸工业污染物排放标准》（GB 26131—2010）、《硫酸工业污染物排放标准》（GB 26132—2010）及修改单、《烧碱、聚氯乙烯工业污染物排放标准》（GB 15581—2016）、《大气污染物综合排放标准》（GB 16297—1996）中企业边界大气污染物指标进行监测。监测指标包括硫化氢、硫酸雾、氯气、氯化氢、氟化物、铬酸雾、氰化氢、氨、砷及其化合物、铅及其化合物、汞及其化合物、锑及其化合物、镍及其化合物、镉及其化合物、锰及其化合物、钴及其化合物、钼及其化合物、铊及其化合物等。各监测指标除遵循 8.2.1 监测方式和 8.2.2 现场采样的相关要求外，还应遵循各自的具体要求。

排污单位根据自身所执行的污染物排放（控制）标准、环境影响评价文件及其批复、排污许可证等相关环境管理规定以及生产工艺、原辅用料、中间及最终产品，选择上述适用的监测指标进行监测。

监测分析方法。按照《无机化学工业污染物排放标准》（GB 31573—2015）及修改单要求，常用无组织废气监测标准方法见表 8-4。

表 8-4　常用无组织废气监测标准方法

序号	监测指标	标准方法
1	硫化氢	《空气质量　硫化氢、甲硫醇、甲硫醚和二甲二硫的测定　气相色谱法》（GB/T 14678—1993）
2	硫酸雾	《固定污染源废气　硫酸雾的测定　离子色谱法（暂行）》（HJ 544—2009）
3	氯气	《固定污染源排气中氯气的测定　甲基橙分光光度法》（HJ/T 30—1999）
4	氯化氢	《固定污染源排气中氯化氢的测定　硫氰酸汞分光光度法》（HJ/T 27—1999） 《环境空气和废气　氯化氢的测定　离子色谱法》（HJ 549—2016）
5	氟化物	《环境空气　氟化物的测定　石灰滤纸采样氟离子选择电极法》（HJ 481—2009）
6	铬酸雾	《固定污染源排气中铬酸雾的测定　二苯基碳酰二肼分光光度法》（HJ/T 29—1999）
7	氰化物	《固定污染源排气中氰化氢的测定　异烟酸-吡唑啉酮分光光度法》（HJ/T 28—1999）
8	氨	《环境空气和废气　氨的测定　纳氏试剂分光光度法》（HJ 533—2009）

序号	监测指标	标准方法
9	砷及其化合物（以砷计）	《固定污染源废气 砷的测定 二乙基二硫代氨基甲酸银分光光度法》（HJ 540—2016） 《空气和废气 颗粒物中铅等金属元素的测定 电感耦合等离子体质谱法》（HJ 657—2013）及修改单
10	铅及其化合物（以铅计）	《环境空气 铅的测定 火焰原子吸收分光光度法》（GB/T 15264—1994）及修改单 《空气和废气 颗粒物中铅等金属元素的测定 电感耦合等离子体质谱法》（HJ 657—2013）及修改单
11	汞及其化合物（以汞计）	《环境空气 汞的测定 巯基棉富集-冷原子荧光分光光度法（暂行）》（HJ 542—2009）及修改单
12	锑及其化合物（以锑计）	《空气和废气 颗粒物中铅等金属元素的测定 电感耦合等离子体质谱法》（HJ 657—2013）及修改单
13	镍及其化合物（以镍计）	《大气固定污染源 镍的测定 火焰原子吸收分光光度法》（HJ/T 63.1—2001） 《大气固定污染源 镍的测定 石墨炉原子吸收分光光度法》（HJ/T 63.2—2001） 《大气固定污染源 镍的测定 丁二酮肟-正丁醇萃取分光光度法》（HJ/T 63.3—2001） 《空气和废气 颗粒物中铅等金属元素的测定 电感耦合等离子体质谱法》（HJ 657—2013）及修改单
14	镉及其化合物（以镉计）	《大气固定污染源 镉的测定 火焰原子吸收分光光度法》（HJ/T 64.1—2001） 《大气固定污染源 镉的测定 石墨炉原子吸收分光光度法》（HJ/T 64.2—2001） 《大气固定污染源 镉的测定 对-偶氮苯重氮氨基偶氮苯磺酸分光光度法》（HJ/T 64.3—2001） 《空气和废气 颗粒物中铅等金属元素的测定 电感耦合等离子体质谱法》（HJ 657—2013）及修改单
15	锰及其化合物（以锰计）	《空气和废气 颗粒物中铅等金属元素的测定 电感耦合等离子体质谱法》（HJ 657—2013）及修改单
16	钴及其化合物（以钴计）	《空气和废气 颗粒物中铅等金属元素的测定 电感耦合等离子体质谱法》（HJ 657—2013）及修改单
17	钼及其化合物（以钼计）	《空气和废气 颗粒物中铅等金属元素的测定 电感耦合等离子体质谱法》（HJ 657—2013）及修改单
18	铊及其化合物（以铊计）	《空气和废气 颗粒物中铅等金属元素的测定 电感耦合等离子体质谱法》（HJ 657—2013）及修改单

第 9 章　废气自动监测管理技术要点

废气自动监测系统因其实时、自动等功能，在环境管理中发挥着越来越大的作用。如何确保废气自动监测数据能够有效应用，这就要求排污单位加强废气自动监测系统的运维和管理，使其能够稳定、良好的运行。本章基于《固定污染源烟气（SO_2、NO_x、颗粒物）排放连续监测技术规范》（HJ 75—2017）、《固定污染源烟气（SO_2、NO_x、颗粒物）排放连续监测系统技术要求及检测方法》（HJ 76—2017）标准，对废气自动监测系统的建设、验收、运行维护应注意的技术要点进行梳理。

9.1　废气自动监测系统组成及性能要求

9.1.1　基本概念

废气自动监测系统通常是指烟气排放连续监测系统（Continuous Emission Monitoring System，CEMS）。该系统能够实现对固定污染源排放的颗粒物和（或）气态污染物的排放浓度和排放量进行连续、实时的自动监测。废气自动监测管理是指对系统中包含的所有设备进行规范安装、调试、验收、运行维护，从而实现对自动监测数据的质量保证与质量控制的技术工作。

9.1.2　CEMS 组成和功能要求

一套完整的 CEMS 主要包括颗粒物监测单元、气态污染物监测单元、烟气参数监测单元、数据采集与传输单元以及相应的建筑设施等。

1）颗粒物监测单元：主要对排放烟气中的颗粒物浓度进行测量。

2）气态污染物监测单元：主要对排放烟气中 SO_2、NO_x、CO、HCl 等气态形式存在的污染物进行监测。

3）烟气参数监测单元：主要对排放烟气的温度、压力、湿度、氧含量等参数进行监测，用于污染物排放量的计算，以及将污染物的实测浓度折算成标准干烟气状态下或排放标准中规定的过剩空气系数下的浓度。

4）数据采集与传输单元：主要完成测量数据的采集、存储、统计功能，并按相关标准要求的格式将数据传输到环境监管部门。

对于配有锅炉的排污单位，废气自动监测主要包括颗粒物、SO_2、NO_x 等污染物。在选择 CEMS 时，应要求具备测量烟气中颗粒物、SO_2、NO_x 浓度和烟气参数（温度、压力、流速或流量、湿度、氧含量等），同时计算出烟气中污染物的排放速率和排放量，显示（可支持打印）和记录各种数据及参数，形成相关图表，并通过数据、图文等方式传输至管理部门等功能。

对于氮氧化物监测单元，NO_2 可以直接测量，也可通过转化炉转化为 NO 后一并测量，但不允许只监测烟气中的 NO。NO_2 转换为 NO 的效率不小于 95%。

排污单位在进行自动监控系统安装选型时，应当根据国家对每个监测设备的具体技术要求进行选型安装。选型安装在线监测仪器时，应根据污染物浓度和排放标准，选择检测范围与之匹配的在线监测仪器，监测仪器满足国家对应仪器的技术要求。如 SO_2、NO_x、颗粒物应符合《固定污染源烟气（SO_2、NO_x、颗粒物）排放连续监测技术规范》（HJ 75—2017）和《固定污染源烟气（SO_2、NO_x、颗粒物）排放连续监测系统技术要求及检测方法》等（HJ 76—2017）相关规范要求。选型安装数据传输设备时，应按照《污染物在线监控（监测）系统数据传输标准》

（HJ 212—2017）和《污染源在线自动监控（监测）数据采集传输仪技术要求》（HJ 477—2009）规范要求设置，不得添加其他可能干扰监测数据存储、处理、传输的软件或设备。

在污染源自动监测设备建设、联网和管理过程中，当地生态环境主管部门有相关规定的，应同时参考地方的规定要求。如上海市环保局 2017 年和上海市生态环境局 2022 年发布的《上海市固定污染源自动监测建设、联网、运维和管理有关规定》。

9.2 CEMS 现场安装要求

CEMS 的现场安装主要涉及现场监测站房、废气排放口、自动监控点位设置及监测断面等内容。现场监测站房必须能满足仪器设备功能需求且专室专用，保障供电、给排水、温湿度控制、网络传输等必需的运行条件，配备安装必要的电源、通讯网络、温湿度控制、视频监视和安全防护设施；排放口应设置符合《环境保护图形标志 排放口（源）》（GB 15562.1—1995）要求的环境保护图形标志牌。排放口的设置应按照生态环境部和地方生态环境主管部门的相关要求，进行规范化设置；自动监控点位的选取应尽可能选取固定污染源烟气排放状况有代表性的点位。具体要求见 5.3 节的相关部分内容。

9.3 CEMS 技术指标调试检测

9.3.1 CEMS 技术指标调试检测

CEMS 在现场安装运行以后，在接受验收前，应进行技术性能指标的调试检测。调试检测的技术指标包括：

颗粒物 CEMS 零点漂移、量程漂移；

颗粒物 CEMS 线性相关系数、置信区间、允许区间；

气态污染物的气量染物（含信号、开设参比方法采样孔；若烟道截面的宽度大于 CEMS 和氧气 CMS 零点漂移、量程漂移）；

气态污染物的气量染物（含信号、开设参比方法采样孔；若烟道截面的宽度大于 CEMS 和氧气 CMS 示值误差）；

气态污染物的气量染物（含信号、开设参比方法采样孔；若烟道截面的宽度大于 CEMS 和氧气 CMS 系统响应时间）；

气态污染物的气量染物（含信号、开设参比方法采样孔；若烟道截面的宽度大于 CEMS 和氧气 CMS 准确度）；

流速 CMS 速度场系数；

流速 CMS 速度场系数精密度；

温度 CMS 准确度；

湿度 CMS 准确度。

9.3.2　联网调试检测

安装调试完成后 15 d 内，按照《污染物在线监控（监测）系统数据传输标准》（HJ 212—2017）技术要求与生态环境主管部门联网。

9.4　CEMS 验收要求

技术验收包括 CEMS 技术指标验收和联网验收。

CEMS 在完成安装、调试检测并与生态环境主管部门联网后，同时符合下列要求后，可组织实施技术验收工作。

1）CEMS 的安装位置及手工采样位置符合 5.3 节相关部分内容的要求。

2）数据采集和传输以及通信协议均符合《污染物在线监控（监测）系统数据传输标准》（HJ 212—2017）的要求，并提供一个月内数据采集和传输自检报告，报告应对数据传输标准的各项内容作出响应。

3）根据 9.3.1 的要求进行 72 h 的调试检测，并提供调试检测合格报告及调试检测结果数据。

4）调试检测后至少稳定运行 7 d。

9.4.1 CEMS 技术指标验收

9.4.1.1 验收要求

CEMS 技术指标验收包括颗粒物 CEMS、气态污染物 CEMS、烟气参数 CMS 技术指标验收。符合下列要求后，即可进行技术指标验收。

1）现场验收期间，生产设备应正常且稳定运行，可通过调节固定污染源烟气净化设备达到某一排放状况，该状况在测试期间保持稳定。

2）日常运行中更换 CEMS 分析仪表或变动 CEMS 取样点位时，应进行再次验收。

3）现场验收时必须采用有证标准物质或标准样品，较低浓度的标准气体可以使用高浓度的标准气体采用等比例稀释方法获得，等比例稀释装置的精密度在 1% 以内。标准气体要求贮存在铝或不锈钢瓶中，不确定度不超过±2%。

4）对于光学法颗粒物 CEMS，校准时须对实际测量光路进行全光路校准，确保发射光先经过出射镜片，再经过实际测量光路，到校准镜片后，再经过入射镜片到达接收单元，不得只对激光发射器和接收器进行校准。对于抽取式气态污染物 CEMS，当对全系统进行零点校准和量程校准、示值误差和系统响应时间的检测时，零气和标准气体应通过预设管线输送至采样探头处，经由样品传输管线回到站房，经过全套预处理设施后进入气体分析仪。

5）验收前检查直接抽取式气态污染物采样伴热管的设置，设置的加热温度≥120℃，并高于烟气露点温度 10℃以上，实际温度能够在机柜或系统软件中查询。冷干法 CEMS 冷凝器的设置和实际控制温度应保持在 2～6℃。

9.4.1.2 验收内容

颗粒物 CEMS 技术指标验收包括颗粒物的零点漂移、量程漂移和准确度验收。气态污染物 CEMS 和氧气 CMS 技术指标验收包括零点漂移、量程漂移、示值误差、系统响应时间和准确度验收。

现场验收时，先做示值误差和系统响应时间的验收测试，不符合技术要求的，可不再继续开展其余项目验收。

通入零气和标气时，均应通过 CEMS 系统，不得直接通入气体分析仪。

示值误差、系统响应时间、零点漂移和量程漂移验收技术要求需满足表 9-1 的要求。

表 9-1 示值误差、系统响应时间、零点漂移和量程漂移验收技术要求

检测项目			技术要求
气态污染物 CEMS	二氧化硫	示值误差	当满量程≥100 μmol/mol（286 mg/m^3）时，示值误差不超过±5%（相对于标准气体标称值）；当满量程<100 μmol/mol（286 mg/m^3）时，示值误差不超过±2.5%（相对于仪表满量程值）
		系统响应时间	≤200 s
		零点漂移、量程漂移	不超过±2.5%
	氮氧化物	示值误差	当满量程≥200 μmol/mol（410 mg/m^3）时，示值误差不超过±5%（相对于标准气体标称值）；当满量程<200 μmol/mol（410 mg/m^3）时，示值误差不超过±2.5%（相对于仪表满量程值）
		系统响应时间	≤200 s
		零点漂移、量程漂移	不超过±2.5%
氧气 CMS	氧气	示值误差	±5%（相对于标准气体标称值）
		系统响应时间	≤200 s
		零点漂移、量程漂移	不超过±2.5%
颗粒物 CEMS	颗粒物	零点漂移、量程漂移	不超过±2.0%

注：氮氧化物以 NO$_2$ 计。

准确度验收技术要求需满足表 9-2 的要求。

表 9-2　准确度验收技术要求

检测项目			技术要求
气态污染物 CEMS	二氧化硫	准确度	排放浓度≥250 μmol/mol（715 mg/m³）时，相对准确度≤15%
			50 μmol/mol（143 mg/m³）≤排放浓度<250 μmol/mol（715 mg/m³）时，绝对误差不超过±20 μmol/mol（57 mg/m³）
			20 μmol/mol（57 mg/m³）≤排放浓度<50 μmol/mol（143 mg/m³）时，相对误差不超过±30%
			排放浓度<20 μmol/mol（57 mg/m³）时，绝对误差不超过±6 μmol/mol（17 mg/m³）
	氮氧化物	准确度	排放浓度≥250 μmol/mol（513 mg/m³）时，相对准确度≤15%
			50 μmol/mol（103 mg/m³）≤排放浓度<250 μmol/mol（513 mg/m³）时，绝对误差不超过±20 μmol/mol（41 mg/m³）
			20 μmol/mol（41 mg/m³）≤排放浓度<50 μmol/mol（103 mg/m³）时，相对误差不超过±30%
			排放浓度<20 μmol/mol（41 mg/m³）时，绝对误差不超过±6 μmol/mol（12 mg/m³）
	其他气态污染物	准确度	相对准确度≤15%
氧气 CMS	氧气	准确度	>5.0%时，相对准确度≤15%
			≤5.0%时，绝对误差不超过±1.0%
颗粒物 CEMS	颗粒物	准确度	排放浓度>200 mg/m³时，相对误差不超过±15%
			100 mg/m³<排放浓度≤200 mg/m³时，相对误差不超过±20%
			50 mg/m³<排放浓度≤100 mg/m³时，相对误差不超过±25%
			20 mg/m³<排放浓度≤50 mg/m³时，相对误差不超过±30%
			10 mg/m³<排放浓度≤20 mg/m³时，绝对误差不超过±6 mg/m³
			排放浓度≤10 mg/m³，绝对误差不超过±5 mg/m³
流速 CMS	流速	准确度	流速>10 m/s时，相对误差不超过±10%
			流速≤10 m/s时，相对误差不超过±12%
温度 CMS	温度	准确度	绝对误差不超过±3℃
湿度 CMS	湿度	准确度	烟气湿度>5.0%时，相对误差不超过±25%
			烟气湿度≤5.0%时，绝对误差不超过±1.5%

注：氮氧化物以 NO_2 计，以上各参数区间划分以参比方法测量结果为准。

9.4.2　联网验收

联网验收由通信及数据传输验收、现场数据比对验收和联网稳定性验收三部分组成。

9.4.2.1　通信及数据传输验收

按照《污染物在线监控（监测）系统数据传输标准》（HJ 212—2017）的规定检查通信协议的正确性。数据采集和处理子系统与监控中心之间的通信应稳定，不出现经常性的通信连接中断、报文丢失、报文不完整等通信问题。为保证监测数据在公共数据网上传输的安全性，所采用的数据采集和处理子系统应进行加密传输。监测数据在向监控系统传输的过程中，应由数据采集和处理子系统直接传输。

9.4.2.2　现场数据比对验收

数据采集和处理子系统稳定运行 1 周后，对数据进行抽样检查，对比上位机接收到的数据和现场机存储的数据是否一致，精确至一位小数。

9.4.2.3　联网稳定性验收

在连续一个月内，子系统能稳定运行，不出现通信稳定性、通信协议正确性、数据传输正确性以外的其他联网问题。

9.4.2.4　联网验收技术指标要求

联网验收技术指标要求见表 9-3。

表 9-3　联网验收技术指标要求

验收检测项目	考核指标
通信稳定性	①现场机在线率为 95%以上； ②正常情况下，掉线后，应在 5 min 之内重新上线； ③单台数据采集传输仪每日掉线次数在 3 次以内； ④报文传输稳定性在 99%以上，当出现报文错误或丢失时，启动纠错逻辑，要求数据采集传输仪重新发送报文
数据传输安全性	①对所传输的数据应按照《污染物在线监控（监测）系统数据传输标准》（HJ 212—2017）中规定的加密方法进行加密处理传输，保证数据传输的安全性； ②服务器端对请求连接的客户端进行身份验证
通信协议正确性	现场机和上位机的通信协议应符合《污染物在线监控（监测）系统数据传输标准》（HJ 212—2017）的规定，正确率为 100%
数据传输正确性	系统稳定运行 1 周后，对 1 周的数据进行检查，对比接收的数据和现场的数据一致，精确至一位小数，抽查数据正确率为 100%
联网稳定性	系统稳定运行一个月，不出现通信稳定性、通信协议正确性、数据传输正确性以外的其他联网问题

9.5　CEMS 日常运行管理要求

9.5.1　总体要求

CEMS 运维单位应根据 CEMS 使用说明书和本节要求编制仪器运行管理规程，确定系统运行操作人员和管理维护人员的工作职责。运维人员应当熟练掌握烟气排放连续监测仪器设备的原理、使用和维护方法。CEMS 日常运行管理应包括日常巡检、日常维护保养及 CEMS 的校准和检验。

9.5.2　日常巡检

CEMS 运维单位应根据本节要求和仪器使用说明中的相关要求制定巡检规程，并严格按照规程开展日常巡检工作并做好记录。日常巡检记录应包括检查项目、检查日期、被检项目的运行状态等内容，每次巡检应记录并归档。CEMS 日常巡检时间间隔不超过 7 d。

日常巡检可参照《固定污染源烟气（SO₂、NOₓ、颗粒物）排放连续监测技术规范》（HJ 75—2017）附录 G 中的表 G.1～表 G.3 中的格式记录。

9.5.3　日常维护保养

运维单位应根据 CEMS 说明书的要求对 CEMS 系统保养内容、保养周期或耗材更换周期等作出明确规定，每次保养情况应记录并归档。每次进行备件或材料更换时，更换的备件或材料的品名、规格、数量等应记录并归档。如更换有证标准物质或标准样品，还需记录新标准物质或标准样品的来源、有效期和浓度等信息。对日常巡检或维护保养中发现的故障或问题，运维人员应及时处理并记录。

CEMS 日常运行管理参照《固定污染源烟气（SO₂、NOₓ、颗粒物）排放连续监测技术规范》（HJ 75—2017）附录 G 中的格式记录。

9.5.4　CEMS 的校准和检验

运维单位应根据 9.6 节规定的方法和质量保证规定的周期制定 CEMS 系统的日常校准和校验操作规程。校准和校验记录应及时归档。

9.6　CEMS 日常运行质量保证要求

9.6.1　总体要求

CEMS 日常运行质量保证是保障 CEMS 正常稳定运行、持续提供有质量保证监测数据的必要手段。当 CEMS 不能满足技术指标而失控时，应及时采取纠正措施，并应缩短下一次校准、维护和校验的间隔时间。

9.6.2　定期校准

CEMS 运行过程中的定期校准是质量保证中的一项重要工作，定期校准应做到：

1）具有自动校准功能的颗粒物 CEMS 和气态污染物 CEMS 每 24 h 至少自动校准一次仪器零点和量程，同时测试并记录零点漂移和量程漂移。

2）无自动校准功能的颗粒物 CEMS 每 15 d 至少校准一次仪器的零点和量程，同时测试并记录零点漂移和量程漂移。

3）无自动校准功能的直接测量法气态污染物 CEMS 每 15 d 至少校准一次仪器的零点和量程，同时测试并记录零点漂移和量程漂移。

4）无自动校准功能的抽取式气态污染物 CEMS 每 7 d 至少校准一次仪器零点和量程，同时测试并记录零点漂移和量程漂移。

5）抽取式气态污染物 CEMS 每 3 个月至少进行一次全系统的校准，要求零气和标准气体从监测站房发出，经采样探头末端与样品气体通过的路径（应包括采样管路、过滤器、洗涤器、调节器、分析仪表等）一致，进行零点和量程漂移、示值误差和系统响应时间的检测。

6）具有自动校准功能的流速 CMS 每 24 h 至少进行一次零点校准，无自动校准功能的流速 CMS 每 30 d 至少进行一次零点校准。

7）校准技术指标应满足表 9-4 的要求。定期校准记录按照《固定污染源烟气（SO_2、NO_x、颗粒物）排放连续监测技术规范》（HJ 75—2017）附录 G 中的表 G.4 形式记录。

表 9-4　CEMS 定期校准、校验技术指标要求及数据失控时段的判别

项目	CEMS 类型		校准功能	校准周期	技术指标	技术指标要求	失控指标	最少样品数/对
定期校准	颗粒物 CEMS		自动	24 h	零点漂移	不超过±2.0%	超过±8.0%	—
					量程漂移	不超过±2.0%	超过±8.0%	
			手动	15 d	零点漂移	不超过±2.0%	超过±8.0%	
					量程漂移	不超过±2.0%	超过±8.0%	
	气态污染物 CEMS	抽取测量或直接测量	自动	24 h	零点漂移	不超过±2.5%	超过±5.0%	—
					量程漂移	不超过±2.5%	超过±10.0%	
		抽取测量	手动	7 d	零点漂移	不超过±2.5%	超过±5.0%	
					量程漂移	不超过±2.5%	超过±10.0%	
		直接测量	手动	15 d	零点漂移	不超过±2.5%	超过±5.0%	
					量程漂移	不超过±2.5%	超过±10.0%	

项目	CEMS 类型	校准功能	校准周期	技术指标	技术指标要求	失控指标	最少样品数/对
定期校验	流速 CMS	自动	24 h	零点漂移或绝对误差	零点漂移不超过±3.0%或绝对误差不超过±0.9 m/s	零点漂移超过±8.0%且绝对误差超过±1.8 m/s	—
		手动	30 d	零点漂移或绝对误差	零点漂移不超过±3.0%或绝对误差不超过±0.9 m/s	零点漂移超过±8.0%且绝对误差超过±1.8 m/s	—
	颗粒物 CEMS	3 个月或 6 个月	准确度	满足本标准 9.3.8	超过本标准9.3.8 规定范围		5
	气态污染物 CEMS						9
	流速 CMS						5

9.6.3　定期维护

CEMS 运行过程中的定期维护是日常巡检的一项重要工作,维护频次按照《固定污染源烟气（SO_2、NO_x、颗粒物）排放连续监测技术规范》（HJ 75—2017）中附录 G 中表 G.1～表 G.3 说明进行, 定期维护应做到:

1）污染源停运到开始生产前应及时到现场清洁光学镜面。

2）定期清洗隔离烟气与光学探头的玻璃视窗,检查仪器光路的准直情况;定期对清吹空气保护装置进行维护,检查空气压缩机或鼓风机、软管、过滤器等部件。

3）定期检查气态污染物 CEMS 的过滤器、采样探头和管路的结灰和冷凝水情况、气体冷却部件、转换器、泵膜老化状态。

4）定期检查流速探头的积灰和腐蚀情况、反吹泵和管路的工作状态。

5）定期维护记录按照《固定污染源烟气（SO_2、NO_x、颗粒物）排放连续监测技术规范》（HJ 75—2017）附录 G 中的表 G.1～表 G.3 中的格式记录。

9.6.4　定期校验

CEMS 投入使用后，燃料、除尘效率的变化、水分的影响、安装点的振动等都会对测量结果的准确性产生影响。定期校验应做到：

1）有自动校准功能的测试单元每 6 个月至少做一次校验，没有自动校准功能的测试单元每 3 个月至少做一次校验；校验用参比方法和 CEMS 同时段数据进行比对，按照《固定污染源烟气（SO_2、NO_x、颗粒物）排放连续监测技术规范》（HJ 75—2017）进行。

2）校验结果应符合表 9-4 的要求，不符合时，则应扩展为对颗粒物 CEMS 的相关系数的校正或/和评估气态污染物 CEMS 的准确度或/和流速 CMS 的速度场系数（或相关性）的校正，直到 CEMS 达到表 9-2 的要求，方法见《固定污染源烟气（SO_2、NO_x、颗粒物）排放连续监测技术规范》（HJ 75—2017）附录 A。

3）定期校验记录按照《固定污染源烟气（SO_2、NO_x、颗粒物）排放连续监测技术规范》（HJ 75—2017）附录 G 中的表 G.5 格式记录。

9.6.5　常见故障分析及排除

当 CEMS 发生故障时，系统管理维护人员应及时处理并记录。设备维修记录见《固定污染源烟气（SO_2、NO_x、颗粒物）排放连续监测技术规范》（HJ 75—2017）附录 G 中的表 G.6。维修处理过程中，要注意以下几点：

1）CEMS 需要停用、拆除或者更换的，应当事先报经主管部门批准。

2）运维单位发现故障或接到故障通知，应在 4 h 内赶到现场处理。

3）对于一些容易诊断的故障，如电磁阀控制失灵、膜裂损、气路堵塞、数据采集仪死机等，可携带工具或者备件到现场进行针对性维修，此类故障维修时间不应超过 8 h。

4）仪器经过维修后，在正常使用和运行之前应确保维修内容全部完成，性能通过检测程序，按 9.6.2 对仪器进行校准检查。若监测仪器进行了更换，在正常使用和运行之前应对系统进行重新调试和验收。

5）若数据存储/控制仪发生故障，应在 12 h 内修复或更换，并保证已采集的数据不丢失。

6）监测设备因故障不能正常采集、传输数据时，应及时向主管部门报告，缺失数据按 9.7.2 处理。

9.6.6　定期校准、校验技术指标要求及数据失控时段的判别与修约

1）CEMS 在定期校准、校验期间的技术指标要求及数据失控时段的判别标准见表 9-4。

2）当发现任一参数不满足技术指标要求时，应及时按照规范及仪器说明书等的相关要求，采取校准、调试乃至更换设备重新验收等纠正措施直至满足技术指标要求。当发现任一参数数据失控时，应记录失控时段（从发现失控数据起到满足技术指标要求后停止的时间段）及失控参数，并进行数据修约。

9.7　数据审核和处理

9.7.1　数据审核

在固定污染源生产状况下，经验收合格的 CEMS 正常运行时段为 CEMS 数据有效时间段。CEMS 非正常运行时段（如 CEMS 故障期间、维修期间、超过 9.6.2 规定的期限未校准时段、失控时段以及有计划的维护保养、校准等时段）均为 CEMS 数据无效时段。

污染源计划停运一个季度以内的，不得停运 CEMS，日常巡检和维护要求仍按照 9.5 和 9.6 规定执行；计划停运超过一个季度的，可停运 CEMS，但应报当地生态环境主管部门备案。污染源启运前，应提前启运 CEMS 系统，并进行校准，在污染源启运后的两周内进行校验，满足表 9-4 技术指标要求的，视为启运期间自动监测数据有效。

9.7.2 数据无效时间段数据处理

CEMS 因发生故障需停机维修时,其维修期间的数据替代按表 9-5 处理;亦可以用参比方法监测的数据替代,频次不低于 1 次/d,直至 CEMS 技术指标调试到符合表 9-1 和表 9-2 时为止。如使用参比方法监测的数据替代,则监测过程应按照《固定污染源排气中颗粒物测定与气态污染物采样方法》(GB/T 16157—1996)及修改单、《固定污染源废气 低浓度颗粒物的测定 重量法》(HJ 836—2017)和《固定源废气监测技术规范》(HJ/T 397—2007)的要求进行,替代数据包括污染物浓度、烟气参数和污染物排放量。

表9-5 维护期间和其他异常导致的数据无效时段的处理方法

季度有效数据捕集率(α)	连续无效小时数(N)/h	修约参数	选取值
α≥90%	N≤24	二氧化硫、氮氧化物、颗粒物的排放量	失效前 180 个有效小时排放量最大值
	N>24		失效前 720 个有效小时排放量最大值
75%≤α<90%	—		失效前 2 160 个有效小时排放量最大值

CEMS 系统数据失控时段污染物排放量按照表 9-6 进行修约,污染物浓度和烟气参数不修约。CEMS 系统超期未校准的时段视为数据失控时段,污染物排放量按照表 9-6 进行修约,污染物浓度和烟气参数不修约。

表9-6 失控时段的数据处理方法

季度有效数据捕集率(α)	连续失控小时数(N)/h	修约参数	选取值
α≥90%	N≤24	二氧化硫、氮氧化物、颗粒物的排放量	上次校准前 180 个有效小时排放量最大值
	N>24		上次校准前 720 个有效小时排放量最大值
75%≤α<90%	—		上次校准前 2 160 个有效小时排放量最大值

CEMS 系统有计划(质量保证/质量控制)的维护保养、校准及其他异常导致的数据无效时段,该时段污染物排放量按照表 9-5 处理,污染物浓度和烟气参数不修约。

9.7.3　数据记录与报表

9.7.3.1　数据记录

按照《固定污染源烟气（SO_2、NO_x、颗粒物）排放连续监测技术规范》（HJ 75—2017）附录 D 的表格形式记录监测结果。

9.7.3.2　报表

按照《固定污染源烟气（SO_2、NO_x、颗粒物）排放连续监测技术规范》（HJ 75—2017）附录 D（表 D.9、表 D.10、表 D.11、表 D.12）的表格形式定期将 CEMS 监测数据上报，报表中应给出最大值、最小值、平均值、累计排放量以及参与统计的样本数。

第 10 章　厂界环境噪声及周边环境影响监测

厂界环境噪声和周边环境质量监测应按照相关的标准和规范开展。对于厂界噪声而言，重点是监测点位的布设，应能够反映厂内噪声源对厂外，尤其是对厂外居民区等敏感点的影响。对周边环境质量监测，不同的无机化学工业企业对地表水、地下水、近岸海域海水和周边土壤有不同程度的影响，在方案制定时依据相关标准规范和管理要求，结合本单位实际排污环境，适当选择应监测的对象，确保监测项目、监测点位的代表性和监测采样的规范性。本章围绕厂界环境噪声、地表水、近岸海域海水、地下水和土壤监测的关键点进行介绍和说明。

10.1　厂界环境噪声监测

10.1.1　环境噪声的含义

《中华人民共和国噪声污染防治法》第二条规定，本法所称环境噪声污染，是指超过噪声排放标准或者未依法采取防控措施产生噪声，并干扰他人正常生活、工作和学习的现象。所以在测量厂界环境噪声时应重点关注：①噪声排放是否超过标准规定的排放限值；②是否干扰他人正常生活、工作和学习。

10.1.2　厂界环境噪声布点原则

《工业企业厂界环境噪声排放标准》（GB 12348—2008）中规定厂界环境噪声监测点的选择应根据工业企业声源、周围噪声敏感建筑物的布局以及毗邻的区域类别，在工业企业厂界布设多个点位，包括距噪声敏感建筑物较近的以及受被测声源影响大的位置。《总则》则更具体地指出了厂界环境噪声监测点位设置应遵循的原则：①根据厂内主要噪声源距厂界位置布点；②根据厂界周围敏感目标布点；③"厂中厂"是否需要监测根据内部和外围排污单位协商确定；④面临海洋、大江、大河的厂界原则上不布点；⑤厂界紧邻交通干线不布点；⑥厂界紧邻另一个排污单位的，在临近另一个排污单位侧是否布点由排污单位协商确定。

厂界一侧长度在 100 m 以下，原则上可布设 1 个监测点位；300 m 以下的可布设点位 2～3 个；300 m 以上的可布设点位 4～6 个。通常所说的厂界，是指由法律文书（如土地使用证、土地所有证、租赁合同等）中所确定的业主所拥有的使用权（或所有权）的场所或建筑边界，各种产生噪声的固定设备的厂界为其实际占地边界。

设置测量点时，一般情况下，应选在工业企业厂界外 1 m，高度 1.2 m 以上；当厂界有围墙且周围有受影响的噪声敏感建筑物时，测点应选在厂界外 1 m、高于围墙 0.5 m 的位置；当厂界无法测量到声源的实际排放状况时（如声源位于高空、厂界设有声屏障等），应在厂界外高于围墙 0.5 m 处设置测点，同时在受影响的噪声敏感建筑物的户外 1 m 处另设测点，建筑物高于 3 层时，可考虑分层布点；当厂界与噪声敏感建筑物距离小于 1 m 时，厂界环境噪声应在噪声敏感建筑物室内测量，室内测量点位设在距任何反射面至少 0.5 m、距地面 1.2 m 高度处，在受噪声影响方向的窗户开启状态下测量；固定设备结构传声至噪声敏感建筑物室内，在噪声敏感建筑物室内测量时，测点应距任何反射面至少 0.5 m，距地面 1.2 m、距外窗 1 m 以上，窗户关闭状态下测量，具体要求参照《环境噪声监测技术规范　结构传播固定设备室内噪声》（HJ 707—2014）。

10.1.3 环境噪声测量仪器

测量厂界环境噪声使用的测量仪器为积分平均声级计或环境噪声自动监测仪，其性能应不低于《电声学　声级计　第1部分：规范》（GB/T 3785.1—2023）中对2型仪器的要求。测量 35 dB 以下的噪声时应使用 1 型声级计，且测量范围应满足所测量噪声的需要。校准所用仪器应符合《电声学　声校准器》（GB/T 15173—2010）对 1 级或 2 级声校准器的要求。当需要进行噪声的频谱分析时，仪器性能应符合《电声学　倍频程和分数倍频程滤波器》（GB/T 3241—2010）中对滤波器的要求。

测量仪器和校准仪器应定期检定是否合格，并在有效使用期限内使用；每次测量前后必须在测量现场进行声学校准，其前后校准示值偏差不得大于 0.5 dB（A），否则测量结果无效。测量时传声器加防风罩。测量仪器时间计权特性设为"F"挡，采样时间间隔不大于 1 s。

10.1.4 环境噪声监测注意事项

测量应在无雨雪、无雷电天气，风速为 5 m/s 以下时进行。不得不在特殊气象条件下测量时，应采取必要措施保证测量准确性，同时注明当时所采取的措施及气象情况，测量应在被测声源正常工作时间进行，同时注明当时的工况。

分别在昼间、夜间两个时段测量。夜间有频发、偶发噪声影响时同时测量最大声级。被测声源是稳态噪声，采用 1 min 的等效声级。被测声源是非稳态噪声，测量被测声源有代表性时段的等效声级，必要时测量被测声源整个正常工作时段的等效声级。噪声超标时，必须测量背景值，背景噪声的测量及修正应按照《环境噪声监测技术规范　噪声测量值修正》（HJ 706—2014）来进行。

10.1.5 监测结果评价

各个测点的测量结果应单独评价。同一测点每天的测量结果按昼间、夜间进行评价。最大声级直接评价。当厂界与噪声敏感建筑物距离小于 1 m，厂界环境噪声在噪声敏感建筑物室内测量时，应将相应的噪声标准限制降 10 dB（A）作为评价依据。

10.2　地表水监测

本节仅针对监测断面设置和现场采样进行介绍，样品保存、运输以及实验室分析部分参考第 6 章内容。

10.2.1　监测断面设置

排污单位厂界周边的地表水环境质量影响监测点位应参照排污单位环境影响评价文件及其批复和其他环境管理要求设置。如环境影响评价文件及其批复和其他文件中均未作出要求，排污单位需要开展周边环境质量影响监测的，环境质量影响监测点位设置的原则和方法参照《环境影响评价技术导则　总纲》（HJ 2.1—2016）、《环境影响评价技术导则　地表水环境》（HJ 2.3—2018）和《地表水环境质量监测技术规范》（HJ 91.2—2022）等的相关规定执行。

《环境影响评价技术导则　地表水环境》（HJ 2.3—2018）规定环境影响评价中，应提出地表水环境质量监测计划，包括监测断面或点位位置（经纬度）、监测因子、监测频次、监测数据采集与处理、分析方法等。地表水环境质量监测断面或点位设置需与水环境现状监测、水环境影响预测的断面或点位相协调，并应强化其代表性和合理性。

10.2.1.1　河流监测断面设置

根据《环境影响评价技术导则　地表水环境》（HJ 2.3—2018）对补充调查监测布点的规定，应布设对照断面、控制断面。对照断面宜布置在排放口上游500 m 以内。控制断面应根据受纳水域水环境质量控制管理要求设置。控制断面可结合水环境功能区或水功能区、水环境控制单元区划分情况，直接采用国家及地方确定的水质控制断面。评价范围内不同水质类别区、水环境功能区或水功能区、水环境敏感区及需要进行水质预测的水域，应布设水质监测断面。评价范围以外的调查或预测范围，可以根据预测工作需要增设相应的水质监测断面。水质取样断面上取样垂线的布设按照《地表水环境质量监测技术规范》（HJ 91.2—2022）的规定执行。

10.2.1.2　湖库监测点位设置

根据《环境影响评价技术导则　地表水环境》（HJ 2.3—2018），水质取样垂线的设置可采用以排放口为中心，沿放射线布设或网格布设的方法，按照下列原则及方法设置：一级评价[①]在评价范围内布设的水质取样垂线数宜不少于 20 条；二级评价[①]在评价范围内布设的水质取样线宜不少于 16 条。评价范围内不同水质类别区、水环境功能区或水功能区、水环境敏感区、排放口和需要进行水质预测的水域，应布设取样垂线。水质取样垂线上取样点的布设按照《地表水环境质量监测技术规范》（HJ 91.2—2022）的规定执行。

10.2.2　水样采集

10.2.2.1　基本要求

（1）河流

对开阔河流采样时，应包括下列几个基本点：用水地点的采样；污水流入河流后，对充分混合的地点及流入前的地点采样；支流合流后，对充分混合的地点及混合前的主流与支流地点的采样；主流分流后地点的选择；根据其他需要设定的采样地点。各采样点原则上应在河流横向及垂向的不同位置采集样品。采样时间一般选择在采样前至少连续两天晴天，水质较稳定的时间。

---

① 见《环境影响评价技术导则　地表水环境》（HJ 2.3—2018）。

（2）水库和湖泊

由于采样地点和温度的分层现象可引起很大的水质差异，在调查水质状况时，应考虑到成层期与循环期的水质明显不同。了解循环期水质，可布设和采集表层水样；了解成层期水质，应按照深度布设及分层采样。

10.2.2.2　水样采集要点内容

（1）采样器材

采样器材主要有采样器和水样容器。采样器包括聚乙烯塑料桶、单层采水瓶、直立式采水器、自动采样器。水样容器包括聚乙烯瓶（桶）、硬质玻璃瓶和聚四氟乙烯瓶。聚乙烯瓶一般用于大多数无机物样品，硬质玻璃瓶用于有机物和生物样品，玻璃或聚四氟乙烯瓶用于微量有机污染物（挥发性有机物）样品。

（2）采样量

在地表水质监测中通常采集瞬时水样。采样量参照《地表水环境质量监测技术规范》（HJ 91.2—2022）规范要求，即考虑重复测定和质量控制的需要的量，并留有余地。

（3）采样方法

在可以直接汲水的场合，可用适当的容器采样，如在桥上等地方用系着绳子的水桶投入水中汲水，要注意不能混入漂浮于水面上的物质；在采集一定深度的水时，可用直立式或有机玻璃采水器。

（4）水样保存

在水样采入或装入容器中后，应按照《地表水环境质量监测技术规范》（HJ 91.2—2022）的规范要求加入保存剂。

（5）油类采样

采样前先破坏可能存在的油膜，用直立式采水器把玻璃容器安装在采水器的支架中，将其放到 300 mm 深度，边采水边向上提升，在到达水面时剩余适当空间（避开油膜）。

10.2.2.3　注意事项

《地表水环境质量标准》（GB 3838—2002）中规定的项目，要求水样采集后自然沉降 30 min，取上层非沉降部分按规定方法进行分析。由于地表水水质包括水相、颗粒相、生物相和沉积相，且水质的这四种相态在我国地表水体之间差别较大，如黄河的泥沙等，造成监测分析结果和数据的可比性差异很大，因此规定所有地表水水样均采集后自然沉降 30 min，取上层清液按规定方法分析，以尽可能地消除监测分析结果的差异。

水样采集过程中应注意以下方面：

1）采样时不可搅动水底的沉积物。

2）采样时应保证采样点的位置准确，必要时用定位仪（GPS）定位。

3）认真填写采样记录表。

4）采样结束前，核对采样方案、记录和水样是否正确，否则补采。

5）测定油类水样，应在水面至 300 mm 范围内采集柱状水样，并单独采集，全部用于测定，采样瓶不得用采集水样冲洗。

6）测定溶解氧、生化需氧量和有机污染物等项目时，水样必须注满容器，上部不留空间，并用水封口。

7）如果水样中含沉降性固体，如泥沙等，应分离除去，分离方法为：将所采水样摇匀后倒入筒形玻璃容器，静置 30 min，将不含沉降性固体但含有悬浮性固体的水样移入盛样容器，并加入保存剂。测定总悬浮物和油类除外。

8）测定湖库水的化学需氧量、高锰酸盐指数、叶绿素 a、总氮、总磷时的水样，静置 30 min 后，用吸管一次或几次移取水样，吸管进水尖嘴应插至水样表层 50 mm 以下位置，再加保存剂保存。

9）测定油类、BOD_5、DO（溶解氧）、硫化物、余氯、粪大肠菌群、悬浮物、挥发性有机物、放射性等项目应单独采样。

10）降水与融雪期间地表径流的变化，也是影响水质的因素，在采样时应予以注意并做好采样记录。

10.3　近岸海域海水影响监测

10.3.1　监测点位设置

排污单位厂界周边的海水环境质量影响监测点位应参照排污单位环境影响评价文件及其批复和其他环境管理要求设置。

如环境影响评价文件及其批复和其他文件中均未作出要求，排污单位需要开展周边环境质量影响监测的，环境质量影响监测点位设置的原则和方法参照《建设项目环境影响评价技术导则　总纲》(HJ 2.1—2016)、《环境影响评价技术导则　地表水环境》(HJ 2.3—2018)、《近岸海域环境监测技术规范　第三部分　近岸海域水质监测》(HJ 442.3—2020)、《近岸海域环境监测技术规范　第八部分　直排海污染源及对近岸海域水环境影响监测》(HJ 442.8—2020)、《近岸海域环境监测点位布设技术规范》(HJ 730—2014)等执行。

根据《环境影响评价技术导则　地表水环境》(HJ 2.3—2018)，一级评价可布设 5~7 个取样断面，二级评价可布设 3~5 个取样断面。根据垂向水质分布特点，参照《近岸海域环境监测技术规范　第三部分　近岸海域水质监测》(HJ 442.3—2020)、《近岸海域环境监测技术规范　第八部分　直排海污染源及对近岸海域水环境影响监测》(HJ 442.8—2020)、《近岸海域环境监测点位布设技术规范》(HJ 730—2014)等执行。排放口位于感潮河段内的，其上游设置的水质取样断面，应根据时间情况参照河流决定，其下游断面的布设与近岸海域相同。

10.3.2　水样采集基本要求

10.3.2.1　采样前环境情况检查

每次采样前均应仔细检查装置的性能及采样点周围的状况。

（1）岸上采样

如果水是流动的，采样人员站在岸边，必须面对水流动方向操作。若底部沉积物受到扰动，则不能继续取样。

（2）船上采样

由于船体本身就是一个重要污染源，船上采样要始终采取适当措施防止船上各种污染源可能带来的影响。采痕量金属水样应尽量避免使用铁质或其他金属制成的小船，采用逆风逆流采样，一般应在船头取样，将来自船体的各种沾污控制在一个尽量低的水平上。当船体到达采样点位后，应该根据风向和流向，立即将采样船周围海面划分为船体沾污区、风成沾污区和采样区三部分，然后在采样区采样。或者待发动机关闭后，当船体仍在缓慢前进时，将抛浮式采水器从船头部位尽力向前方抛出，或者使用小船离开大船一定距离后采样；采样人员应坚持向风操作，采样器不能直接接触船体任何部位，裸手不能接触采样器排水口，采样器内的水样先放掉一部分后再取样；采样深度的选择是采样的重要部分，通常要特别注意避开微表层采集表层水样，也不要在悬浮沉积物富集的底层水附近采集底层水样；采样时应避免剧烈搅动水体，如发现底层水混浊，应停止采样；当水体表面漂浮杂质时，应防止其进入采样器，否则重新采样；采集多层次深水水域的样品，按由浅到深的顺序采集；因采水器容积有限不能一次完成时，可进行多次采样，将各次采集的水样集装在大容器中，分样前应充分摇匀。混匀样品的方法不适于溶解氧、BOD、油类、细菌学指标、硫化物及其他有特殊要求的项目；测溶解氧、BOD、pH 等项目的水样，采样时须充满，避免残留空气对测项的干扰；其他测项，装水样至少留出容器体积 10% 的空间，以便样品分析前充分摇匀；取样时，应沿样品瓶内壁注入，除溶解氧等特殊要求外放水管不要插入液面下装样；除现场测定项目外，样品采集后应按要求进行现场加保存剂，并颠倒数次使保存剂在样品中均匀分散；水样取好后，仔细塞好瓶塞，不能有漏水现象。如将水样转送他处或不能立刻分析时，应用石蜡或水漆封口。

10.3.2.2 现场采样注意事项

1）项目负责人或技术负责人同船长协调海上作业与船舶航行的关系，在保证安全的前提下，航行应满足监测作业的需要。

2）按监测方案要求，获取样品和资料。

3）水样分装顺序的基本原则是：不过滤的样品先分装，需过滤的样品后分装；一般按悬浮物和溶解氧（生化需氧量）→pH→营养盐→重金属→COD（其他有机物测定项目）→叶绿素 a→浮游植物（水采样）的顺序进行；如化学需氧量和重金属汞需测试非过滤态，则按悬浮物和溶解氧（生化需氧量）→COD（其他有机物测定项目）→汞→pH→盐度→营养盐→其他重金属→叶绿素 a→浮游植物（水采样）的顺序进行。

4）在规定时间内完成应在海上现场测试的样品，同时做好非现场检测样品的预处理。

5）采样事项：船到达点位前 20 min，停止排污和冲洗甲板，关闭厕所通海管路，直至监测作业结束；严禁用手沾污所采样品，防止样品瓶塞（盖）沾污；观测和采样结束，应立即检查有无遗漏，然后方可通知船方启航；在大雨等特殊气象条件下应停止海上采样工作；遇有赤潮和溢油等情况，应按应急监测规定要求进行跟踪监测。

10.4 地下水监测

10.4.1 监测点位布设

无机化学工业排污单位厂界周边的地下水环境质量影响监测点位参照排污单位环境影响评价文件及其批复和其他环境管理要求设置。

如环境影响评价文件及其批复和其他文件中均未作出要求，排污单位需要开展周边环境质量影响监测的，地下水环境质量影响监测点位设置的原则和方法参照《环境影响评价技术导则 地下水环境》（HJ 610—2016）、《地下水环境监测技术规范》（HJ 164—2020）等执行。

参考《环境影响评价技术导则 地下水环境》（HJ 610—2016），根据排污单位类别及地下水环境敏感程度，划分排污单位对地下水环境影响的等级，进而确定地下水监测点（井）的数量及分布，具体见表 10-1。

表 10-1 排污单位周边地下水环境影响等级分级表

敏感程度[2] ＼ 项目类别[1]	Ⅰ类项目	Ⅱ类项目	Ⅲ类项目
敏感	一级	一级	二级
较敏感	一级	二级	三级
不敏感	二级	三级	三级

注：①参见《环境影响评价技术导则 地下水环境》（HJ 610—2016）附录 A。
　　②参见《环境影响评价技术导则 地下水环境》（HJ 610—2016）表 1。

地下水环境质量影响监测点位（井）数量及设置要求：影响等级为一级、二级的排污单位，点位一般不少于 3 个，应至少在排污单位上、下游各布设 1 个。一级排污单位还应在重点污染风险源处增设监测点。影响等级为三级的排污单位，点位一般不少于 1 个，应至少在排污单位下游布设 1 个。

10.4.2 监测井的建设与管理

开展周边地下水环境质量影响监测的排污单位可选择符合点位布设要求、常年使用的现有井（如经常使用的民用井）作为监测井；在无合适现有井时，可设置专门的监测井。多数情况下地下水可能存在污染的部分集中在接近地表的浅水中，排污单位应根据所在地及周边水文地质条件确定地下水埋藏深度，进而确定地下水监测井井深或取水层位置。

地下水的监测井建设与管理的其他具体要求，应符合《地下水环境监测技术规范》（HJ 164—2020）中第 5 章的规定。

地下水样品的现场采集、保存、实验室分析及质量控制的具体操作过程，应符合《地下水环境监测技术规范》（HJ 164—2020）中第 6 章、第 7 章、第 8 章和第 10 章的规定。

10.5 土壤监测

无机化学工业排污单位厂界周边的土壤环境质量影响监测点位参照排污单位环境影响评价文件及其批复和其他环境管理要求设置。

如环境影响评价文件及其批复和其他文件中均未作出要求，排污单位需要开展周边环境质量影响监测的，土壤环境质量影响监测点位设置的原则和方法参照《环境影响评价技术导则 土壤环境（试行）》（HJ 964—2018）、《土壤环境监测技术规范》（HJ/T 166—2004）等执行。

参照《环境影响评价技术导则 土壤环境（试行）》（HJ 964—2018）中有关污染影响型建设项目的要求，根据排污单位类别、占地面积大小及土壤环境的敏感程度，确定监测点位布设的范围、数量及采样深度。

首先根据表 10-2 的规定，确定排污单位对周边土壤环境影响的等级。

表 10-2 排污单位周边土壤环境影响等级分级表

建设项目类别[①]	I 类项目			II 类项目			III 类项目		
敏感程度[③]	大型[②]	中型	小型	大型	中型	小型	大型	中型	小型
敏感	一级	一级	一级	二级	一级	二级	三级	三级	三级
较敏感	一级	一级	二级	二级	二级	三级	三级	三级	—[④]
不敏感	一级	二级	二级	二级	三级	三级	三级	—	—

注：①参见《环境影响评价技术导则　土壤环境（试行）》（HJ 964—2018）中附录 A。
　　②排污单位占地面积分为大型（≥50 hm²）、中型（5～50 hm²）、小型（≤5 hm²）。
　　③参见《环境影响评价技术导则　土壤环境（试行）》（HJ 964—2018）中表 3。
　　④"—"表示本栏无内容。

在确定排污单位土壤环境影响的等级后，可根据表 10-3 的规定确定监测点布设的范围及点位数量。

表 10-3 排污单位周边土壤环境质量影响监测点位布设范围及数量

土壤环境影响等级	周边土壤环境监测点的布设范围[①]	点位数量
一级	1 km	4 个表层点[②]
二级	0.2 km	2 个表层点[②]
三级	0.02 km	—[③]

注：①涉及大气沉降途径影响的，可根据主导风向下风向最大浓度落地点适当调整监测点位布设范围。
　　②表层点一般在 0～0.2 m 采样。
　　③影响等级为三级的排污单位，除有特殊要求的，一般可不考虑布设周边土壤环境监测点。

土壤样品的现场采集、样品流转、制备、保存、实验室分析及质量控制的具体过程应符合《土壤环境监测技术规范》（HJ/T 166—2004）中的相关技术规定。

第 11 章　监测质量保证与质量控制体系

11.1　基本概念

　　监测质量保证与质量控制是环境监测过程中的两个重要概念。《环境监测质量管理技术导则》(HJ 630—2011)中这样定义:质量保证是指为了提供足够的信任表明实体能够满足质量要求,而在质量体系中实施并根据需要证实的全部有计划和有系统的活动。质量控制是指为达到质量要求所采取的作业技术或活动。

　　采取质量保证的目的是获取他人对质量的信任,是为使他人确信某实体提供的数据、产品或者服务等能满足质量要求而实施的并根据需要进行证实的全部有计划、有系统的活动。质量控制则是通过监视质量形成过程,消除生产数据、产品或者提供服务的所有阶段中可能引起不合格或不满意效果的因素,使其达到质量要求而采用的各种作业技术和活动。

　　环境监测的质量保证与质量控制,是依靠系统的文件规定来实施的内部的技术和管理手段。它们既是生产出符合国家质量要求的检测数据的技术管理制度和活动,也是一种"证据",即向任务委托方、环境管理机构和公众等表明该检测数据是在严格的质量管理中完成的,具有足够的管理和技术上的保证手段,数据是准确、可信的。

11.2 质量体系

证明数据质量可靠性的技术管理制度与活动可以千差万别，但是也有其共同点。为了实现质量保证和质量控制的目的，往往需要建立一套并保证有效运行的质量体系。它应覆盖环境检测活动所涉及的全部场所、所有环节，以使检测机构的质量管理工作程序化、文件化、制度化和规范化。

对于专业的向政府、企事业单位或者个人提供排污情况监测数据的社会化检测机构，按照《检验检测机构资质认定管理办法》（质检总局令 第 163 号）、《检验检测机构资质认定评审准则》和《检验检测机构资质认定评审准则及释义》的要求建立并运行质量体系是必要的。若检测实验室仅为排污单位内部提供数据，质量管理活动的目的则是为本单位管理层、环境管理机构和公众提供证据，证明数据准确可信，质量手册不是必需的，但有利于检测实验室数据质量得到保证的一些程序性规定和记录是必要的（如实验室具体分析工作的实施流程、数据质量相关的管理流程等的详细规定，具体方法或设备使用的指导性详细说明，数据生产过程和监督数据生产需使用的各种记录表格等）。

建立质量体系不等于需要通过资质认定。质量体系的繁简程度与检测实验室的规模、业务范围、服务对象等密切相关，有时还需要根据业务委托方的要求修改完善质量体系。质量体系一般包括质量手册、程序文件、作业指导书和记录。有效的质量控制体系应满足"对检测工作进行全面规范，且保证全过程留痕"的基本要求。

11.2.1 质量手册

质量手册是检测实验室质量体系运行的纲领性文件，阐明检测实验室的质量目标，描述检测实验室全部检测质量活动的要素，规定检测质量活动相关人员的责任、权限和相互之间的关系，明确质量手册的使用、修改和控制的规定等。质量手册至少应包括批准页、自我声明、授权书、检测实验室概述、检测质量目标、组织机构、检测人员、设施和环境、仪器设备和标准物质，以及检测实验室为保证数据质量所做的一系列规定等。

1) 批准页：批准页的主要内容是说明编制质量体系的目的以及质量手册的内容，并由最高管理者批准实施。

2) 自我声明：检测实验室关于独立承担法律责任、遵守《中华人民共和国计量法》和监测技术标准规范等相关法律法规、客观出具数据等承诺。

3) 授权书：检测实验室有多种情形需要授权，包括但不仅限于在最高管理者外出期间，授权给其他人员替其行使职权；最高管理者授权人员担任质量负责人、技术负责人等关键岗位；大型仪器人员使用等。

4) 检测实验室概述：简要介绍检测实验室的地理位置、人员构成、设备配置概况、隶属关系等基本信息。

5) 检测质量目标：检测质量目标即定量描述检测工作所达到的质量。

6) 组织机构：明确检测实验室与检测工作相关的外部管理机构的关系，与本单位中其他部门的关系，完成检测任务相关部门之间的工作关系等，通常以组织机构框图的方式表明。与检测任务相关的各部门的职责应予以明确和细化。例如，可规定检测质量管理部具有下列职责：①牵头制订检测质量管理年度计划并监督实施，编制质量管理年度总结；②负责组织质量管理体系建设、运行管理，包括质量体系文件编制、宣贯、修订、内部审核、管理评审、质量督查、检测报告抽查、实验室和现场监督检查、质量保证和质量控制等工作；③负责组织人员开展内部持证上岗考核相关工作；④负责组织参加外部机构组织的能力验证、能力考核、比对抽测等各项考核工作；⑤负责组织仪器设备检定/校准工作，包括编制检定/校准计划、组织实施和确认；⑥负责标准物质管理工作，包括建立标准物质清册、管理标准物质样品库、标准样品的验收、入库、建档及期间核查等。

7) 检测人员：包括检测岗位划分和检测人员管理两部分。

检测岗位划分是指检测实验室将检测相关工作分为若干具体的检测工序，并明确各检测工序的职责。以检测实验室为例，岗位划分可描述为质量负责人、技术负责人、报告签发人、采样岗位、分析岗位、质量监督人、档案管理人等。可以由同一个人兼任不同的岗位，也可以专职从事某一个岗位。但报告编制、审核和签发应为3个不同的人员承担，不能由一个人兼任其中的两个及以上职责。

检测人员管理部分则规定从事采样、分析等检测相关工作的人员应接受的教育、培训、应掌握的技能，应履行的职责等。以分析岗位为例，人员管理可描述为以下几个方面：

①分析人员必须经过培训，熟练掌握与本人承担分析项目有关的标准监测方法或技术规范及有关法规，且具备对检验检测结果作出评价的判断能力，经内部考核合格后持证上岗。

②熟练掌握所用分析仪器设备的基本原理、技术性能，以及仪器校准、调试、维护和常见故障的排除技术。

③熟悉并遵守质量手册的规定，严格按监测标准、规范或作业指导书开展监测分析工作，熟悉记录的控制与管理程序，按时完成任务，保证监测数据准确、可靠。

④认真做好样品分析前的各项准备工作，分析样品的交接工作以及样品分析工作，确保按业务通知单或监测方案要求完成样品分析。

⑤分析人员必须确保分析选用的分析方法现行有效，分析依据正确。

⑥负责所使用仪器设备日常维护、使用和期间核查，编制/修订其操作规程、维护规程、期间核查规程和自校规程，并在计量检定/校准有效期内使用。负责做好使用、维护和期间核查记录。

⑦确保分析质控措施和质控结果符合有关监测标准或技术规范及相关规定的要求。

⑧当分析仪器设备、分析环境条件或被测样品不符合监测技术标准或技术规范要求时，监测分析人员有权暂停工作，并及时向上级报告。

⑨认真做好分析原始记录并签字，要求字迹清楚、内容完整、编号无误。

⑩分析人员对分析数据的准确性和真实性负责。

⑪校对上级安排的其他检测人员的分析原始记录。

检测实验室建立人员配备情况一览表（参考样表 11-1），有助于提高人员管理效率。

表 11-1　检测人员一览表（样表）

序号	姓名	性别	出生年月	文化程度	职务/职称	所学专业	从事本技术领域年限	所在岗位	持证项目情况	备注
1	张三	男	1988 年 8 月	本科	工程师	分析化学	5	分析岗	水和废水：化学需氧量、氨氮	质量负责人
...										

8）设施和环境：检测实验室的设施和环境条件指检测实验室配备必要的设施硬件，并建立制度保证监测工作环境适应监测工作需求。检测实验室的设施通常包括空调、除湿机、干湿度温度计、通风橱、纯水机、冷藏柜、超声波清洗仪、电子恒温恒湿箱、灭火器等检测辅助设备。至少应明确以下规定：

①防止交叉污染的规定。例如，规定监测区域应有明显标识；严格控制进入和使用影响检测质量的实验区域；对相互有影响的活动区域进行有效隔离，防止交叉污染。比较典型的交叉污染例子有：挥发酚项目的检测分析会对在同一实验室进行的氨氮检测分析造成交叉污染的影响；在分析总砷、总铅、总汞、总镉等项目时，如果不同的样品间浓度差异较大，规定高、低浓度的采样瓶和分析器皿分别用专用酸槽浸泡洗涤，以免交叉污染。必要时，用优级纯酸稀释后浸泡超低浓度样品所用器皿等。

②对可能影响检测结果质量的环境条件，规定检测人员进行监控和记录，保证其符合相关技术要求。例如，万分之一以上精度的电子天平正常工作对环境温度、湿度有控制要求，检测实验室应有监控设施，并有记录表格记录环境条件。

③规定有效控制危害人员安全和人体健康的潜在因素。例如，配备通风橱、消防器材等必要的防护和处置措施。

④对化学品、废弃物、火、电、气和高空作业等安全相关因素作出规定等。

9）仪器设备和标准物质：检测用仪器设备和标准物质是保障检测数据量值溯源的关键载体。检测实验室应配备满足检测方法规定的原理、技术性能要求的设备，应对仪器设备的购置、使用、标识、维护、停用、租借等管理作出明确规定，保证仪器设备得到合理配置、正确使用和妥善维护，提高检测数据的准确可靠性。例如，对于设备的配备可规定：

①根据检测项目和工作量的需要及相关技术规范的要求，合理配备采样、样品制备、样品测试、数据处理和维持环境条件所要求的所有仪器设备种类和数量，并对仪器技术性能进行科学的分析评价和确认。

②如果需要借用外单位的仪器设备，必须严格按本单位仪器设备的管理受到有效控制。建立仪器设备配备情况一览表（参考样表 11-2），往往有助于提高设备管理效率。

表 11-2　仪器设备配备情况一览表（样表）

序号	设备名称	设备型号	出厂编号	检定/校准方式	检定/校准周期	仪器摆放位置
1	电子天平	TE212 L	####	检定	1 年	205 室
...						

此外，应根据检测项目开展情况配备标准物质，并做好标准物质管理。配备的标准物质应该是有证标准物质，保证标准物质在其证书规定的保存条件下贮存，建立标准物质台账，记录标准物质名称、购买时间、购买数量、领用人、领用时间和领用量等信息。

10）其他：为保证建立的质量管理体系覆盖检测的各个方面、环节、所有场所，且能持续有效地指导实施质量管理活动，还应对以下质量管理活动作出原则性的规定：

①质量体系在哪些情形下，由谁提出、谁批准同意修改等。

②如何正确使用管理质量体系各类管理和技术文件，即如何编制、审批、发放、修改、收回、标识、存档或销毁等处理各种文件。

③如何购买对监测质量有影响的服务（如委托有资质的机构检定仪器即为购买服务），以及如何购买、验收和存储设备、试剂、消耗材料。

④检测工作中出现的与相关规定不符合的事项，应如何采取措施。

⑤质量管理、实际样品检测等工作中相关记录的格式模板应如何编制，以及实际工作过程中如何填写、更改、收集、存档和处置记录。

⑥如何定期组织单位内部熟悉检测质量管理相关规定的人员，对相关规定的执行情况进行内部审核。

⑦管理层如何就内部审核或者日常检测工作中发现的相关问题，定期研究解决。

⑧检测工作中，如何选用、证实/确认检测方法。

⑨如何对现场检测、样品采集、运输、贮存、接收、流转、分析、监测报告编制与签发等检测工作全过程的各个环节都采取有效的质量控制措施，以保证监测工作质量。

⑩如何编制监测报告格式模板，实际检测工作中如何编写、校核、审核、修改和签发检测报告等。

11.2.2　程序文件

程序文件是规定质量活动方法和要求的文件，是质量手册的支持性文件，主要目的是对产生检测数据的各个环节、各个影响因素和各项工作全面规范。包括人员、设备、试剂、耗材、标准物质、检测方法、设施和环境、记录和数据录入发布等各关键因素，明确详细地规定某一项与检测相关的工作，执行人员是谁、经过什么环节、留下哪些记录，以实现在高时效地完成工作的同时保证数据质量。

编写程序文件时，应明确每个程序的控制目的、适用范围、职责分配、活动过程规定和相关质量技术要求，从而使程序文件具有可操作性。例如，制定检测工作程序，对检测任务的下达、检测方案的制定、采样器皿和试剂的准备、样品采集和现场检测、实验室内样品分析，以及测试原始积累的填写等诸多环节，规定分别由谁来实施以及实施过程中应该填写哪些记录，以保证工作有序开展。

档案管理也是一项涉及较多环节的工作，涉及档案产生后的暂存、收集、交接、保管和借阅查询使用等一系列环节，在各个细节又需要保证档案的完整性，制定一个档案管理程序就显得比较重要了。这个程序可以规定档案产生人员如何暂存档案，暂存的时限是多长，档案收集由谁来负责，交给档案收集人员时应履行的手续，档案集中后由谁来负责建立编号，如何保存，借阅、查阅时应履行的手续等。

又如，检测方案的制定，方案制定人员需要弄清的文件有环评报告中的监测章节内容、生态环境部门作出的环评批复、执行的排放标准，许可证管理的相关要求，行业涉及的自行监测指南等。在明确管理要求后所制定的检测方案，宜请熟悉环境管理、环境监测、生产工艺和治理工艺的专业人员对方案进行审核把关，既有利于保证检测内容和频次等满足管理要求，又可避免不必要的人力、物力浪费。

一般来说，检测实验室需制定的程序性规定应包括人员培训程序、检测工作程序、设备管理程序、标准物质管理程序、档案管理程序、质量管理程序、服务和供应品的采购和管理程序、内务和安全管理程序、记录控制与管理程序等。

11.2.3　作业指导书

作业指导书是指特定岗位工作或活动应达到的要求和遵循的方法。对于下列情形往往需要检测机构制定作业指导书：

1）标准检测方法中规定可采取等效措施，而检测机构又的确采取了等效措施。

2）使用非母语的检测方法。

3）操作步骤复杂的设备。

作业指导书应写得尽可能具体，且语言简洁不产生歧义，以保证各项操作的可重复性。

11.2.4　记录

记录包括质量记录和技术记录。质量记录是质量体系活动产生的记录，如内审记录、质量监督记录等；技术记录是各项监测工作所产生的记录，如《pH 分析原始记录表》《废水流量监测记录（流速仪法）》。记录是保证从监测方案的制定开始，到样品采集、样品运输和保存、样品分析、数据计算、报告编制、数据发布的各个环节留下关键信息的凭证，证明数据生产过程满足技术标准和规范要求的基础。检测实验室的记录既要简洁易懂，也要信息量足够让检测工作重现。这就要求认真学习国家的法律法规等管理规定和技术标准规范，把握必须记录备查的关键信息，在设计记录表格样式的时候予以考虑。如对于样品采集，除采样时间、地点、人员等基础信息外，还应包括检测项目、样品表观（定性描述颜色、悬浮物含量）、样品气味、保存剂的添加情况等信息。对于具体的某一项污染物的分析，需记录分析方法名称及代码、分析时间、分析仪器的名称型号、标准/校准曲线的信息、取样量、样品前处理情况、样品测试的信号值、计算公式、计算结果以及质控样品分析的结果等。

11.3　自行监测质控要点

自行监测的质量控制，既要抓住人员、设备、监测方法、试剂耗材等关键因素，也要重视环境设施等影响因素。每项检测任务都应有足够证据表明其数据质量可信，在制定该项检测任务实施方案的同时，制定一个质控方案，或者在实施方案中有质量控制的专门章节，明确该项工作应针对性地采取哪些措施来保证数据质量。自行监测工作中，包含自行监测点位、项目和频次、采样、制样和分析应执行哪些技术规范等信息的监测方案在许可证发放时应经过生态环境部门审查。在日常监测工作中，需要落实负责现场监测和采样、制样和分析样品、报告编制工作的具体人员，以及应采取的质控措施。应采取的质控措施可以是一个专门的方案，规定承担采样、制样和分析样品的人员应具备的技能（如经过适当的培训后持有上岗证），各环节的执行人员应该落实哪些措施来自证所开展工作的质量，质量控制人员如何去查证各任务执行人员工作的有效性等。通常来说，质控方案就是保证数据质量所需要满足的人员、设备、监测方法、试剂耗材和环境设施等的共性要求。

11.3.1　人员

人员技能水平是自行监测质量的决定性因素，因此在检测机构制定的规章制度性文件中，要明确规定不同岗位人员应具有的技术能力。例如，应该具有的教育背景、工作经历、胜任该工作应接受的再教育培训，并以考核方式确认是否具有胜任岗位的技能。对于人员适岗的再教育培训，如掌握行业相关的政策法规、标准方法、操作技能等，由检测机构内部组织或者参加外部培训均可。适岗技能考核确认的方式也是多样化的，如笔试或者提问、操作演示、实样测试、盲样考核等。无论采用哪种培训、考核方式，均应有记录来证实工作过程。例如，内部培训应至少有培训教材、培训签到表，外部培训有会议通知、培训考核结果证明材料等。需注意对于口头提问和操作演示等考核方式，也应有记录，如口头提问，记录信息至少包括考核者姓名、提问内容、被考核者姓名、回答要点，以及对于考核结果的评价；操作演示的考核记录至少包括考核者姓名、要求考核演示的内容、被考核者姓名、演示情况的概述以及评价结论。在具体执行过程中，切忌人员技能培训走过场，杜绝出现徒有各种培训考核记录但人员技能依然不高的窘境。例如，某厂自行监测厂界噪声的原始记录中，背景值仅为 30 dB（A），暴露出监测人员对仪器性能和环境噪声缺乏基本的认知。

11.3.2　仪器设备

监测设备是决定数据质量的另一关键因素。2015 年 1 月 1 日起开始施行的《中华人民共和国环境保护法》第二章第十七条明确规定：监测机构应当使用符合国家标准的监测设备，遵守监测规范。所谓符合国家标准，首先，应根据排放标准规定的监测方法选用监测设备，也就是仪器的测定原理、检测范围、测定精密度、准确度以及稳定性等满足方法的要求；其次，设备应根据国家计量的相关要求和仪器性能情况确定检定/校准，列入《中华人民共和国强制检定的工作计量器具目录》或有检定规程的仪器应送有资质的单位进行检定，属于非强制检定的仪器与设备可以送有资质的计量检定机构进行校准，无法送去检定或者送去校准的仪器设备，应由仪器使用单位自行溯源，即自己制定校准规范，对部分计量性能或参数进行检测，以确认仪器性能准确、可靠。

对于投入使用的仪器，要确保其得到规范使用。应明确规定如何使用、维护、维修和性能确认仪器设备。例如，编写仪器设备操作规程（仪器操作说明书）和维护规程（仪器维护说明书），以保证使用人员能够正确使用和维护仪器。与采样和监测结果的准确性和有效性相关的仪器设备，在投入使用前，必须进行量值溯源，即用前述的检定/校准或者自校手段确认仪器性能。对于送到有资质的检定或者校准单位的仪器，收到设备的检定或者校准证书后，应查看检定/校准单位实施的检定/校准内容是否符合实际的检测工作要求。例如，配备有多个传感器的仪器，检测工作需要使用的传感器是否都得到了检定；对于有多个量程的仪器，其检定或者校准范围是否满足日常工作需求。对于仪器的检定/校准或者自校，并不是一劳永逸的，应根据国家的检定/校准规程或者使用说明书要求，定期实施检定/校准或者自校，保持仪器在检定/校准或者自校有效期内使用，且每次监测前，都要使用分析标准溶液、标准气体等方式确认仪器量值，在证实其量值持续符合相应技术要求后使用。如定电位电解法规定烟气中二氧化硫、氮氧化物，每次测量前必须用标气进行校准，示值误差≤±5%方可使用。此外，应规定仪器设备的唯一性标识、状态标识，避免误用。仪器设备的唯一性标识既可以是仪器的出厂编码，也可以是检测单位按自行制定的规则编写的代码。

仪器的相关记录应妥善保存。建议检测仪器一仪一档。档案的目录包括仪器说明书、仪器验收技术报告、仪器的检定/校准证书或者自校原始记录和报告、仪器的使用日志、维护记录、维修记录等，建议这些档案一年归一次档，以免遗失。应特别注意及时如实填写仪器使用日志，切忌事后补记，否则不实的仪器使用记录会影响数据是否真实的判断。比较常见的明显与事实不符的记录有：同一台现场检测仪器在同一时间，出现在相距几百千米的两个不同检测任务中，仪器使用日志中记录的分析样品量远大于该仪器最大日分析能力等，这种记录会让检查人员对数据的真实性打上巨大的问号。应该有制度规范在必须修改原始记录时如何修改，避免原始记录被误改。

11.3.3 监测方法

规范使用监测方法，优先使用被检测对象适用的污染物排放标准中规定的监测方法。若有新发布的标准方法替代排放标准中指定的监测方法，应采用新标准。若新发布的监测方法与排放标准指定的方法不同，但适用范围相同的，也可使用。例如，《固定污染源废气　氮氧化物的测定　非分散红外吸收法 》（HJ 692—2014）、《固定污染源废气　氮氧化物的测定　定电位电解法》（HJ 693—2014）的适用范围明确为"固定污染源废气"，因此两项方法均适用于无机化学工业废气中氮氧化物的监测。

正确使用监测方法。污染源排放情况监测所使用的方法包括国家标准方法和国务院行业部门以文件、技术规范等形式发布的标准方法，特殊情况下也会用等效分析方法。为此，检测机构或者实验室往往需要根据方法的来源确定应实施方法证实还是方法确认，其中方法证实适用于国家标准方法和国务院行业部门以文件、技术规范等形式发布的方法，方法确认适用于等效分析方法。为实现正确使用监测方法，仅仅是检测机构实施了方法证实是不够的，还需要检测机构要求使用该监测方法的每个人员使用该方法获得的检出限、空白、回收率、精密度、准确度等各项指标均满足方法性能的要求，方可认为检测人员掌握了该方法，才算为正确使用监测方法奠定了基础。当然，并非每次检测工作中均需对方法进行证实。一般认为，初次使用标准方法前，应证实能够正确运用标准方法；标准方法发生了变化，应重新予以证实。

通常而言，方法证实至少应包括以下 6 个方面的内容：

1）人员：人员的技能是否得到更新；是否能够适应方法的工作要求；人员数量是否满足工作要求。

2）设备：设备性能是否满足方法要求；是否需要添置前处理设备等辅助设备；设备数量是否满足要求。

3）试剂耗材：方法对试剂种类、纯度等的要求；数量是否满足；是否建立购买使用台账。

4）环境设施条件：方法及其所用设备是否对温湿度有控制要求；环境条件是否得到监控。

5）方法技术指标：使用日常工作所用的标准和试剂做方法的技术指标，如校准曲线、检出限、空白、回收率、精密度、准确度等，是否均达到方法要求。

6）技术记录：日常检测工作须填写的原始记录格式是否包含足够的关键信息。

11.3.4　试剂耗材

规范使用标准物质，包括以下注意事项：

1）应优先考虑使用国家批准的有证标准样品，以保证量值的准确性、可比性与溯源性。

2）选用的标准样品与预期检测分析的样品，尽可能在基体、形态、浓度水平等性状方面接近。其中基体匹配是需要重点考虑的因素，因为只有使用与被测样品基体相匹配的标准样品，在解释实验结果时才很少或没有困难。

3）应特别注意标准样品证书中所规定的取样量与取样方法。证书中规定的固体最小取样量、液体稀释办法等是测量结果准确性和可信度的重要影响因素，宜严格遵守。

4）应妥善贮存标准样品，并建立标准样品使用情况记录台账。有些标准样品有特殊的储存条件要求，应根据标准样品证书规定的储存条件保存标准样品，并在标准样品的有效期内使用，否则可能会影响标准样品量值的准确性。

严格按照方法要求购买和使用试剂/耗材。每个方法都规定了试剂的纯度，需要注意的是，市售的与方法要求的纯度一致的试剂，不一定能满足方法的使用要求，对数据结果有影响的试剂、新购品牌或者产品批次不一致时，在正式用于样品分析前应进行空白样品实验，以验证试剂质量是否满足工作需求。对于试剂纯度不满足方法需求的情形，应购买更高纯度的试剂或者由分析人员自行净化。比较典型的案例是分析水中苯系物的二硫化碳，市售分析纯二硫化碳往往需要实验室自行重蒸，或者购买优级纯的才能满足方法对空白样品的要求。与此类似的还有分析重金属的盐酸、硝酸等，采用分析纯的酸往往会导致较高的空白和背景值，建议筛选品质可靠的优级纯酸。

牢记试剂/耗材有使用寿命。对于试剂，尤其是已经配制好的试剂，应注意遵守检测方法中对试剂有效期的规定。若没有特殊规定，建议参考执行《化学试剂标准滴定溶液的制备》（GB/T 601—2016）中关于标准滴定溶液有效期的规定，即常温（15～25℃）下保存时间不超过 2 个月。特别应注意表观不被磨损类耗材的质保期，如定电位电解法的传感器、pH 计的电极等，这些仪器的说明书中明确规定了传感器或者电极的使用次数或者最长使用寿命，应严格遵守，以保证量值的准确性。

11.3.5　数据处理

数据的计算和报出也可能会发生失误，应高度重视。以火电厂排放标准为例，排放标准根据热能转化设施类型的不同，规定不同的基准氧含量，实测的火电厂烟尘、二氧化硫、氮氧化物和汞及其化合物排放浓度，须折算为基准氧含量下的排放浓度，若忽略此要求，将现场测试所得结果直接报出，必然导致较大偏差。对于废水检测，需留意在发生样品稀释后检测时，稀释倍数是否纳入计算。已经完成的测定结果，还应注意计量单位是否正确，最好有熟悉该项目的工作人员校核，各项目结果汇总后，由专人进行数据审核后发出。录入计算机或者信息平台时，注意检查是否有小数点输入的错误。

完备的质量控制体系运行离不开有效的质量监督。检测机构或者实验室应设置覆盖其检测能力范围的监督员。监督员可以是专职的，也可以是兼职的。但是无论是哪种情形，监督员应该熟悉检测程序、方法，并能够评价检测结果，发现可能的异常情况。为了使质量监督达到预期效果，最好在年初就制订监督计划，明确监督人、被监督对象、被监督的内容、被监督的频次等。通常情况下，新进上岗人员、使用新分析方法或者新设备，以及生产治理工艺发生变化的初期等实施的污染排放情况检测应受到有效监督。监督的情况应以记录的形式予以妥善保存。此外，检测机构或者实验室应定期总结监督情况，编写监督报告，以保证质量体系中的各标准、规范和质量措施等切实得到落实。

第 12 章 信息记录和报告

　　监测信息记录和报告是相关法律法规的要求，也是排污许可制度实施的重要内容，是排污单位必须开展的工作。信息记录和报告的目的是将排污单位与监测相关的内容记录下来，供管理部门和排污单位使用，同时定期按要求进行信息报告，以说明环境守法状况，同时为社会公众监督提供依据。本章围绕无机化学工业企业应开展的信息记录和报告的内容进行说明，为无机化学工业排污单位提供参考。

12.1 信息记录的目的与意义

　　说清污染物排放状况，自证是否正常运行污染治理设施、是否依法排污是法律赋予排污单位的权利和义务。自证守法，首先要有可以作为证据的相关资料，信息记录就是要将所有可以作为证据的信息保留下来，在需要的时候有据可查。具体来说，信息记录的目的和意义体现在以下几个方面：

　　首先，便于监测结果溯源。监测的环节很多，任何一个环节出现问题，都可能造成监测结果的错误。通过信息记录，将监测过程中的重要环节的原始信息记录下来，一旦发现监测结果存在可疑之处，就可以通过查阅相关记录，检查哪个环节出现了问题。对于不影响监测结果的问题，可以通过追溯监测过程进行校正，从而获得正确的结果。

其次，便于规范监测过程。认真记录各个监测环节的信息，便于规范监测活动，避免由于个别时候的疏忽而遗忘个别程序，从而影响监测结果。通过对记录信息的分析，也可以发现影响监测过程的一些关键因素，这也有利于监测过程的改进。

再次，可以实现信息间的相互校验。记录各种过程信息，可以更好地反映排污单位的生产、污染治理、排放状况，从而便于建立监测信息与生产、污染治理等相关信息的逻辑关系，从而为实现信息间的互相校验、加强数据间的质量控制提供基础。通过记录各类信息，可以形成排污单位生产、污染治理、排放等全链条的证据链，避免单方面的信息不足以说明排污状况。

最后，丰富基础信息，利于科学研究。排污单位生产、污染治理、排放过程中一系列过程信息，对研究排污单位污染治理和排放特征具有重要意义。监测信息记录极大地丰富了污染源排放和治理的基础信息，这为开展科学研究提供了大量基础信息。基于这些基础信息，利用大数据分析方法，可以更好地探索污染排放和治理的规律，为科学制定相关技术要求奠定良好基础。

12.2　信息记录要求和内容

12.2.1　信息记录要求

信息记录是一项具体而琐碎的工作，做好信息记录对于排污单位和管理部门都很重要，一般来说，信息记录应该符合以下要求：

首先，信息记录的目的在于真实反映排污单位生产、污染治理、排放、监测的实际情况，因此信息记录不需要专门针对需要记录的内容进行额外整理，只要保证所要求的记录内容便于查阅即可。为了便于查阅，排污单位应尽可能根据一般逻辑习惯整理成为台账保存。保存方式可以为电子台账，也可以为纸质台账，以便于查阅为原则。

其次，信息记录的内容不限于标准规范中要求的内容，其他排污单位认为有利于说清本单位排污状况的相关信息，也可以予以记录。考虑到排污单位污染排放的复杂性，影响排放的因素有很多，而排污单位最了解哪些因素会影响排污状况。因此，排污单位应根据本单位的实际情况，梳理本单位应记录的具体信息，丰富台账资料的内容，从而更好地建立生产、治理、排放的逻辑关系。

12.2.2 信息记录内容

12.2.2.1 手工监测的记录

采用手工监测的指标，至少应记录以下几方面：

1）采样相关记录，包括采样日期、采样时间、采样点位、混合取样的样品数量、采样器名称、采样人姓名等。

2）样品保存和交接相关记录，包括样品保存方式、样品传输交接记录。

3）样品分析相关记录，包括分析日期、样品处理方式、分析方法、质控措施、分析结果、分析人姓名等。

4）质控相关记录，包括质控结果报告单等。

12.2.2.2 自动监测运维记录

自动监测的正确运行需要定期进行校准、校验和日常运行维护。校准、校验和日常运行维护开展情况直接决定自动监测设备是否能够稳定正常运行，而通过检查运维公司对自动监测设备的运行维护记录，可以对自动监测设备日常运行状态进行初步判断。因此，排污单位或者负责运行维护的公司要如实记录自动监测设备运行维护情况，具体包括自动监测系统运行状况、系统辅助设备运行状况、系统校准、校验工作等，仪器说明书及相关标准规范中规定的其他检查项目，校准、维护保养、维修记录等。

12.2.2.3　生产和污染治理设施运行状况

首先，污染物排放状况与排污单位生产和污染治理设施运行状况密切相关，记录生产和污染治理设施运行状况，有利于更好地说清污染物排放状况。

其次，考虑到受监测能力的限制，无法做到全面连续监测，记录生产和污染治理设施运行状况可以辅助说明未监测时段的排放状况，同时可以对监测数据是否具有代表性进行判断。

最后，由于监测结果可能受到仪器设备、监测方法等各种因素的影响，从而造成监测结果的不确定性，记录生产和污染治理设施运行状况，通过不同时段监测信息和其他信息的对比分析，可以对监测结果的准确性进行总体判断。

对于生产和污染治理设施运行状况，主要记录内容包括监测期间企业及各主要生产设施运行状况（包括停机、启动情况）、产品产量、主要原辅料使用量、取水量、主要燃料消耗量、燃料主要成分、污染治理设施主要运行状态参数、污染治理主要药剂消耗情况等。日常生产中上述信息也需整理成台账保存备查。

12.2.2.4　固体废物（危险废物）产生与处理状况

固废作为重要的环境管理要素，排污单位应对固体废物和危险废物的产生、处理情况进行记录，同时固体废物和危险废物信息也可以作为废水、废气污染物产生排放的辅助信息。关于固体废物和危险废物的记录内容包括各类固体废物和危险废物的产生量、综合利用量、处置量、贮存量、倾倒丢弃量，危险废物还应详细记录其具体去向。

12.3　生产和污染治理设施运行状况

应详细记录企业以下生产及污染治理设施运行状况，日常生产中也应参照以下内容记录相关信息，并整理成台账保存备查。

12.3.1　生产运行状况记录

按日或班次记录正常工况主要生产单元每项生产设施的运行状态、生产负荷、主要产品产量、原辅料及燃料使用情况（包括种类、名称、用量、有毒有害元素成分及占比）等信息。

12.3.2　废水处理设施运行状况记录

按日或班次记录废水处理量、回用水量、回用率、回用去向、废水排放量、排放去向、污泥产生量（记录含水率）、污水处理使用的药剂名称及用量、用电量等；记录污水处理设施运行、故障及维护情况等。

12.3.3　废气处理设施运行状况记录

按日或班次记录废气处理使用的吸附剂、过滤材料等耗材的名称和用量；记录废气处理设施运行参数、故障及维护情况等。

12.4　固体废物和危险废物信息记录

记录一般工业固体废物的产生量、综合利用量、处置量、贮存量等信息；按照危险废物管理的相关要求，按生产周期记录危险废物的产生量、综合利用量、贮存量及其具体去向。原料或辅助工序中产生的其他危险废物的情况也应记录。危险废物应严格执行危险废物相关管理要求。一般工业固体废物及危险废物来源见表 12-1。

对于委托外单位处置利用一般工业固体废物或者危险废物的，以及接收外单位一般工业固体废物或者危险废物的，应详细记录这些情况。对于自行综合利用、自行处置一般工业固体废物和危险废物的，还应当对本单位所拥有的处置场、焚烧装置等综合利用和处置设施及运行情况进行记录。

表 12-1　一般工业固体废物及危险废物来源

类别	废物种类	来源
危险废物	含铍废物、含铬废物、含砷废物、含硒废物、含锑废物、含碲废物、含汞废物、含铊废物、含镍废物、含钡废物、含铅废物、废酸、废碱等	焙烧工艺产生的固体废物
		浸取工艺产生的固体废物
		反应残余物
		熔渣、集（除）尘装置收集的粉尘
		废水处理的污泥
		酸、碱清洗产生的废酸、碱液
	其他可能产生的危险废物按照《国家危险废物名录》或国家规定的危险废物鉴别标准和鉴别方法认定	
一般工业固体废物	除界定为危险废物以外的生产过程中产生的其他固体废物	

12.5　信息报告及信息公开

12.5.1　信息报告要求

为了排污单位更好地掌握本单位实际排污状况，也便于更好地对公众说明本单位的排污状况和监测情况，排污单位应编写自行监测年度报告，年度报告至少应包含以下内容：

1）监测方案的调整变化情况及变更原因。

2）企业及各主要生产设施全年运行天数，各监测点、各监测指标全年监测次数、超标情况、浓度分布情况。

3）按要求开展的周边环境质量影响状况监测结果。

4）自行监测开展的其他情况说明。

5）排污单位实现达标排放所采取的主要措施。

自行监测年报不限于以上信息，任何有利于说明本单位自行监测情况和排放状况的信息，都可以写入自行监测年报中。另外，对于领取了排污许可证的排污单位，按照排污许可证管理要求，每年应提交年度执行报告，其中自行监测情况属于年度执行报告中的重要组成部分，排污单位可以将自行监测年报作为年度执行报告的一部分一并提交。

12.5.2　应急报告要求

由于排污单位非正常排放会对环境或者污水处理设施产生影响，因此对于监测结果出现超标的，排污单位应加密监测，并检查超标原因。短期内无法实现稳定达标排放的，应向生态环境主管部门提交事故分析报告，说明事故发生的原因，采取减轻或防止污染的措施，以及今后的预防及改进措施等；若因发生事故或者其他突发事件，排放的污水可能危及城镇排水与污水处理设施安全运行的，应当立即采取措施消除危害，并及时向城镇排水主管部门和生态环境主管部门等有关部门报告。

12.5.3　信息公开要求

排污单位应根据排污许可证及《企业事业单位环境信息公开办法》（环境保护部令　第 31 号）及《国家重点监控企业自行监测及信息公开办法（试行）》（环发〔2013〕81 号）进行信息公开，但不限于此，排污单位还可以采取其他便于公众获取的方式进行信息公开。

信息公开应重点考虑两类群体的信息需求。一是排污单位周围居民的信息需求。周边居民是污染排放的直接影响者，最关心污染物排放状况对自身及环境的影响，因此对污染物排放状况及周边环境质量状况有强烈的需求。二是排污单位同类行业或者其他相关者的信息需求。同一行业不同排污单位之间存在一定的竞争关系，当然都希望在污染治理上得到相对公平的待遇，因此会格外关心同行的排放状况，对同行业其他排污单位的排放状况信息有同行监督需求。

为了照顾这两类群体的信息需求，信息公开的方式应该便于这两类群体获取。

排污单位可以通过在厂区外或当地媒体上发布监测信息，使周边居民及时了解排污单位的排放状况，这类信息公开相对灵活，便于周边居民获取信息。而为了实现同行监督和一些公益组织的监督，也为了便于政府监督，有组织的信息公开方式更有效率。目前，各级生态环境主管部门都在建设不同类型的信息公开平台，排污单位也应该根据相关要求在信息平台上发布信息，以便于各类群体间相互监督。

第 13 章   自行监测手工数据报送

为了方便排污单位信息报送和管理部门收集相关信息，受生态环境部生态环境监测司委托，中国环境监测总站组织开发了"全国污染源监测数据管理与共享系统"。为落实《排污许可管理条例》第二十三条信息公开有关规定，全国污染源监测数据管理与共享系统和全国排污许可证管理信息平台实现了互联互通，排污单位登录全国排污许可证管理信息平台，通过"监测记录"模块跳转至全国污染源监测数据管理与共享系统填报自行监测手工数据结果。自行监测手工数据填报完成后，在全国排污许可证管理信息平台查看自行监测手工数据信息公开内容。

13.1   自行监测手工数据报送系统总体架构设计

根据《关于印发 2015 年中央本级环境监测能力建设项目建设方案的通知》（环办函〔2015〕1596 号），中国环境监测总站负责建设"全国污染源监测数据管理与共享系统"，面向企业用户、环保用户、委托机构用户、系统管理用户 4 类用户，针对各自不同业务需求，系统提供数据采集、监测业务管理、数据查询处理与分析、决策支持、数据采集移动终端版、自行监测知识库、排放标准管理、个人工作台、统一应用支撑、数据交换等功能。

另外，面向其他污染源监测信息采集系统（包括部级建设的固定污染源系统、全国排污许可证管理信息平台、各省级行政区重点污染源监测系统）使用数据交换平台进行数据交换，减少企业重复填报。系统整体架构如图 13-1 所示。

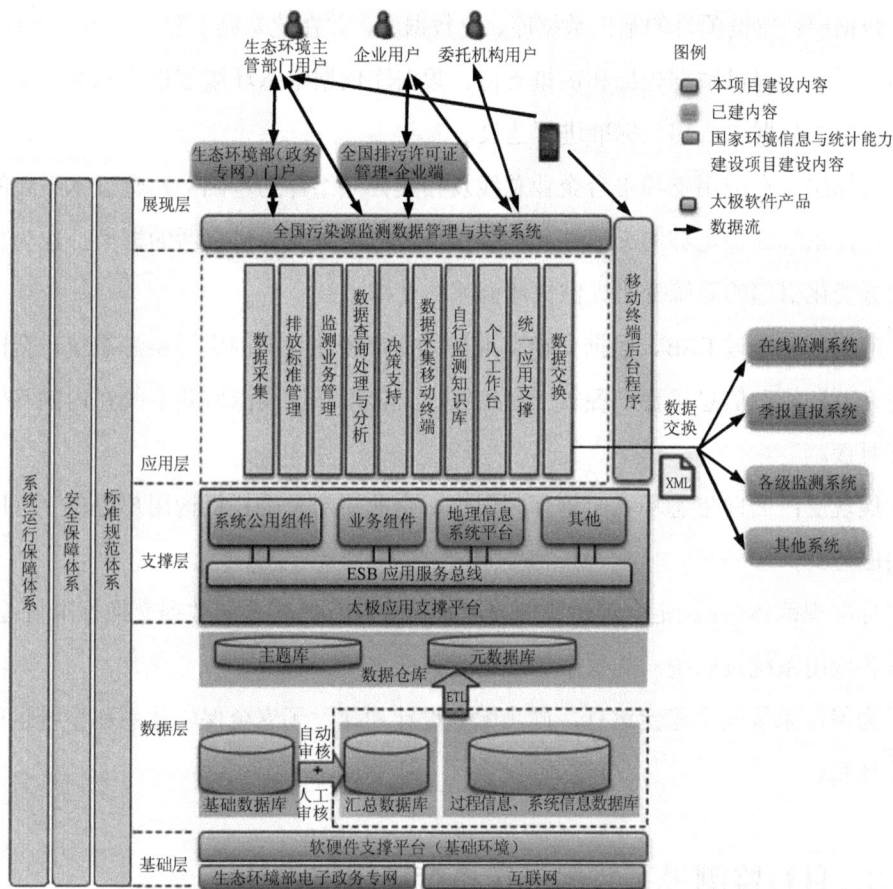

图 13-1　系统总体架构

系统总体架构采用 SOA 面向服务的五层三体系的标准成熟电子政务框架设计，以总线为基础，依托公共组件、通用业务组件和开发工具实现应用系统快速开发和系统集成。系统由基础层、数据层、支撑层、应用层、展现层五层，以及贯穿项目始终保障项目顺利实施和稳定、安全运行的系统运行保障体系、安全保障体系及标准规范体系构成。

基础层：在利用监测总站现有的软硬件及网络环境的基础上，配置相应的系统运行所需软硬件设备及安全保障设备。

数据层：建设项目的基础数据库、元数据库，并在此基础上建设主题数据库、空间数据库、提供数据挖掘和决策支持。数据库依据生态环境部相关标准及能力建设项目的数据中心相关标准进行建设。

支撑层：在应用支撑平台企业总线及相关公共组件的基础上，建设本系统的组件，为系统提供足够的灵活性和扩展性，为应用集成提供灵活的框架，也为将来业务变化引起的系统变化提供快速调整的支撑。

应用层：通过 ESB、数据交换实现与包括部级建设的固定污染源系统、全国排污许可证管理信息平台、各省（自治区、直辖市）污染源监测系统在内的其他系统对接。

展现层：面向生态环境主管部门用户、企业用户及委托机构用户提供互联网访问服务。

标准规范体系：制定全国污染源监测数据管理与共享系统数据交换标准规范，确保各应用系统按照统一的数据标准进行数据交换。

为保持系统安全稳定运行，同步配套设计和建设了安全保障体系和系统运行保障体系。

13.2　自行监测手工数据报送系统应用层设计

全国污染源监测数据管理与共享系统提供的业务应用包括数据采集、排放标准管理、监测业务管理、数据查询处理与分析、决策支持、移动终端、自行监测知识库、数据交换、个人工作台及统一应用支撑 10 个子系统。系统功能架构见图 13-2。

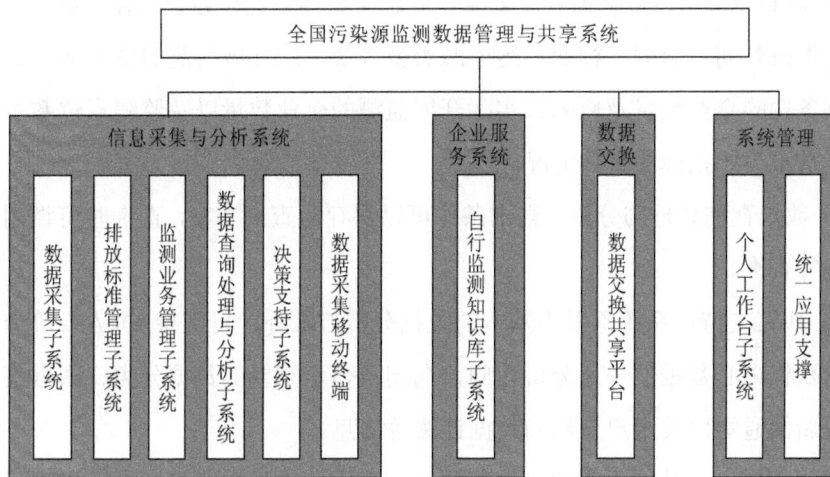

图 13-2　系统功能架构

1）数据采集：主要对企业自行监测手工数据和管理部门开展的执法监测数据进行采集。面向全国已核发排污许可证的企业采集监测数据，提供信息填报、审核、查询、发布功能，并形成关联以持续监督。

系统能够满足各级生态环境主管部门录入执法监测数据、质控抽测数据、监督检查信息与结果、监测站标准化建设情况、环境执法与监管情况等。企业的基础信息由全国排污许可证管理信息平台直接获取，在系统中不可更改。企业自行监测方案由全国排污许可证管理信息平台直接获取，生态环境主管部门不再进行审核，企业自主确定自行监测方案执行时间。自行监测方案中除许可不包括要素外，其余要素在系统中不可更改。由于不同来源数据的采集频次和采集方式不同，系统能够提供不同的数据接入方式。

2）排放标准管理：提供排放标准的维护管理和达标评价功能。管理用户可以对标准进行增、删、改、查操作，以保持标准为最新版本。提供接口，数据录入编辑和数据进行发布时均可调用该接口判定该数据是否超标，超标的给予提示并按超标比例的不同给出不同颜色提醒。

3）监测业务管理：根据管理要求，汇总监测体系建设运行总体情况，生成表格。实现按时间、空间、行业、污染源类型等统计应开展监测的企业数量、不具备监测条件的企业数量及原因、实际开展监测的企业数量以及监测点位数量、监测指标数量等各指标的具体情况。

4）数据查询处理与分析：查询条件可以保存为查询方案，查询时可调用查询方案进行查询。

5）决策支持：系统除采用基本的数据分析方法外，可支持 OLAP 等分析技术，对数据中心数据的快速分析访问，向用户显示重要的数据分类、数据集合、数据更新的通知以及用户自己的数据订阅等信息。

提供环保搜索功能，用户可按权限快速查询各类环境信息，也可以直接从系统进行汇总、平均或读取数据，实现多维数据结构的灵活表现。

6）移动终端：数据采集移动端帮助环保用户随时随地了解企业情况并上报检查信息，提高污染源数据采集信息的及时性和准确性。

7）自行监测知识库：企业自行监测知识库系统对排污单位提供自行监测相关的法律法规、政策文件、排放标准、监测技术规范和方法、自行监测方案范例、相关处罚案例等查询服务，帮助和指导企业做好自行监测工作。

8）数据交换：建立数据交换共享平台，实现系统中各子系统间的内部数据交换，以及实现与外部系统的数据交换。

内部交换包括采集子系统与查询分析子系统，各子系统与信息发布子系统之间进行数据交换。

外部交换主要是与其他信息系统的数据对接，将依据能力建设项目的相关标准制定监测数据标准、交换的工作流程标准、安全标准及交换运行保障标准等标准，制定统一的数据接口供各地现行污染源监测信息管理与数据共享。各相关系统按数据标准生成数据 XML 文件通过接口传递到本系统解析入库，以实现与本系统的互联互通，减少企业重复录入，提高数据质量。

9）个人工作台：包括信息提醒（邮件和短信）、通知管理、数据报送情况查询、数据校验规则设置与管理等。为不同用户提供针对性强的用户体验,方便用户使用。

10)统一应用支撑:实现系统维护相关功能,系统维护人员和数据管理人员基于这些功能对数据采集和服务进行管理,综合信息管理主要包括系统管理、个人工作管理、数据管理等方面的功能。

13.3　自行监测手工数据报送方式和内容

13.3.1　报送方式

排污单位自行监测手工数据报送方式为登录全国排污许可证管理信息平台,通过"监测记录"模块跳转至全国污染源监测数据管理与共享系统填报自行监测手工数据结果。自行监测手工数据填报完成后,在全国排污许可证管理信息平台查看自行监测手工数据信息公开内容。自行监测手工数据报送流程如图13-3所示。

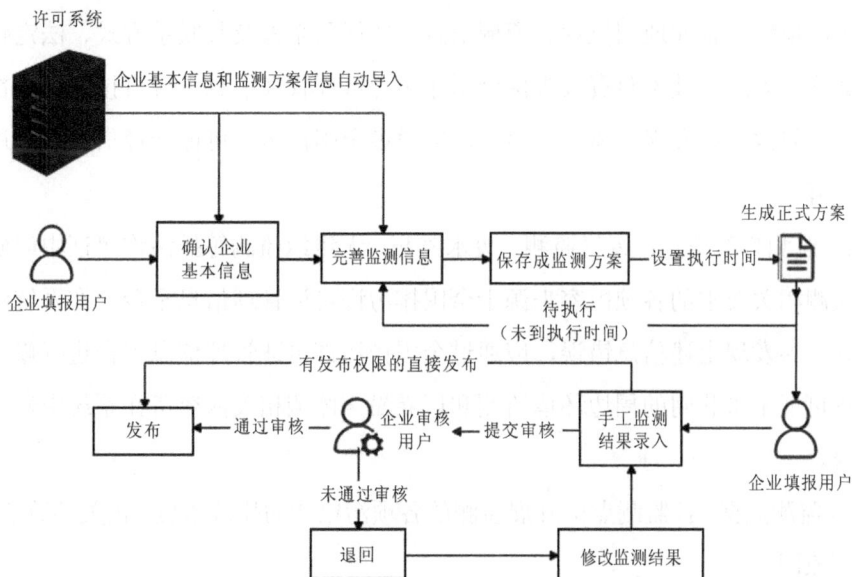

图 13-3　自行监测手工数据报送流程

13.3.2 具体流程

企业相关基础信息由全国排污许可证管理信息平台直接获取，在系统中不可更改。由全国排污许可证管理信息平台直接获取的企业自行监测方案相关要素（废气、废水、无组织）在系统中不可更改，企业可补充完善自行监测方案中的其他要素（周边环境、厂界噪声）。自行监测方案补充完善后，生态环境主管部门不再进行审核，企业自主确定自行监测方案执行时间。

自行监测数据的填报流程。自行监测方案到企业自主设定的执行时间后，企业按监测方案开展监测并按要求填报自行监测手工数据结果，手工监测数据需经过企业内部审核，审核通过的进行发布，不通过的退回企业填报用户修改。具有审核权限的填报用户也可以直接发布。

13.3.3 具体内容

1）企业基本信息：企业名称、统一社会信用代码、行业类别、企业注册地址、企业生产地址、企业地理位置、流域信息、环保联系人及其联系方式、法定代表人及其联系方式、技术负责人等由全国排污许可证管理信息平台直接获取，在系统中不可修改。如发现上述信息错误，应通过全国排污许可证管理信息平台进行修改完善。

2）监测方案信息：废气监测、废水监测、无组织监测等排污许可证中明确了自行监测相关要求的各项内容来源于全国排污许可证管理信息平台，在系统中不可更改。如发现上述信息错误，应通过全国排污许可证管理信息平台进行修改完善。许可证中未载明的周边环境监测和厂界噪声监测相关内容可在系统中进行补充完善。

3）监测数据：各监测点位开展监测的各项污染物的排放浓度、相关参数信息、未监测原因等。

13.4　自行监测信息完善

13.4.1　自行监测方案信息完善

排污单位自行监测方案信息（废气、废水、无组织监测）自动从全国排污许可证管理信息平台导入本系统中，排污许可证未载明的周边环境和厂界噪声自行监测要求企业可在本系统补充完善。

企业用户在系统主界面进入"数据采集"→"企业信息填报"→"监测方案信息"。在【选择方案版本】中如果选择"版本号名称"即可查看相应版本号的监测信息。如果想修改监测信息，点击右侧【加载该版本】即可，然后在【选择方案版本】处选择【当前编辑】。修改的过程可参照下面介绍的录入过程。录入新的监测信息，应在【选择方案版本】处选择【当前编辑】，然后点击右侧的【编辑】按钮进行编辑，如图 13-4 所示。

图 13-4　企业监测方案信息加载界面

在监测方案信息当前编辑中，会有从全国排污许可证管理信息平台同步过来的监测方案信息，包含相关排放设备、监测点、监测项目、排放标准、限值、监测频次等信息，如图 13-5 所示。

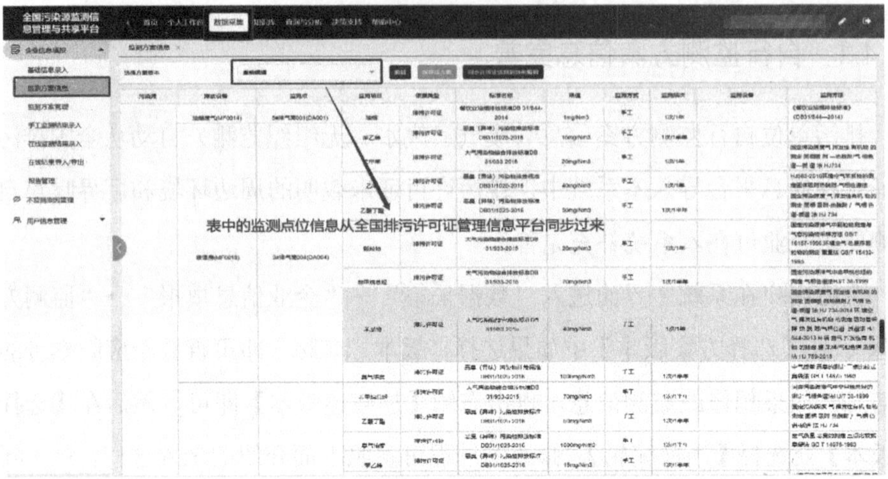

图 13-5 许可证系统导入企业的监测方案信息界面

13.4.1.1 周边环境和厂界噪声监测信息录入

1) 添加周边环境和厂界噪声监测点。在编辑页面下，点击周边环境和厂界噪声监测点右上方的【增加监测点】，弹出监测点新增页面。输入【排序序号】【监测点名称】【监测点编号】、选择【经度】【纬度】【开始时间】【结束时间】，周边环境还需选择【监测类型】。点击【新增标准】弹出新增标准页面，新增标准成功后，点击【提交】按钮回到新增监测点页面，在此页面确定填写完全部信息后，点击【立即提交】按钮即可。这三类监测点的新增页面类似，如图 13-6、图 13-7 所示。

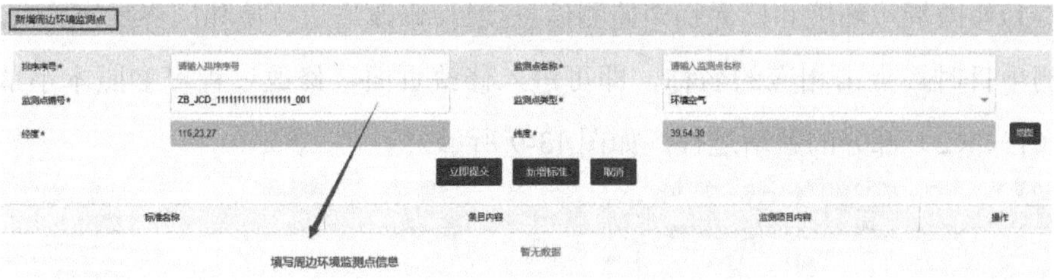

图 13-6　新增周边环境监测点信息

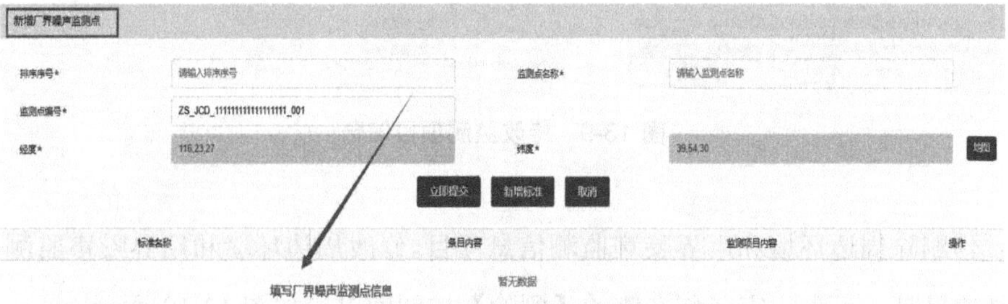

图 13-7　新增厂界噪声监测点信息

2）添加周边环境和厂界噪声监测项目。一个监测点可能有多个监测项目，在添加完【监测点】之后，点击【增加项目】，弹出监测项目新增页面，录入相关信息，如图 13-8 所示。

图 13-8　新增监测项目信息

3)修改周边环境和厂界噪声监测信息项目。修改周边环境和厂界噪声监测点、监测项目时，点击相应的名称，即可进入修改页面，修改过程可参照本小节的第（1）、（2）部分的新增过程，如图 13-9 所示。

图 13-9　修改监测项目信息

4)删除周边环境和厂界噪声监测信息项目。修改周边环境和厂界噪声监测点、监测项目时，点击相应名称右侧的【删除】按钮即可，如图 13-10 所示。

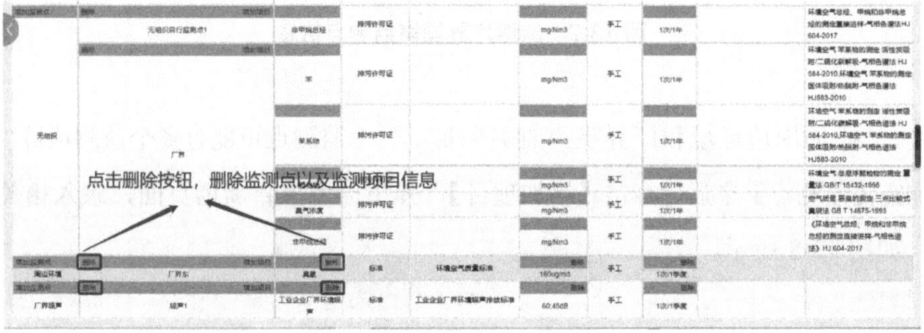

图 13-10　删除监测项目信息

13.4.1.2　完成监测方案

周边环境和厂界噪声监测信息录入完成后，点击页面上的【保存成方案】按钮，会弹出新建监测方案页面，输入【方案名称】【方案版本】等，选择【公开开始时间】【公开结束时间】【编制日期】，上传【单位平面图】【监测点位示意图】，设置方案开始执行时间，最后可点击暂存或者生成正式方案按钮，如图 13-11、图 13-12 所示。

图 13-11　监测方案内容

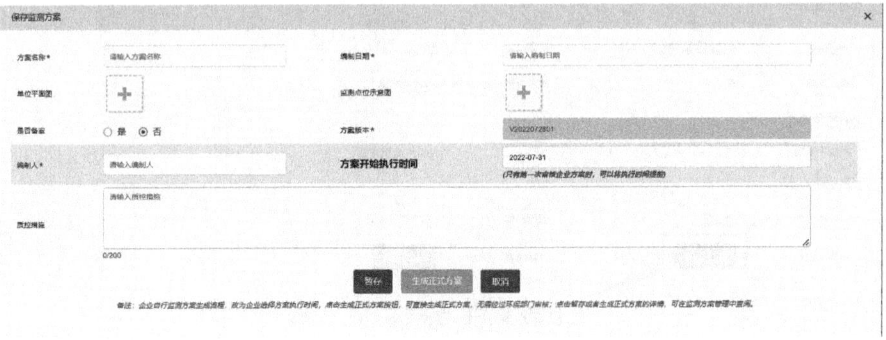

图 13-12　监测方案基本信息

13.4.1.3　监测方案管理

企业用户在系统主界面进入"数据采集"→"企业信息填报"→"监测方案管理"。

1）查看。根据查询列表结果，点击每条数据右侧的查看" 🔍 "按钮，即可查看方案的部分信息，如图 13-13 所示。

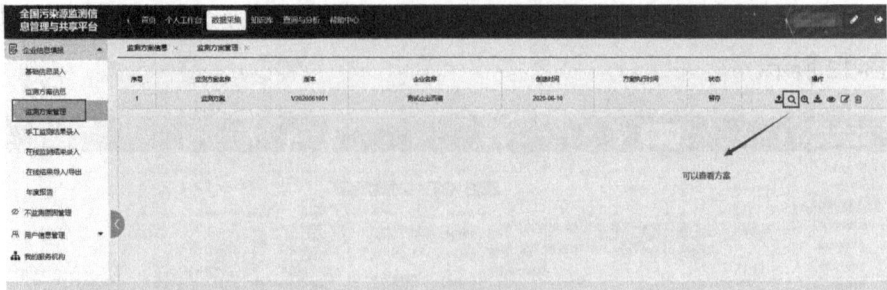

图 13-13　查看监测方案位置

进入监测方案查看信息页面后，点击右下方的【查看详情】按钮均可查看相应的详细信息，如图 13-14、图 13-15 所示。

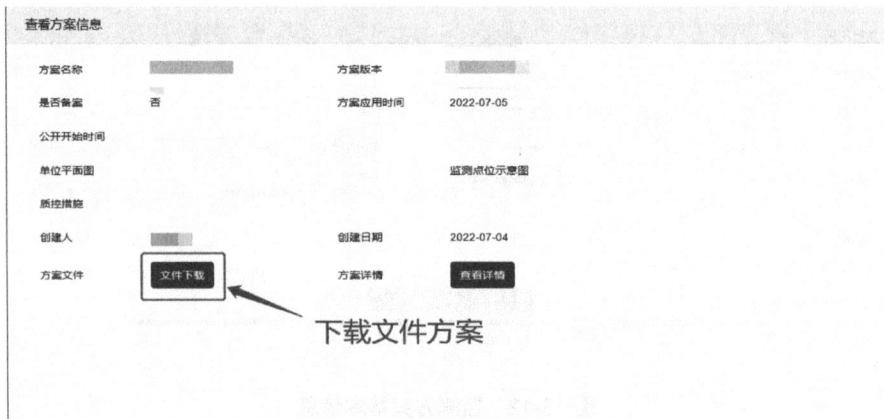

图 13-14　监测方案下载与查看

图 13-15　监测方案内容查看

2）修改。针对方案状态【暂存】的情况可以对方案进行修改，点击右侧的【修改】按钮，可对方案基本信息进行修改，修改完成后点击生成正式方案按钮，如图 13-16 所示。

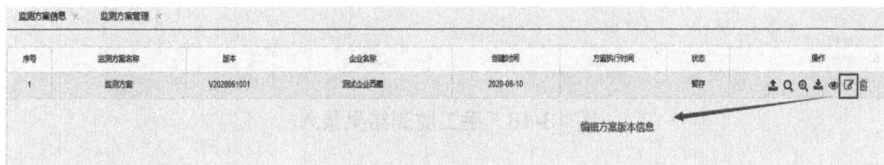

图 13-16　监测方案修改

3）删除。针对方案状态【暂存】的情况可以对方案进行删除，点击右侧的【删除】按钮，即可对方案进行删除，如图 13-17 所示。

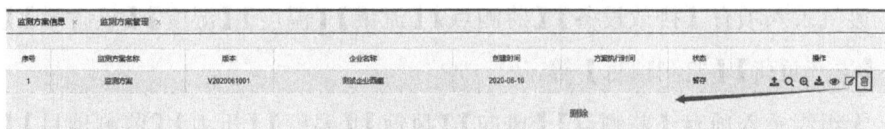

图 13-17　删除监测方案

13.4.2　监测数据录入

企业填报账户登录系统进入主界面"数据采集"→"企业信息填报"→"手工监测结果录入"。到达企业自主设定的方案开始执行时间后，方案正式生效，企业可针对监测项目，录入手工监测结果。

1）录入手工监测结果。针对相应监测项目，选择需要录入手工监测结果的采样日期，"黄色"代表未填报完成，"绿色"代表填报完成，"橘色"代表未填报完成且超期，"红色矩形框"代表有超标数据，如图 13-18 所示。

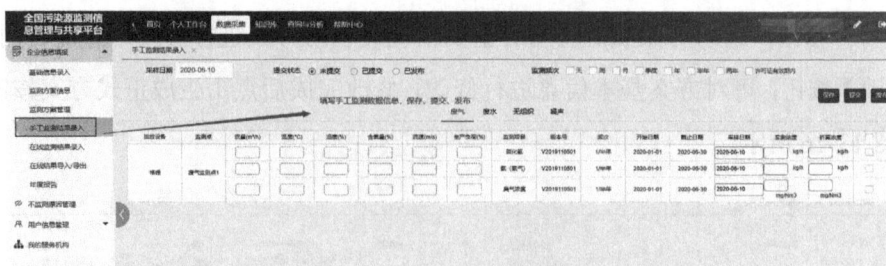

图 13-18　手工监测结果录入

企业选择完填报日期后，可选择不同的提交状态：【未提交】【已提交】【已发布】，下方会有【废水】【废气】【无组织】【周边环境】【噪声】中的一项或多项。

废水录入项有【监测点】【流量】【工作负荷】【监测项目】【频次单位】【频次】【截止日期】【监测结果】【备注原因】。

废气录入项有【排放设备】【监测点】【流量】【温度】【湿度】【氧含量】【流速】【生产负荷】【监测项目】等。

无组织录入项有【监测点】【风向】【风速】【温度】【压力】【监测项目】【频次单位】【频次】等。

周边环境录入项有【环境空气监测点】【湿度】【气温】【气压】【风速】【风向】【监测项目】【频次单位】等。

若录入的监测结果浓度超过标准值，文本所在输入框会变成红色，标识结果超标，如图 13-19 所示。

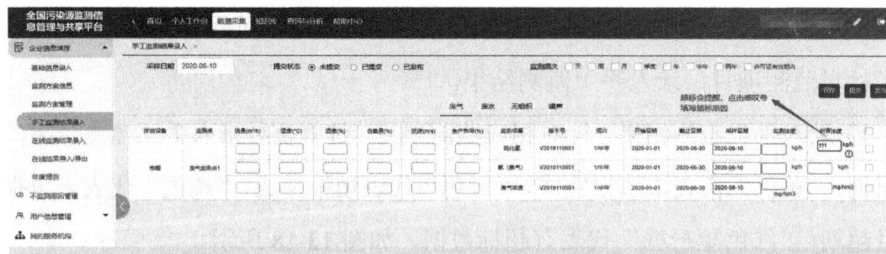

图 13-19　手工监测结果超标提醒

2）保存手工监测结果。此功能用于保存填报用户填完的手工监测结果，但不提交审核。只需在填报信息后，点击【保存】按钮，之前录入的信息即进行保存，如图 13-20 所示。

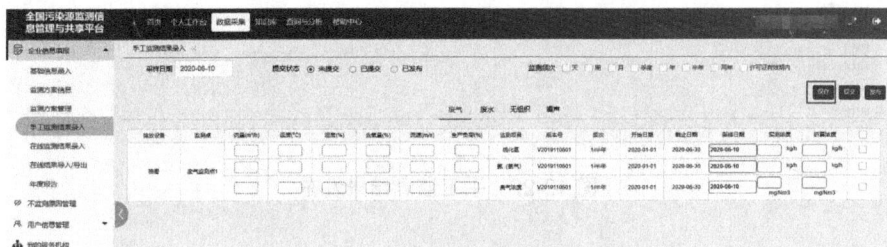

图 13-20　手工监测结果保存

3）提交审核手工监测结果。此功能用于填报用户提交手工监测结果，针对需要提交的手工监测结果，在每条记录右侧或者全选旁的选择框"☐"下进行勾选，再点击上方的【立即提交】按钮即可，如图 13-21 所示。

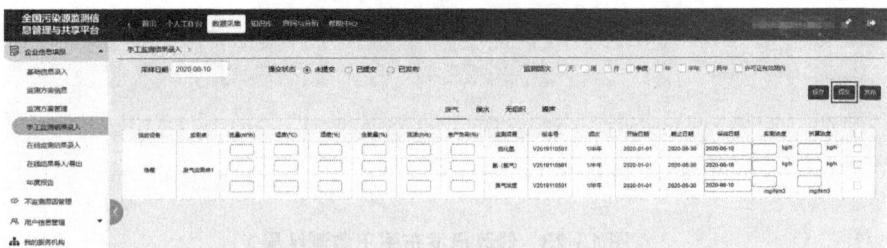

图 13-21　手工监测结果提交

4）发布。此功能用于企业审核用户，对提交的手工监测结果进行发布处理。针对【提交状态】为【已提交】的手工监测结果，对需要发布的监测结果，在每条记录右侧或者全选旁的选择框"☐"下进行勾选，然后点击【发布】按钮对其进行发布，如图 13-22 所示。

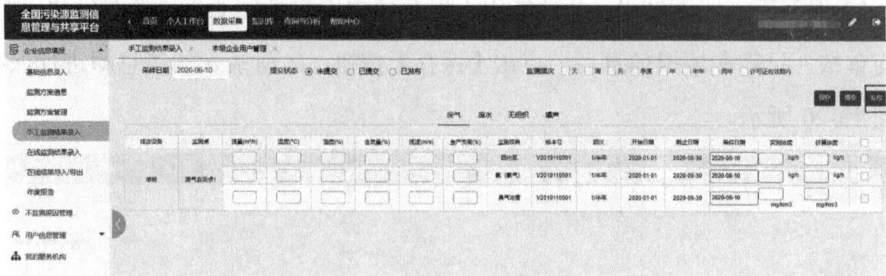

图 13-22　手工监测结果发布

5）修改已发布数据。企业填报用户可以对已发布的手工数据进行修改，点击结果数据记录右侧的【修改】按钮，修改数据信息，即可完成修改，如图 13-23 所示。

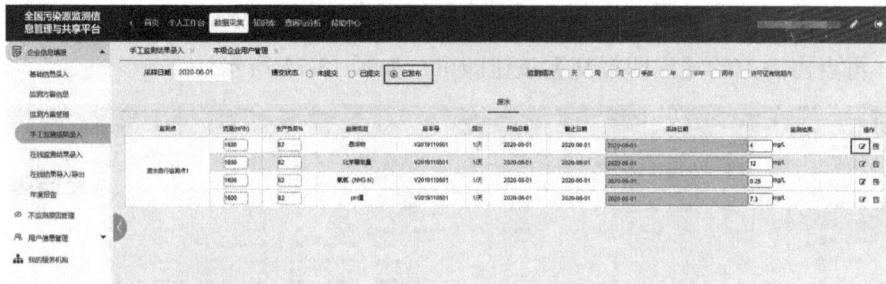

图 13-23　修改已发布手工监测结果

13.4.3　监测数据信息公开

企业审核用户对提交的手工监测结果进行发布处理后的次日，全国排污许可证管理信息平台公开企业自行监测手工监测数据。信息公开内容条目分为废气、废水、无组织、周边环境和厂界噪声，具体内容包括企业名称、监测点名称、监测项目名称、采样/监测时间、浓度等，如图 13-24 所示。

自行监测信息

监测时间　2022

废气　废水　无组织　周边环境　噪声

企业名称	监测点名称	项目名称	实测浓度	折算浓度	采样时间	监测项目单位
	废气监测点1(DA008)	氯	4.19	4.08	2022-01-17	mg/Nm3
	废气监测点1(DA008)	氯化氢	9.29	9.04	2022-01-17	mg/Nm3
	废气监测点1(DA008)	氟化氢	0.66	0.64	2022-01-17	mg/Nm3
	废气监测点1(DA008)	汞及其化合物	0	0	2022-01-17	mg/Nm3
	废气监测点1(DA008)	铅、锡、铂、砷及其化合物	0	0	2022-01-17	mg/Nm3

图 13-24　自行监测手工监测数据结果信息公开

附　录

附录 1

排污单位自行监测技术指南　总则

（HJ 819—2017）

附录 2

排污单位自行监测技术指南　无机化学工业

（HJ 1138—2020）

附录 3

自行监测质量控制相关模板和样表

附录 3-1　检测工作程序（样式）

附录 3-2　××××（单位名称）废（污）水采样原始记录表

附录 3-3　××××（单位名称）内部样品交接单

附录 3-4 重量法分析原始记录表

附录 3-5 原子吸收分光光度法原始记录表

附录 3-6 容量法原始记录表

附录 3-7 pH 分析原始记录表

附录 3-8 标准溶液配制及标定记录表

附录 3-9 作业指导书样例

（氮氧化物化学发光法测试仪作业指导书）

附录 4

自行监测相关标准规范

附录 4-1　污染物排放标准

标准类型	序号	排放标准名称及编号
废水	1	《无机化学工业污染物排放标准》（GB 31573—2015）及修改单
	2	《硝酸工业污染物排放标准》（GB 26131—2010）
	3	《硫酸工业污染物排放标准》（GB 26132—2010）及修改单
	4	《烧碱、聚氯乙烯工业污染物排放标准》（GB 15581—2016）
	5	《污水综合排放标准》（GB 8978—1996）
废气	1	《无机化学工业污染物排放标准》（GB 31573—2015）及修改单
	2	《硝酸工业污染物排放标准》（GB 26131—2010）
	3	《硫酸工业污染物排放标准》（GB 26132—2010）及修改单
	4	《烧碱、聚氯乙烯工业污染物排放标准》（GB 15581—2016）
	5	《大气污染物综合排放标准》（GB 16297—1996）

注：标准统计截至 2022 年 6 月。

附录 4-2　相关监测技术规范标准

分类	标准号	标准名称
废气监测技术规范类	HJ 75—2017	《固定污染源烟气（SO_2、NO_x、颗粒物）排放连续监测技术规范》
	HJ 76—2017	《固定污染源烟气（SO_2、NO_x、颗粒物）排放连续监测系统技术要求及检测方法》
	HJ/T 397—2007	《固定源废气监测技术规范》
	HJ/T 55—2000	《大气污染物无组织排放监测技术导则》
	GB/T 16157—1996	《固定污染源排气中颗粒物测定与气态污染物采样方法》及修改单
	HJ 905—2017	《恶臭污染环境监测技术规范》

分类	标准号	标准名称
废水监测技术规范类	HJ 91.1—2019	《污水监测技术规范》
	HJ 91.2—2022	《地表水环境质量监测技术规范》
	HJ/T 92—2002	《水污染物排放总量监测技术规范》
	HJ 353—2019	《水污染源在线监测系统（COD_{Cr}、NH_3-N 等）安装技术规范》
	HJ 354—2019	《水污染源在线监测系统（COD_{Cr}、NH_3-N 等）验收技术规范》
	HJ 355—2019	《水污染源在线监测系统（COD_{Cr}、NH_3-N 等）运行技术规范》
	HJ 356—2019	《水污染源在线监测系统（COD_{Cr}、NH_3-N 等）数据有效性判别技术规范》
	HJ 493—2009	《水质　样品的保存和管理技术规定》
	HJ 494—2009	《水质　采样技术指导》
	HJ 495—2009	《水质　采样方案设计技术规定》
噪声监测技术规范类	GB 12348—2008	《工业企业厂界环境噪声排放标准》
	HJ 707—2014	《环境噪声监测技术规范　结构传播固定设备室内噪声》
	HJ 706—2014	《环境噪声监测技术规范　噪声测量值修正》
其他技术规范	HJ/T 166—2004	《土壤环境监测技术规范》
	HJ 164—2020	《地下水环境监测技术规范》
	HJ 194—2017	《环境空气质量手工监测技术规范》及修改单
	HJ 442.3—2020	《近岸海域环境监测技术规范　第三部分　近岸海域水质监测》
	HJ 442.7—2020	《近岸海域环境监测技术规范　第七部分　入海河流监测》
	HJ 442.8—2020	《近岸海域环境监测技术规范　第八部分　直排海污染源及对近岸海域水环境影响监测》
	GB 3838—2002	《地表水环境质量标准》
	GB 3097—1997	《海水水质标准》
	GB/T 14848—2017	《地下水质量标准》
	GB 15618—2018	《土壤环境质量　农用地土壤污染风险管控标准（试行）》
	GB 36600—2018	《土壤环境质量　建设用地土壤污染风险管控标准（试行）》
	HJ 2.1—2016	《建设项目环境影响评价技术导则　总纲》
	HJ 2.3—2018	《环境影响评价技术导则　地表水环境》
	HJ 610—2016	《环境影响评价技术导则　地下水环境》
	HJ 819—2017	《排污单位自行监测技术指南　总则》
	HJ 820—2017	《排污单位自行监测技术指南　火力发电及锅炉》
	HJ 1035—2019	《排污许可证申请与核发技术规范　无机化学工业》
	HJ 1138—2020	《排污单位自行监测技术指南　无机化学工业》
	HJ/T 373—2007	《固定污染源监测质量保证与质量控制技术规范（试行）》

注：标准统计截至 2022 年 6 月。

附录 4-3   废水污染物相关监测方法标准

序号	监测项目	分析方法名称及编号
1	pH	《水质　pH 值的测定　电极法》（HJ 1147—2020）
2	水温	《水质　水温的测定　温度计或颠倒温度计测定法》（GB 13195—91）
3	化学需氧量	《水质　化学需氧量的测定　重铬酸盐法》（HJ 828—2017）
4	化学需氧量	《水质　化学需氧量的测定　快速消解分光光度法》（HJ/T 399—2007）
5	化学需氧量	《高氯废水　化学需氧量的测定　氯气校正法》（HJ/T 70—2001）
6	化学需氧量	《高氯废水　化学需氧量的测定　碘化钾碱性高锰酸钾法》（HJ/T 132—2003）
7	氨氮	《水质　氨氮的测定　蒸馏-中和滴定法》（HJ 537—2009）
8	氨氮	《水质　氨氮的测定　气相分子吸收光谱法》（HJ/T 195—2005）
9	氨氮	《水质　氨氮的测定　纳氏试剂分光光度法》（HJ 535—2009）
10	氨氮	《水质　氨氮的测定　水杨酸分光光度法》（HJ 536—2009）
11	氨氮	《水质　氨氮的测定　连续流动-水杨酸分光光度法》（HJ 665—2013）
12	氨氮	《水质　氨氮的测定　流动注射-水杨酸分光光度法》（HJ 666—2013）
13	总磷	《水质　总磷的测定　钼酸铵分光光度法》（GB 11893—89）
14	总磷	《水质　磷酸盐和总磷的测定　连续流动-钼酸铵分光光度法》（HJ 670—2013）
15	总磷	《水质　总磷的测定　流动注射-钼酸铵分光光度法》（HJ 671—2013）
16	总氮	《水质　总氮的测定　碱性过硫酸钾消解紫外分光光度法》（HJ 636—2012）
17	总氮	《水质　总氮的测定　连续流动-盐酸萘乙二胺分光光度法》（HJ 667—2013）
18	总氮	《水质　总氮的测定　流动注射-盐酸萘乙二胺分光光度法》（HJ 668—2013）
19	总氮	《水质　总氮的测定　气相分子吸收光谱法》（HJ/T 199—2005）
20	悬浮物	《水质　悬浮物的测定　重量法》（GB 11901—89）
21	石油类	《水质　石油类和动植物油类的测定　红外分光光度法》（HJ 637—2018）
22	总氰化物	《水质　氰化物的测定　容量法和分光光度法》（HJ 484—2009）
23	单质磷	《水质　单质磷的测定　磷钼蓝分光光度法（暂行）》（HJ 593—2010）
24	硫化物	《水质　硫化物的测定　亚甲基蓝分光光度法》（HJ 1226—2021）
25	硫化物	《水质　硫化物的测定　流动注射-亚甲基蓝分光光度法》（HJ 824—2017）
26	硫化物	《水质　硫化物的测定　碘量法》（HJ/T 60—2000）
27	硫化物	《水质　硫化物的测定　气相分子吸收光谱法》（HJ/T 200—2005）
28	氟化物	《水质　氟化物的测定　离子选择电极法》（GB 7484—87）
29	氟化物	《水质　氟化物的测定　氟试剂分光光度法》（HJ 488—2009）

序号	监测项目	分析方法名称及编号
30	氟化物	《水质　氟化物的测定　茜素磺酸锆目视比色法》（HJ 487—2009）
31	氟化物	《水质　无机阴离子（F⁻、Cl⁻、NO₂⁻、Br⁻、NO₃⁻、PO₄³⁻、SO₃²⁻、SO₄²⁻）的测定　离子色谱法》（HJ 84—2016）
32	总铜	《水质　铜的测定　2,9-二甲基-1,10-菲啰啉分光光度法》（HJ 486—2009）
33	总铜	《水质　铜的测定　二乙基二硫代氨基甲酸钠分光光度法》（HJ 485—2009）
34	总铜	《水质　铜、锌、铅、镉的测定　原子吸收分光光度法》（GB 7475—87）
35	总铜	《水质　65 种元素的测定　电感耦合等离子体质谱法》（HJ 700—2014）
36	总锌	《水质　锌的测定　双硫腙分光光度法》（GB 7472—87）
37	总锌	《水质　铜、锌、铅、镉的测定　原子吸收分光光度法》（GB 7475—87）
38	总锌	《水质　65 种元素的测定　电感耦合等离子体质谱法》（HJ 700—2014）
39	总钡	《水质　钡的测定　火焰原子吸收分光光度法》（HJ 603—2011）
40	总钡	《水质　钡的测定　石墨炉原子吸收分光光度法》（HJ 602—2011）
41	总钡	《水质　65 种元素的测定　电感耦合等离子体质谱法》（HJ 700—2014）
42	总钡	《水质　32 种元素的测定　电感耦合等离子体发射光谱法》（HJ 776—2015）
43	总砷	《水质　总砷的测定　二乙基二硫代氨基甲酸银分光光度法》（GB 7485—87）
44	总砷	《水质　汞、砷、硒、铋和锑的测定　原子荧光法》（HJ 694—2014）
45	总砷	《水质　65 种元素的测定　电感耦合等离子体质谱法》（HJ 700—2014）
46	总汞	《水质　总汞的测定　高锰酸钾-过硫酸钾消解法　双硫腙分光光度法》（GB 7469—87）
47	总汞	《水质　总汞的测定　冷原子吸收分光光度法》（HJ 597—2011）
48	总汞	《水质　汞、砷、硒、铋和锑的测定　原子荧光法》（HJ 694—2014）
49	总镉	《水质　镉的测定　双硫腙分光光度法》（GB 7471—87）
50	总镉	《水质　铜、锌、铅、镉的测定　原子吸收分光光度法》（GB 7475—87）
51	总镉	《水质　65 种元素的测定　电感耦合等离子体质谱法》（HJ 700—2014）
52	总铅	《水质　铅的测定　双硫腙分光光度法》（GB 7470—87）
53	总铅	《水质　铜、锌、铅、镉的测定　原子吸收分光光度法》（GB 7475—87）
54	总铅	《水质　65 种元素的测定　电感耦合等离子体质谱法》（HJ 700—2014）
55	六价铬	《水质　六价铬的测定　二苯碳酰二肼分光光度法》（GB 7467—87）
56	六价铬	《水质　六价铬的测定　流动注射-二苯碳酰二肼光度法》（HJ 908—2017）
57	总铬	《水质　铬的测定　火焰原子吸收分光光度法》（HJ 757—2015）
58	总铬	《水质　总铬的测定》（GB 7466—87）
59	总镍	《水质　镍的测定　丁二酮肟分光光度法》（GB 11910—89）
60	总镍	《水质　镍的测定　火焰原子吸收分光光度法》（GB 11912—89）

序号	监测项目	分析方法名称及编号
61	总镍	《水质 65 种元素的测定 电感耦合等离子体质谱法》（HJ 700—2014）
62	总铊	《水质 65 种元素的测定 电感耦合等离子体质谱法》（HJ 700—2014）
63	总铊	《水质 铊的测定 石墨炉原子吸收分光光度法》（HJ 748—2015）
64	总锰	《水质 锰的测定 高碘酸钾分光光度法》（GB 11906—89）
65	总锰	《水质 铁、锰的测定 火焰原子吸收分光光度法》（GB 11911—89）
66	总锰	《水质 65 种元素的测定 电感耦合等离子体质谱法》（HJ 700—2014）
67	总锶	《水质 65 种元素的测定 电感耦合等离子体质谱法》（HJ 700—2014）
68	总钴	《水质 钴的测定 5-氯-2-(吡啶偶氮)-1,3-二氨基苯分光光度法》（HJ 550—2015）
69	总钴	《水质 65 种元素的测定 电感耦合等离子体质谱法》（HJ 700—2014）
70	总钴	《水质 钴的测定 火焰原子吸收分光光度法》（HJ 957—2018）
71	总钴	《水质 钴的测定 石墨炉原子吸收分光光度法》（HJ 958—2018）
72	总钼	《水质 65 种元素的测定 电感耦合等离子体质谱法》（HJ 700—2014）
73	总钼	《水质 钼和钛的测定 石墨炉原子吸收分光光度法》（HJ 807—2016）
74	总锡	《水质 65 种元素的测定 电感耦合等离子体质谱法》（HJ 700—2014）
75	总锑	《水质 汞、砷、硒、铋和锑的测定 原子荧光法》（HJ 694—2014）
76	总锑	《水质 锑的测定 火焰原子吸收分光光度法》（HJ 1046—2019）
77	总锑	《水质 锑的测定 石墨炉原子吸收分光光度法》（HJ 1047—2019）
78	总锑	《水质 65 种元素的测定 电感耦合等离子体质谱法》（HJ 700—2014）
79	总银	《水质 银的测定 3,5-Br$_2$-PADAP 分光光度法》（HJ 489—2009）
80	总银	《水质 银的测定 镉试剂 2B 分光光度法》（HJ 490—2009）
81	总银	《水质 银的测定 火焰原子吸收分光光度法》（GB 11907—89）
82	总银	《水质 65 种元素的测定 电感耦合等离子体质谱法》（HJ 700—2014）
83	氯化物	《水质 氯化物的测定 硝酸银滴定法》（GB 11896—89）
84	氯化物	《水质 氯化物的测定 硝酸汞滴定法（试行）》（HJ/T 343—2007）
85	氯化物	《水质 无机阴离子（F$^-$、Cl$^-$、NO$_2^-$、Br$^-$、NO$_3^-$、PO$_4^{3-}$、SO$_3^{2-}$、SO$_4^{2-}$）的测定 离子色谱法》（HJ 84—2016）
86	活性氯	《水质 游离氯和总氯的测定 N,N-二乙基-1,4-苯二胺滴定法》（HJ 585—2010）
87	活性氯	《水质 游离氯和总氯的测定 N,N-二乙基-1,4-苯二胺分光光度法》（HJ 586—2010）
88	五日生化需氧量	《水质 五日生化需氧量（BOD$_5$）的测定 稀释与接种法》（HJ 505—2009）
89	动植物油	《水质 石油类和动植物油类的测定 红外分光光度法》（HJ 637—2018）

注：标准统计截至 2022 年 6 月。

附录 4-4　废气污染物相关监测方法标准

序号	监测项目	分析方法名称及编号
1	二氧化硫	《固定污染源废气　二氧化硫的测定　定电位电解法》（HJ 57—2017）
2	二氧化硫	《固定污染源废气　二氧化硫的测定　非分散红外吸收法》（HJ 629—2011）
3	二氧化硫	《固定污染源废气　二氧化硫的测定　便携式紫外吸收法》（HJ 1131—2020）
4	二氧化硫	《固定污染源排气中二氧化硫的测定　碘量法》（HJ/T 56—2000）
5	氮氧化物	《固定污染源排气中氮氧化物的测定　紫外分光光度法》（HJ/T 42—1999）
6	氮氧化物	《固定污染源排气中氮氧化物的测定　盐酸萘乙二胺分光光度法》（HJ/T 43—1999）
7	氮氧化物	《固定污染源排气　氮氧化物的测定　酸碱滴定法》（HJ 675—2013）
8	氮氧化物	《固定污染源废气　氮氧化物的测定　非分散红外吸收法》（HJ 692—2014）
9	氮氧化物	《固定污染源废气　氮氧化物的测定　定电位电解法》（HJ 693—2014）
10	氮氧化物	《固定污染源废气　氮氧化物的测定　便携式紫外吸收法》（HJ 1132—2020）
11	颗粒物	《固定污染源废气　低浓度颗粒物的测定　重量法》（HJ 836—2017）
12	颗粒物	《固定污染源排气中颗粒物测定与气态污染物采样方法》（GB/T 16157—1996）及修改单
13	颗粒物	《锅炉烟尘测试方法》（GB 5468—91）
14	硫化氢	《空气质量　硫化氢、甲硫醇、甲硫醚和二甲二硫的测定　气相色谱法》（GB/T 14678—93）
15	氯气	《固定污染源排气中氯气的测定　甲基橙分光光度法》（HJ/T 30—1999）
16	氯气	《固定污染源废气　氯气的测定　碘量法》（HJ 547—2017）
17	氯化氢	《固定污染源排气中氯化氢的测定　硫氰酸汞分光光度法》（HJ/T 27—1999）
18	氯化氢	《固定污染源废气　氯化氢的测定　硝酸银容量法》（HJ 548—2016）
19	氯化氢	《环境空气和废气　氯化氢的测定　离子色谱法》（HJ 549—2016）
20	氰化氢	《固定污染源排气中氰化氢的测定　异烟酸-吡唑啉酮分光光度法》（HJ/T 28—1999）
21	氨	《环境空气和废气　氨的测定　纳氏试剂分光光度法》（HJ 533—2009）
22	硫酸雾	《固定污染源废气　硫酸雾的测定　离子色谱法》（HJ 544—2016）《硫酸工业尾气硫酸雾的测定方法》（GB/T 38685—2020）
23	氟化物	《大气固定污染源　氟化物的测定　离子选择电极法》（HJ/T 67—2001）

序号	监测项目	分析方法名称及编号
24	氟化物	《环境空气 氟化物的测定 石灰滤纸采样氟离子选择电极法》（HJ 481—2009）
25	铬酸雾	《固定污染源排气中铬酸雾的测定 二苯基碳酰二肼分光光度法》（HJ/T 29—1999）
26	砷及其化合物	《固定污染源废气 砷的测定 二乙基二硫代氨基甲酸银分光光度法》（HJ 540—2016）
27	砷及其化合物	《空气和废气 颗粒物中铅等金属元素的测定 电感耦合等离子体质谱法》（HJ 657—2013）及修改单
28	铅及其化合物	《固定污染源废气 铅的测定 火焰原子吸收分光光度法》（HJ 685—2014）
29	铅及其化合物	《空气和废气 颗粒物中铅等金属元素的测定 电感耦合等离子体质谱法》（HJ 657—2013）及修改单
30	铅及其化合物	《环境空气 铅的测定 火焰原子吸收分光光度法》（GB/T 15264—1994）及修改单
31	镉及其化合物	《大气固定污染源 镉的测定 火焰原子吸收分光光度法》（HJ/T 64.1—2001）
32	镉及其化合物	《大气固定污染源 镉的测定 石墨炉原子吸收分光光度法》（HJ/T 64.2—2001）
33	镉及其化合物	《大气固定污染源 镉的测定 对-偶氮苯重氮氨基偶氮苯磺酸分光光度法》（HJ/T 64.3—2001）
34	镉及其化合物	《空气和废气 颗粒物中铅等金属元素的测定 电感耦合等离子体质谱法》（HJ 657—2013）及修改单
35	锡及其化合物	《大气固定污染源 锡的测定 石墨炉原子吸收分光光度法》（HJ/T 65—2001）
36	锡及其化合物	《空气和废气 颗粒物中铅等金属元素的测定 电感耦合等离子体质谱法》（HJ 657—2013）及修改单
37	镍及其化合物	《大气固定污染源 镍的测定 火焰原子吸收分光光度法》（HJ/T 63.1—2001）
38	镍及其化合物	《大气固定污染源 镍的测定 石墨炉原子吸收分光光度法》（HJ/T 63.2—2001）
39	镍及其化合物	《大气固定污染源 镍的测定 丁二酮肟-正丁醇萃取分光光度法》（HJ/T 63.3—2001）
40	镍及其化合物	《空气和废气 颗粒物中铅等金属元素的测定 电感耦合等离子体质谱法》（HJ 657—2013）及修改单
41	锌及其化合物	《空气和废气 颗粒物中铅等金属元素的测定 电感耦合等离子体质谱法》（HJ 657—2013）及修改单

序号	监测项目	分析方法名称及编号
42	锰及其化合物	《空气和废气　颗粒物中铅等金属元素的测定　电感耦合等离子体质谱法》（HJ 657—2013）及修改单
43	锑及其化合物	《空气和废气　颗粒物中铅等金属元素的测定　电感耦合等离子体质谱法》（HJ 657—2013）及修改单
44	铜及其化合物	《空气和废气　颗粒物中铅等金属元素的测定　电感耦合等离子体质谱法》（HJ 657—2013）及修改单
45	钴及其化合物	《空气和废气　颗粒物中铅等金属元素的测定　电感耦合等离子体质谱法》（HJ 657—2013）及修改单
46	钼及其化合物	《空气和废气　颗粒物中铅等金属元素的测定　电感耦合等离子体质谱法》（HJ 657—2013）及修改单
47	铊及其化合物	《空气和废气　颗粒物中铅等金属元素的测定　电感耦合等离子体质谱法》（HJ 657—2013）及修改单
48	汞及其化合物	《固定污染源废气　汞的测定　冷原子吸收分光光度法（暂行）》（HJ 543—2009）
49	汞及其化合物	《环境空气　汞的测定　巯基棉富集-冷原子荧光分光光度法（暂行）》（HJ 542—2009）及修改单
50	臭气浓度	《空气质量　恶臭的测定　三点比较式臭袋法》（GB/T 14675—1993）

注：标准统计截至 2022 年 6 月。

附录 4-5　危险废物相关监测方法标准

序号	分析方法名称及编号
1	《固体废物鉴别标准　通则》（GB 34330—2017）
2	《危险废物鉴别技术规范》（HJ 298—2019）
3	《危险废物鉴别标准　腐蚀性鉴别》（GB 5085.1—2007）
4	《危险废物鉴别标准　急性毒性初筛》（GB 5085.2—2007）
5	《危险废物鉴别标准　浸出毒性鉴别》（GB 5085.3—2007）
6	《危险废物鉴别标准　易燃性鉴别》（GB 5085.4—2007）
7	《危险废物鉴别标准　反应性鉴别》（GB 5085.5—2007）
8	《危险废物鉴别标准　毒性物质含量鉴别》（GB 5085.6—2007）

注：标准统计截至 2022 年 6 月。

附录 4-6 固体废物相关监测方法标准

序号	分析方法名称及编号
1	《固体废物 22 种金属元素的测定 电感耦合等离子体发射光谱法》（HJ 781—2016）
2	《固体废物 金属元素的测定 电感耦合等离子体质谱法》（HJ 766—2015）
3	《固体废物 镍和铜的测定 火焰原子吸收分光光度法》（HJ 751—2015）
4	《固体废物 铍 镍 铜和钼的测定 石墨炉原子吸收分光光度法》（HJ 752—2015）
5	《固体废物 铅、锌和镉的测定 火焰原子吸收分光光度法》（HJ 786—2016）
6	《固体废物 铅和镉的测定 石墨炉原子吸收分光光度法》（HJ 787—2016）
7	《固体废物 汞、砷、硒、铋、锑的测定 微波消解/原子荧光法》（HJ 702—2014）
8	《固体废物 六价铬的测定 碱消解/火焰原子吸收分光光度法》（HJ 687—2014）
9	《固体废物 六价铬的测定 硫酸亚铁铵滴定法》（GB/T 15555.7—1995）
10	《固体废物 六价铬的测定 二苯碳酰二肼分光光度法》（GB/T 15555.4—1995）
11	《固体废物 总铬的测定 石墨炉原子吸收分光光度法》（HJ 750—2015）
12	《固体废物 总铬的测定 火焰原子吸收分光光度法》（HJ 749—2015）
13	《固体废物 总铬的测定 硫酸亚铁铵滴定法》（GB/T 15555.8—1995）
14	《固体废物 总铬的测定 二苯碳酰二肼分光光度法》（GB/T 15555.5—1995）
15	《固体废物 钡的测定 石墨炉原子吸收分光光度法》（HJ 767—2015）
16	《固体废物 镍的测定 丁二酮肟分光光度法》（GB/T 15555.10—1995）
17	《固体废物 砷的测定 二乙基二硫代氨基甲酸银分光光度法》（GB/T 15555.3—1995）
18	《固体废物 总汞的测定 冷原子吸收分光光度法》（GB/T 15555.1—1995）
19	《固体废物 腐蚀性测定 玻璃电极法》（GB/T 15555.12—1995）

注：标准统计截至 2022 年 6 月。

附录5

自行监测方案参考模板

参考文献

[1] EPA Office of Wastewater Management-Water Permitting. Water permitting 101[EB/OL]. [2015-06-10]. http: //www. epa. gov/npdes/pubs/101pape. pdf.

[2] Office of Enforcement and Compliance Assurance. NPDES compliance inspection manual[R]. Washington D. C. ：U. S. Environmental Protection Agency，2004.

[3] USEPA. Interim guidance for performance-based reductions of NPDES permit monitoring frequencies[EB/OL]. [2015-07-05]. http: //www. epa. gov/npdes/pubs/perf-red. pdf.

[4] USEPA. USEPA NPDES permit writers' manual[S]. Washington D. C. ：U. S. EPA，2010.

[5] UK. EPA. Monitoring discharges to water and sewer：M18 guidance note[EB/OL]. [2017-06-05]. https: //www.gov.uk/government/publications/m18-monitoring-of-discharges-to-water-and-sewer.

[6] 常杪，冯雁，郭培坤，等. 环境大数据概念、特征及在环境管理中的应用[J]. 中国环境管理，2015，7（6）：26-30.

[7] 冯晓飞，卢瑛莹，陈佳. 政府的污染源环境监督制度设计[J]. 环境与可持续发展，2017，42（4）：33-35.

[8] 环境保护部大气污染防治欧洲考察团，刘炳江，吴险峰，王淑兰，等. 借鉴欧洲经验加快我国大气污染防治工作步伐——环境保护部大气污染防治欧洲考察报告之一[J]. 环境与可持续发展，2013（5）：5-7.

[9] 姜文锦，秦昌波，王倩，等. 精细化管理为什么要总量质量联动？——环境质量管理的国际经验借鉴[J]. 环境经济，2015（3）：16-17.

[10] 罗毅. 环境监测能力建设与仪器支撑[J]. 中国环境监测，2012，28（2）：1-4.

[11] 罗毅. 推进企业自行监测　加强监测信息公开[J]. 环境保护, 2013, 41 (17): 13-15.

[12] 钱文涛. 中国大气固定源排污许可证制度设计研究[D]. 北京: 中国人民大学, 2014.

[13] 曲格平. 中国环境保护四十年回顾及思考 (回顾篇) [J]. 环境保护, 2013, 41 (10): 10-17.

[14] 宋国君, 赵英煦. 美国空气固定源排污许可证中关于监测的规定及启示[J]. 中国环境监测, 2015, 31 (6): 15-21.

[15] 孙强, 王越, 于爱敏, 等. 国控企业开展环境自行监测存在的问题与建议[J]. 环境与发展, 2016, 28 (5): 68-71.

[16] 谭斌, 王丛霞. 多元共治的环境治理体系探析[J]. 宁夏社会科学, 2017 (6): 101-103.

[17] 唐桂刚, 景立新, 万婷婷, 等. 堰槽式明渠废水流量监测数据有效性判别技术研究[J]. 中国环境监测, 2013, 29 (6): 175-178.

[18] 王军霞, 陈敏敏, 穆合塔尔·古丽娜孜, 等. 美国废水污染源自行监测制度及对我国的借鉴[J]. 环境监测管理与技术, 2016, 28 (2): 1-5.

[19] 王军霞, 陈敏敏, 唐桂刚, 等. 我国污染源监测制度改革探讨[J]. 环境保护, 2014, 42 (21): 24-27.

[20] 王军霞, 陈敏敏, 唐桂刚, 等. 污染源, 监测与监管如何衔接——国际排污许可证制度及污染源监测管理八大经验[J]. 环境经济, 2015 (Z7): 24.

[21] 王军霞, 唐桂刚, 景立新, 等. 水污染源五级监测管理体制机制研究[J]. 生态经济, 2014, 30 (1): 162-164, 167.

[22] 王军霞, 唐桂刚. 解决自行监测"测""查""用"三大核心问题[J]. 环境经济, 2017 (8): 32-33.

[23] 薛澜, 张慧勇. 第四次工业革命对环境治理体系建设的影响与挑战[J]. 中国人口·资源与环境, 2017, 27 (9): 1-5.

[24] 张紧跟, 庄文嘉. 从行政性治理到多元共治: 当代中国环境治理的转型思考[J]. 中共宁波市委党校学报, 2008, 30 (6): 93-99.

[25] 张静, 王华. 火电厂自行监测现状及建议[J]. 环境监控与预警, 2017, 9 (4): 59-61.

[26] 张伟, 袁张燊, 赵东宇. 石家庄市企业自行监测能力现状调查及对策建议[J]. 价值工程, 2017, 36 (28): 36-37.

[27] 张秀荣. 企业的环境责任研究[D]. 北京：中国地质大学，2006.

[28] 赵吉睿，刘佳泓，张莹，等. 污染源 COD 水质自动监测仪干扰因素研究[J]. 环境科学与技术，2016，39（S1）：299-301，314.

[29] 左航，杨勇，贺鹏，等. 颗粒物对污染源 COD 水质在线监测仪比对监测的影响[J]. 中国环境监测，2014，30（5）：141-144.

[30] 王军霞，唐桂刚，赵春丽. 企业污染物排放自行监测方案设计研究——以造纸行业为例[J]. 环境保护，2016，44（23）：45-48.

[31] 张静，王华. 火电厂自行监测关键问题研究[J]. 环境监测管理与技术，2017，29（3）：5-7.

[32] 王娟，余勇，张洋，等. 精细化工固定源废气采样时机的选择探讨[J]. 环境监测管理与技术，2017，29（6）：58-60.

[33] 尹卫萍. 浅谈加强环境现场监测规范化建设[J]. 环境监测管理与技术，2013，25（2）：1-3.

[34] 成钢. 重点工业行业建设项目环境监理技术指南[M]. 北京：化学工业出版社，2016.

[35] 杨驰宇，滕洪辉，于凯，等. 浅论企业自行监测方案中执行排放标准的审核[J]. 环境监测管理与技术，2017，29（4）：5-8.

[36] 王亘，耿静，冯本利，等. 天津市恶臭投诉现状与对策建议[J]. 环境科学与管理，2008，33（9）：49-52.

[37] 邬坚平，钱华. 上海市恶臭污染投诉的调查分析[J]. 海市环境科学，2003（增刊）：85-189.

[38] 吕唤春，潘洪明，陈英旭. 低浓度挥发性有机废气的处理进展[J]. 化工环保，2001，21（6）：324-327.

[39] 杨啸，王军霞. 排污许可制度实施情况监督评估体系研究[J]. 环境保护科学，2021，47（1）：10-14.

[40] 王军霞，刘通浩，敬红，等. 支撑排污许可制度的固定源监测技术体系完善研究[J]. 中国环境监测，2021，37（2）：76-82.

[41] 王孝峰，孙小虹. 中国无机盐工业发展现状及展望[J]. 无机盐工业，2020，52（4）：1-6.